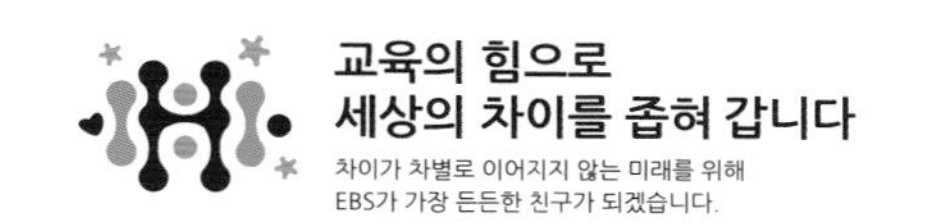

모든 교재 정보와 다양한 이벤트가 가득!
EBS 교재사이트 book.ebs.co.kr

본 교재는 EBS 교재사이트에서
eBook으로도 구입하실 수 있습니다.

2026학년도 수능 대비

FINAL 실전 모의고사

수학영역

기획 및 개발

최윤화
권태완
정윤원
최희선

본 교재의 강의는 TV와 모바일 APP, EBS*i* 사이트(www.ebs*i*.co.kr)에서 무료로 제공됩니다.

발행일 2025. 4. 21. **1쇄 인쇄일** 2025. 4. 14. **신고번호** 제2017-000193호
펴낸곳 한국교육방송공사 경기도 고양시 일산동구 한류월드로 281
표지디자인 금새컴퍼니 **편집** ㈜하이테크컴 **인쇄** 벽호
인쇄 과정 중 잘못된 교재는 구입하신 곳에서 교환하여 드립니다. **신규 사업 및 교재 광고 문의** pub@ebs.co.kr

• 정답과 풀이는 EBS*i* 사이트(www.ebs*i*.co.kr)에서 내려받으실 수 있습니다.

교재 내용 문의	교재 및 강의 내용 문의는 EBS*i* 사이트(www.ebs*i*.co.kr)의 학습 Q&A 서비스를 활용하시기 바랍니다.
교재 정오표 공지	발행 이후 발견된 정오 사항을 EBS*i* 사이트 정오표 코너에서 알려 드립니다. 교재 ▶ 교재 자료실 ▶ 교재 정오표
교재 정정 신청	공지된 정오 내용 외에 발견된 정오 사항이 있다면 EBS*i* 사이트를 통해 알려 주세요. 교재 ▶ 교재 정정 신청

EBS FINAL 실전모의고사

수학영역

STRUCTURES

구성과 특징

2026학년도 수능 리허설

출제 가능성이 높은 문항을 실제 수능과 동일한 배점과 난이도의 모의고사로 구성하였습니다. 실제 시험 시간에 맞춰 모의고사를 풀어 보며 실전 감각을 익히고 부족한 개념을 보완할 수 있도록 하였습니다.

1회 EBS FINAL 수학영역

시간 100분 | 배점 100점

정답과 풀이 2쪽

5지선다형

01 ▸ 25363-0001

$\sqrt[3]{24}\times 9^{-\frac{1}{6}}$의 값은? [2점]

① $\frac{1}{3}$ ② $\frac{1}{2}$ ③ 1 ④ 2 ⑤ 3

02 ▸ 25363-0002

함수 $f(x)=4x^3-5x+3$에 대하여 $f'(1)$의 값은? [2점]

① 6 ② 7 ③ 8 ④ 9 ⑤ 10

03 ▸ 25363-0003

$\frac{3}{2}\pi<\theta<2\pi$인 θ에 대하여 $\cos\theta=\frac{\sqrt{7}}{4}$일 때, $\sin(-\theta)$의 값은? [3점]

① $-\frac{3}{4}$ ② $-\frac{\sqrt{5}}{4}$ ③ $\frac{1}{4}$ ④ $\frac{\sqrt{5}}{4}$ ⑤ $\frac{3}{4}$

04 ▸ 25363-0004

곡선 $y=\frac{5}{4}x^4+1$과 x축, y축 및 직선 $x=2$로 둘러싸인 부분의 넓이는? [3점]

① 6 ② 8 ③ 10 ④ 12 ⑤ 14

EBS FINAL 실전모의고사 3 수학영역 1회

명확한 풀이

문제를 쉽게 이해할 수 있도록 문제 풀이를 친절하고 자세하게 구성하였습니다.

1회 EBS FINAL 수학영역 (본문 3~19쪽)

01 ④	02 ②	03 ⑤	04 ③	05 ①
06 ②	07 ⑤	08 ①	09 ②	10 ③
11 ②	12 ③	13 ③	14 ①	15 ⑤
16 10	17 23	18 38	19 13	20 6
21 64	22 151			
확률과 통계	23 ⑤	24 ②	25 ③	26 ④
	27 ③	28 ②	29 26	30 169
미적분	23 ④	24 ②	25 ⑤	26 ①
	27 ⑤	28 ②	29 25	30 4
기하	23 ①	24 ⑤	25 ②	26 ③
	27 ②	28 ⑤	29 128	30 16

01

$\sqrt[3]{24}\times 9^{-\frac{1}{6}}=(2^3\times 3)^{\frac{1}{3}}\times(3^2)^{-\frac{1}{6}}$
$=(2\times 3^{\frac{1}{3}})\times 3^{-\frac{1}{3}}$
$=2\times 3^{\frac{1}{3}+(-\frac{1}{3})}$
$=2\times 3^0$
$=2\times 1$
$=2$

답 ④

02

$f(x)=4x^3-5x+3$에서 $f'(x)=12x^2-5$
따라서
$f'(1)=12\times 1^2-5=7$

답 ②

03

$\cos\theta=\frac{\sqrt{7}}{4}$이고 $\frac{3}{2}\pi<\theta<2\pi$에서 $\sin\theta<0$이므로
$\sin\theta=-\sqrt{1-\cos^2\theta}$
$=-\sqrt{1-\left(\frac{\sqrt{7}}{4}\right)^2}$
$=-\frac{3}{4}$
따라서
$\sin(-\theta)=-\sin\theta$
$=-\left(-\frac{3}{4}\right)$
$=\frac{3}{4}$

답 ⑤

04

곡선 $y=\frac{5}{4}x^4+1$과 x축, y축 및 직선 $x=2$로 둘러싸인 부분의 넓이를 S라 하면
$S=\int_0^2\left(\frac{5}{4}x^4+1\right)dx$
$=\left[\frac{1}{4}x^5+x\right]_0^2$
$=\frac{1}{4}\times 2^5+2$
$=10$

답 ③

05

$\lim_{x\to -1}\frac{f(x+1)}{x^2-1}=2$에서
$x+1=t$로 놓으면
$\lim_{x\to -1}\frac{f(x+1)}{x^2-1}=\lim_{x\to -1}\frac{f(x+1)}{(x+1)(x-1)}$
$=\lim_{t\to 0}\frac{f(t)}{t(t-2)}$
$=2$
따라서
$\lim_{t\to 0}\frac{f(t)}{t}=\lim_{t\to 0}\left\{\frac{f(t)}{t(t-2)}\times(t-2)\right\}$
$=\lim_{t\to 0}\frac{f(t)}{t(t-2)}\times\lim_{t\to 0}(t-2)$
$=2\times(-2)$
$=-4$

답 ①

06

등비수열 $\{a_n\}$의 공비를 r이라 하면 모든 항이 양수이므로 $r>0$이다.
$\frac{a_3-a_2}{a_1}=2$에서
$\frac{a_1r^2-a_1r}{a_1}=2$
$r^2-r-2=0$
$(r+1)(r-2)=0$
$r>0$이므로
$r=2$
$a_4+a_5=9$에서
$a_1\times 2^3+a_1\times 2^4=9$
이므로
$24a_1=9$
$a_1=\frac{3}{8}$
따라서
$a_7=\frac{3}{8}\times 2^6=24$

답 ②

07

$4^a=3$에서 $a=\log_4 3$
$ab=2\log_2 6$에서
$\log_4 3\times b=2\log_2 6$
이므로
$b=\frac{1}{\log_4 3}\times 2\log_2 6$
$=\frac{2\log 2}{\log 3}\times\frac{2\log 6}{\log 2}$
$=4\log_3 6$
따라서
$b-\frac{2}{a}=4\log_3 6-\frac{2}{\log_4 3}$
$=4\log_3 6-2\log_3 4$
$=4\log_3 6-4\log_3 2$
$=4(\log_3 6-\log_3 2)$
$=4\log_3\frac{6}{2}$
$=4\log_3 3$
$=4\times 1$
$=4$

답 ⑤

EBS FINAL 실전모의고사 2 정답과 풀이_수학영역 1회

학생

인공지능 DANCHOQ 푸리봇 문|제|검|색

EBS*i* 사이트와 **EBS*i* 고교강의 APP** 하단의 **AI 학습도우미 푸리봇**을 통해 문항코드를 검색하면 푸리봇이 해당 문제의 해설과 해설 강의를 찾아 줍니다. **사진 촬영으로도 검색**할 수 있습니다.

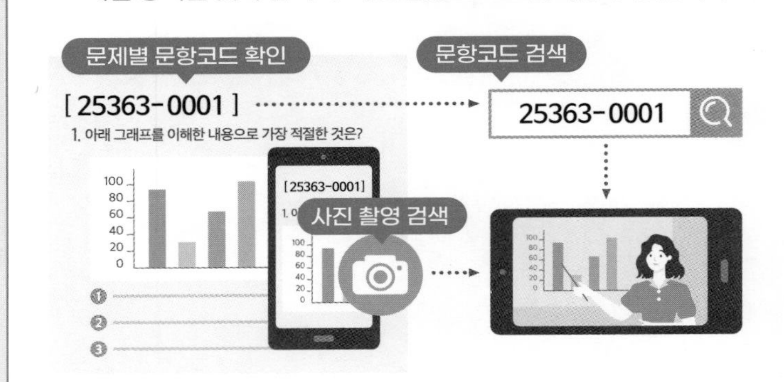

선생님

EBS 교사지원센터 교재 관련 자|료|제|공

교재의 문항 한글(HWP) 파일과 교재이미지, 강의자료를 무료로 제공합니다.

한글다운로드 | 교재이미지 | 강의자료

- 교사지원센터(teacher.ebsi.co.kr)에서 '교사인증' 이후 이용하실 수 있습니다.
- 교사지원센터에서 제공하는 자료는 교재별로 다를 수 있습니다.

1회 EBS FINAL 수학영역

시간 100분 | 배점 100점

정답과 풀이 2쪽

5지선다형

01

▶ 25363-0001

$\sqrt[3]{24}\times 9^{-\frac{1}{6}}$의 값은? [2점]

① $\frac{1}{3}$　② $\frac{1}{2}$　③ 1　④ 2　⑤ 3

02

▶ 25363-0002

함수 $f(x)=4x^3-5x+3$에 대하여 $f'(1)$의 값은? [2점]

① 6　② 7　③ 8　④ 9　⑤ 10

03

▶ 25363-0003

$\frac{3}{2}\pi<\theta<2\pi$인 θ에 대하여 $\cos\theta=\frac{\sqrt{7}}{4}$일 때, $\sin(-\theta)$의 값은? [3점]

① $-\frac{3}{4}$　② $-\frac{\sqrt{5}}{4}$　③ $\frac{1}{4}$　④ $\frac{\sqrt{5}}{4}$　⑤ $\frac{3}{4}$

04

▶ 25363-0004

곡선 $y=\frac{5}{4}x^4+1$과 x축, y축 및 직선 $x=2$로 둘러싸인 부분의 넓이는? [3점]

① 6　② 8　③ 10　④ 12　⑤ 14

05

▶ 25363-0005

함수 $f(x)$가

$$\lim_{x \to -1} \frac{f(x+1)}{x^2-1}=2$$

를 만족시킬 때, $\lim_{x \to 0} \frac{f(x)}{x}$의 값은? [3점]

① -4　② -5　③ -6　④ -7　⑤ -8

06

▶ 25363-0006

모든 항이 양수인 등비수열 $\{a_n\}$에 대하여

$$\frac{a_3-a_2}{a_1}=2,\ a_4+a_5=9$$

일 때, a_7의 값은? [3점]

① 18　② 24　③ 30　④ 36　⑤ 42

07

▶ 25363-0007

두 실수 a, b가

$$4^a=3,\ ab=2\log_2 6$$

을 만족시킬 때, $b-\frac{2}{a}$의 값은? [3점]

① $\frac{1}{4}$　② $\frac{1}{2}$　③ 1　④ 2　⑤ 4

08

▶ 25363-0008

두 곡선

$y=\frac{1}{4}x^4-\frac{1}{3}x^3+1$, $y=x^2+k$

가 만나는 점의 개수가 3이 되도록 하는 모든 실수 k의 값의 합은? [3점]

① $\frac{19}{12}$ ② $\frac{25}{12}$ ③ $\frac{31}{12}$

④ $\frac{37}{12}$ ⑤ $\frac{43}{12}$

09

▶ 25363-0009

두 상수 a, b $\left(a>0,\ 0<b<\frac{\pi}{3}\right)$에 대하여 함수 $f(x)=a\cos bx+1$이라 하자.

닫힌구간 $\left[0, \frac{2\pi}{b}\right]$에서 함수 $f(x)$가 $x=6$에서 최솟값 -1을 가질 때,

$0\le x\le\frac{2\pi}{b}$에서 부등식

$f(3+x)f(3-x)\le-2$

를 만족시키는 모든 자연수 x의 개수는? [4점]

① 4 ② 6 ③ 8

④ 10 ⑤ 12

10

▶ 25363-0010

양수 a에 대하여 수직선 위를 움직이는 점 P의 시각 t $(t\ge0)$에서의 속도 $v(t)$는

$v(t)=(t-1)(t-2)(t-a)$

이다. 점 P가 시각 $t=0$일 때 출발한 후 운동 방향을 한 번만 바꾸도록 하는 a에 대하여 시각 $t=0$에서 $t=a$까지 점 P가 움직인 거리의 최댓값은? [4점]

① $\frac{7}{6}$ ② $\frac{4}{3}$ ③ $\frac{3}{2}$

④ $\frac{5}{3}$ ⑤ $\frac{11}{6}$

11

▶ 25363-0011

공차가 정수인 등차수열 $\{a_n\}$이 다음 조건을 만족시킬 때, a_{10}의 값은? [4점]

(가) $a_4 \times a_6 < 0$이고 $|a_4| = |a_6| + 4$이다.
(나) $\sum_{k=1}^{10} (|a_k| + a_k) = 70$

① 11 ② 13 ③ 15 ④ 17 ⑤ 19

12

▶ 25363-0012

최고차항의 계수가 1이고 $f(1) = -5$인 삼차함수 $f(x)$에 대하여 실수 전체의 집합에서 연속인 함수 $g(x)$를

$$g(x) = \begin{cases} \dfrac{4}{x}\displaystyle\int_0^x f(t)\,dt & (x \neq 0) \\ f(0) & (x = 0) \end{cases}$$

이라 하자. $g(-2) + g(2) = 64$일 때, $f(2)$의 값은? [4점]

① 6 ② 7 ③ 8 ④ 9 ⑤ 10

13

▶ 25363-0013

그림과 같이 원에 내접하고 $\overline{\mathrm{AC}}=4$, $\angle\mathrm{ACB}=\frac{\pi}{2}$인 삼각형 ABC가 있다. 점 C를 포함하지 않는 호 AB 위의 점 D에 대하여

$$\overline{\mathrm{BD}}=\sqrt{2},\ \cos(\angle\mathrm{ACD})=\frac{\sqrt{10}}{10}$$

일 때, 선분 CD의 길이는? [4점]

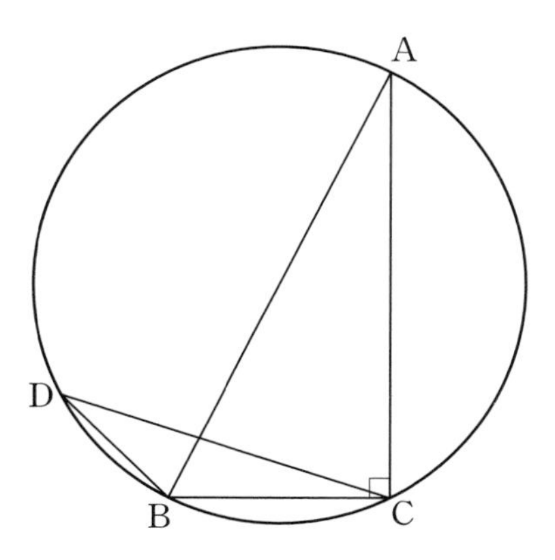

① $2\sqrt{2}$ ② 3 ③ $\sqrt{10}$
④ $\sqrt{11}$ ⑤ $2\sqrt{3}$

14

▶ 25363-0014

최고차항의 계수가 1이고 $f'(1)=-6$인 삼차함수 $f(x)$와 상수 k에 대하여 함수 $g(x)$를

$$g(x)=\begin{cases} k & (f'(x)=0) \\ \dfrac{f(x)}{\{f'(x)\}^2} & (f'(x)\neq 0) \end{cases}$$

이라 할 때, 함수 $g(x)$가 다음 조건을 만족시킨다.

> 함수 $g(x)$는 $x=3$에서 불연속이고, $x\neq 3$인 모든 실수 x에서 연속이다.

$k+g(5)$의 값은? [4점]

① $-\frac{1}{24}$ ② $-\frac{1}{12}$ ③ $-\frac{1}{8}$
④ $-\frac{1}{6}$ ⑤ $-\frac{5}{24}$

EBS FINAL 수학영역

정답과 풀이 6쪽

15

▶ 25363-0015

모든 항이 정수이고 다음 조건을 만족시키는 모든 수열 $\{a_n\}$에 대하여 $a_1 \times a_{51} < 0$을 만족시키는 모든 a_1의 값의 합은? [4점]

> (가) 모든 자연수 n에 대하여
>
> $$a_{n+1}=\begin{cases} a_n+3 & (|a_n|\text{이 홀수인 경우}) \\ -\frac{1}{2}a_n & (|a_n|\text{이 0 또는 짝수인 경우}) \end{cases}$$
>
> 이다.
>
> (나) $a_5=4$이고 $|a_4|<|a_8|$이다.

① 3　② 5　③ 7　④ 9　⑤ 11

단답형

16

▶ 25363-0016

부등식

$$4^{x-5} \le \left(\frac{1}{2}\right)^{x-2}$$

을 만족시키는 모든 자연수 x의 값의 합을 구하시오. [3점]

17

▶ 25363-0017

다항함수 $f(x)$에 대하여 $f'(x)=6x^2+5$이고, $f(0)=-3$일 때, $f(2)$의 값을 구하시오. [3점]

18

▶ 25363-0018

수열 $\{a_n\}$에 대하여 $\sum_{k=1}^{7}(a_k+1)=20$이고 $a_8=6$일 때, $\sum_{k=1}^{8}2a_k$의 값을 구하시오. [3점]

19

▶ 25363-0019

함수 $f(x)=\frac{1}{3}x^3+x^2-3x+a$의 극솟값이 $\frac{7}{3}$일 때, 함수 $f(x)$의 극댓값을 구하시오. (단, a는 상수이다.) [3점]

20

▶ 25363-0020

최고차항의 계수가 1인 삼차함수 $f(x)$가 모든 실수 x에 대하여

$xf(x)\geq 0$

을 만족시키고,

$\{x\,|\,f(x)=f(0)\}=\{0, 6\}$

일 때, 부등식 $f'(m)\times f'(m+2)<0$을 만족시키는 모든 정수 m의 값의 합을 구하시오. [4점]

21

▶ 25363-0021

양수 k에 대하여 그림과 같이 두 곡선 $y=k\log_2 x$, $y=2^{\frac{x}{k}}$이 두 점 A, B에서 만난다. 곡선 $y=k\log_2 x$와 x축이 만나는 점을 C, 점 A를 지나고 직선 AC에 수직인 직선이 y축과 만나는 점을 D, 점 C를 지나고 직선 AD와 평행한 직선이 y축과 만나는 점을 E라 하자. $\overline{\mathrm{OD}}=\frac{28}{3}\overline{\mathrm{OE}}$일 때, $k\times\overline{\mathrm{OA}}^2$의 값을 구하시오.

(단, O는 원점이고, 점 A의 x좌표는 점 B의 x좌표보다 크다.) [4점]

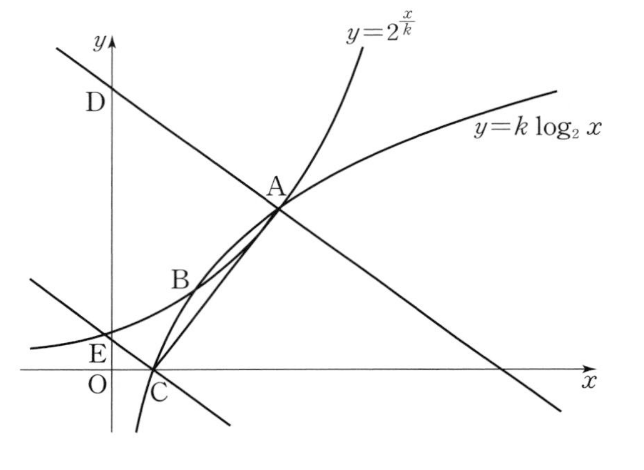

22

▶ 25363-0022

상수 a와 사차함수 $f(x)=x^4+\frac{4}{3}ax^3-4a^2x^2$이 있다. 실수 t에 대하여 구간 $(-\infty, t]$에서 함수 $f(x)$의 최솟값을 $g(t)$라 하고, 집합 A를

$$A=\left\{b \,\middle|\, \lim_{h\to 0-}\frac{g(b+h)-g(b)}{h}\neq\lim_{h\to 0+}\frac{g(b+h)-g(b)}{h},\ b\text{는 실수}\right\}$$

라 하자. 집합 A의 원소의 개수가 1이고, 함수 $g(t)$의 최솟값이 -54일 때, $|f(a)|=\frac{q}{p}$이다. $p+q$의 값을 구하시오. (단, p와 q는 서로소인 자연수이다.)

[4점]

5지선다형

23

▶ 25363-0023

다항식 $(x^2+2)^6$의 전개식에서 x^4의 계수는? [2점]

① 120 ② 150 ③ 180
④ 210 ⑤ 240

24

▶ 25363-0024

두 사건 A, B는 서로 독립이고,

$$\mathrm{P}(A)=\frac{1}{3},\ \mathrm{P}(A\cup B)=\frac{7}{12}$$

일 때, $\mathrm{P}(B)$의 값은? [3점]

① $\frac{1}{3}$ ② $\frac{3}{8}$ ③ $\frac{5}{12}$
④ $\frac{11}{24}$ ⑤ $\frac{1}{2}$

25

▶ 25363-0025

어느 회사에서 생산하는 과자 1봉지의 무게는 정규분포 $\mathrm{N}(m,\ 2^2)$을 따른다고 한다. 이 회사에서 생산한 과자 중에서 64봉지를 임의추출하여 구한 표본평균이 $\overline{x}$일 때, 이 결과를 이용하여 구한 m에 대한 신뢰도 95 %의 신뢰구간이 $a\le m\le 110.29$이다. $\overline{x}+a$의 값은?
(단, 무게의 단위는 g이고, Z가 표준정규분포를 따르는 확률변수일 때, $\mathrm{P}(|Z|\le 1.96)=0.95$로 계산한다.) [3점]

① 217.11 ② 218.11 ③ 219.11
④ 220.11 ⑤ 221.11

26

▶ 25363-0026

문자 A, A, B, B, B, C가 각각 하나씩 적혀 있는 6장의 카드가 있다. 이 6장의 카드를 모두 한 번씩 사용하여 일렬로 임의로 나열할 때, 양 끝에 놓인 카드에 적힌 두 문자가 서로 다를 확률은? [3점]

① $\frac{8}{15}$ ② $\frac{3}{5}$ ③ $\frac{2}{3}$
④ $\frac{11}{15}$ ⑤ $\frac{4}{5}$

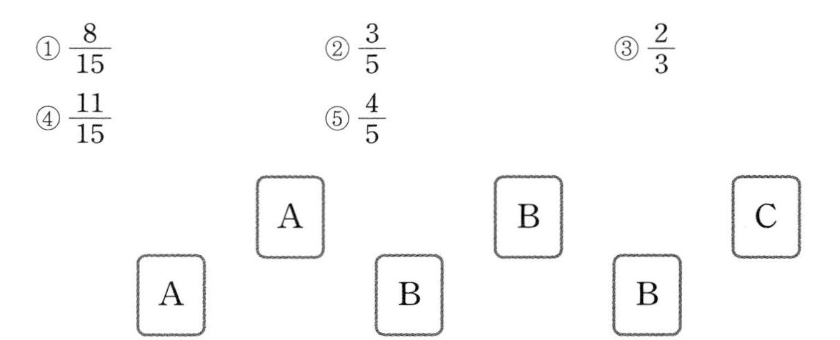

27

▶ 25363-0027

2 이상의 자연수 n에 대하여 숫자 1, 1, 1, 1, n, n, $2n$, $2n$이 각각 하나씩 적혀 있는 8장의 카드가 들어 있는 상자에서 임의로 한 장의 카드를 꺼내어 카드에 적힌 수를 확인한 후 꺼낸 상자에 다시 넣는다. 이와 같은 시행을 4번 반복하여 확인한 네 수의 합을 확률변수 X라 하자. $\mathrm{E}(X)=20$일 때, n의 값은? [3점]

① 4 ② 5 ③ 6
④ 7 ⑤ 8

28

▶ 25363-0028

확률변수 X는 정규분포 $\mathrm{N}(m_1, \sigma^2)$, 확률변수 Y는 정규분포 $\mathrm{N}(m_2, \sigma^2)$을 따르고 두 확률변수 X와 Y의 확률밀도함수는 각각 $f(x)$와 $g(x)$이다. $f(6)=f(14)=g(22)$이고

$$\mathrm{P}(X\le 8)+\mathrm{P}(Y\le 24)=0.6170$$

일 때, $\mathrm{P}(20\le Y\le 24)$의 값을 오른쪽 표준정규분포표를 이용하여 구한 것은? (단, $\sigma>0$) [4점]

z	$\mathrm{P}(0\le Z\le z)$
0.5	0.1915
1.0	0.3413
1.5	0.4332
2.0	0.4772

① 0.1336 ② 0.2417 ③ 0.3174
④ 0.4081 ⑤ 0.5328

단답형

29

▶ 25363-0029

집합 $X=\{1, 2, 3, 4, 5, 6\}$에 대하여 다음 조건을 만족시키는 함수 $f: X \to X$의 개수를 구하시오. [4점]

> (가) $f(1) \le f(2) \le f(3) < f(4) \le f(5) \le f(6)$
> (나) $f(2)f(4)=12$

30

▶ 25363-0030

주머니 A에는 숫자 1, 1, 1, 2, 2가 각각 하나씩 적혀 있는 5개의 공이 들어 있고, 주머니 B에는 숫자 1, 2, 3, 4가 각각 하나씩 적혀 있는 4개의 공이 들어 있다. 두 주머니 A, B와 한 개의 주사위를 사용하여 다음 시행을 한다.

> 주사위를 한 번 던져
> 6의 약수의 눈이 나오면 주머니 A에서 임의로 1개의 공을 꺼내어 주머니 B에 넣은 후 주머니 B에서 임의로 2개의 공을 동시에 꺼내고,
> 6의 약수가 아닌 눈이 나오면 주머니 A에서 임의로 2개의 공을 동시에 꺼내어 주머니 B에 넣은 후 주머니 B에서 임의로 2개의 공을 동시에 꺼낸다.

이 시행을 한 번 하여 주머니 B에서 꺼낸 2개의 공에 적혀 있는 두 수의 곱이 홀수일 때, 주사위에서 나온 눈의 수가 6의 약수일 확률은 $\frac{q}{p}$이다. $p+q$의 값을 구하시오 (단, p와 q는 서로소인 자연수이다.) [4점]

5지선다형

23

▶ 25363-0031

$\lim_{x \to 0} \frac{e^{4x}-1}{\ln(2x+1)}$의 값은? [2점]

① $\frac{1}{4}$ ② $\frac{1}{2}$ ③ 1 ④ 2 ⑤ 4

24

▶ 25363-0032

매개변수 t로 나타내어진 곡선

$x=4t-\sin 2t,\ y=e^{2\cos t-1}$

에서 $t=\frac{\pi}{3}$일 때, $\frac{dy}{dx}$의 값은? [3점]

① $-\frac{\sqrt{5}}{5}$ ② $-\frac{\sqrt{3}}{5}$ ③ $-\frac{1}{5}$ ④ $\frac{1}{5}$ ⑤ $\frac{\sqrt{3}}{5}$

25

▶ 25363-0033

함수

$$f(x)=\lim_{n \to \infty} \frac{\left(\frac{x}{2}\right)^{2n+1}+2x}{\left(\frac{x}{2}\right)^{2n}+1}$$

에 대하여 $f(a)=3$을 만족시키는 모든 실수 a의 값의 합은? [3점]

① $\frac{7}{2}$ ② $\frac{9}{2}$ ③ $\frac{11}{2}$ ④ $\frac{13}{2}$ ⑤ $\frac{15}{2}$

26

▶ 25363-0034

그림과 같이 곡선 $y=\frac{1+\ln(2x+1)}{\sqrt{2x+1}}$과 x축 및 두 직선 $x=0$, $x=\frac{e-1}{2}$로 둘러싸인 부분을 밑면으로 하는 입체도형이 있다. 이 입체도형을 x축에 수직인 평면으로 자른 단면이 모두 정사각형일 때, 이 입체도형의 부피는? [3점]

① $\frac{7}{6}$ ② $\frac{4}{3}$ ③ $\frac{3}{2}$ ④ $\frac{5}{3}$ ⑤ $\frac{11}{6}$

27

▶ 25363-0035

수열 $\{a_n\}$과 등비수열 $\{b_n\}$에 대하여 $a_1=b_1=2$이고, 모든 자연수 n에 대하여

$$\sum_{k=1}^{n}(a_{k+1}-a_k)=a_n$$

이다. $\sum_{n=1}^{\infty}\frac{1}{a_{n+1}a_n}=b_2$일 때, $\sum_{n=1}^{\infty}b_n$의 값은? [3점]

① $\frac{12}{7}$ ② $\frac{13}{7}$ ③ 2
④ $\frac{15}{7}$ ⑤ $\frac{16}{7}$

28

▶ 25363-0036

이차함수 $f(x)$가 다음 조건을 만족시킨다.

(가) $\int_{-1}^{3}\{f(x)\}^2f'(x)dx=0$
(나) $f(0)=0$

상수 a에 대하여 함수 $g(x)$를

$$g(x)=\begin{cases} f(x) & (x\le 2) \\ \ln x+a & (x>2) \end{cases}$$

라 하자. 함수 $g(x)$가 실수 전체의 집합에서 미분가능할 때, $f(e^a)$의 값은? [4점]

① $-\frac{1}{8}$ ② $-\frac{3}{16}$ ③ $-\frac{1}{4}$
④ $-\frac{5}{16}$ ⑤ $-\frac{3}{8}$

EBS FINAL 수학영역

미적분

정답과 풀이 11쪽

단답형

29

▶ 25363-0037

그림과 같이 길이가 2인 선분 AB를 지름으로 하는 반원이 있다. 선분 AB의 중점을 O라 할 때, 호 AB 위에 세 점 P, Q, R을

$$\angle\mathrm{POA}=2\angle\mathrm{POQ},\ \angle\mathrm{POB}=3\angle\mathrm{ROB},\ \overline{\mathrm{AQ}}<\overline{\mathrm{AP}},\ \overline{\mathrm{BR}}<\overline{\mathrm{BP}}$$

가 되도록 잡는다. 두 점 Q, R에서 선분 AB에 내린 수선의 발을 각각 $\mathrm{H_1}$, $\mathrm{H_2}$라 하고, 점 R에서 선분 OP에 내린 수선의 발을 $\mathrm{H_3}$이라 하자. $\angle\mathrm{PAB}=\theta$라 할 때, 삼각형 $\mathrm{OQH_1}$의 넓이를 $f(\theta)$라 하고, 삼각형 $\mathrm{H_2RH_3}$의 넓이를 $g(\theta)$라 하자.

$\displaystyle\lim_{\theta\to0+}\frac{g(\theta)}{\theta^2\times f(\theta)}=\frac{q}{p}$일 때, $p+q$의 값을 구하시오.

$\left(\text{단, } 0<\theta<\dfrac{\pi}{4}\text{이고 } p\text{와 } q\text{는 서로소인 자연수이다.}\right)$ [4점]

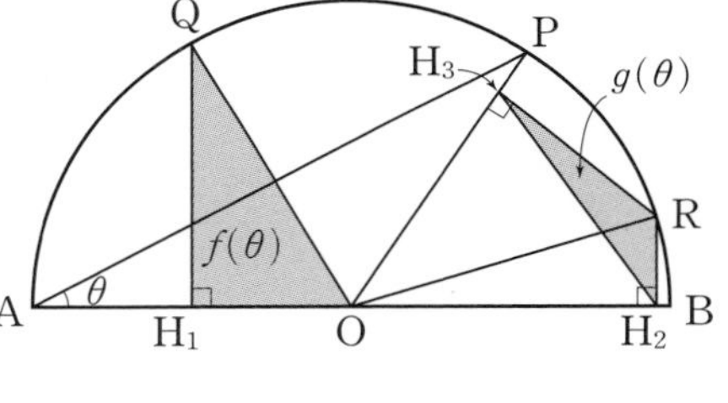

30

▶ 25363-0038

실수 전체의 집합에서 연속인 함수 $f(x)$가 모든 실수 x에 대하여

$$\int_0^x (x-t)f(t)dt=e^x-\frac{1}{2}x^2-x+a$$

를 만족시킨다. 구간 $[1,\ \infty)$에서 정의된 함수 $g(x)$가 구간 $[1,\ \infty)$에서 연속이고 구간 $(1,\ \infty)$에서 미분가능할 때, 함수 $g(x)$가 $x>1$인 모든 실수 x에 대하여

$$g'(x)>0,\ g\left(\frac{f(x)+1}{ex}\right)=x$$

를 만족시킨다. $g(1)=1$, $g\left(\dfrac{e}{2}\right)=2$일 때, $\displaystyle\int_1^{\frac{e}{2}}\{g(x)\}^2dx=b$이다. $(a-b)^2$의 값을 구하시오. (단, a는 상수이다.) [4점]

5지선다형

23

▶ 25363-0039

좌표공간의 점 $\mathrm{A}(2,\ 5,\ 3)$을 xy평면에 대하여 대칭이동한 점을 B라 하자. 점 $\mathrm{C}(4,\ 7,\ 1)$에 대하여 선분 BC의 길이는? [2점]

① $2\sqrt{6}$ ② $\sqrt{26}$ ③ $2\sqrt{7}$
④ $\sqrt{30}$ ⑤ $4\sqrt{2}$

24

▶ 25363-0040

타원 $\frac{x^2}{a^2}+\frac{y^2}{24}=1$의 장축의 길이가 14일 때, 이 타원의 두 초점 사이의 거리는?

(단, a는 양수이다.) [3점]

① 6 ② 7 ③ 8
④ 9 ⑤ 10

25

▶ 25363-0041

두 벡터 $\vec{a}$, $\vec{b}$에 대하여 $|\vec{a}|=2$, $|\vec{b}|=\sqrt{5}$이고 두 벡터 $\vec{a}+\vec{b}$와 $3\vec{a}-2\vec{b}$가 서로 수직일 때, $|2\vec{a}-\vec{b}|$의 값은? [3점]

① $2\sqrt{7}$ ② $\sqrt{29}$ ③ $\sqrt{30}$
④ $\sqrt{31}$ ⑤ $4\sqrt{2}$

26

▶ 25363-0042

포물선 $y^2=8x$의 초점을 F라 하고, 점 F를 지나고 y축과 평행한 직선이 포물선 $y^2=8x$와 제1사분면에서 만나는 점을 P라 하자. 점 F를 지나고 포물선 $y^2=8x$ 위의 점 P에서의 접선과 평행한 직선이 포물선 $y^2=8x$와 만나는 두 점을 각각 Q, R이라 할 때, 선분 QR의 길이는? [3점]

① 12　② 14　③ 16　④ 18　⑤ 20

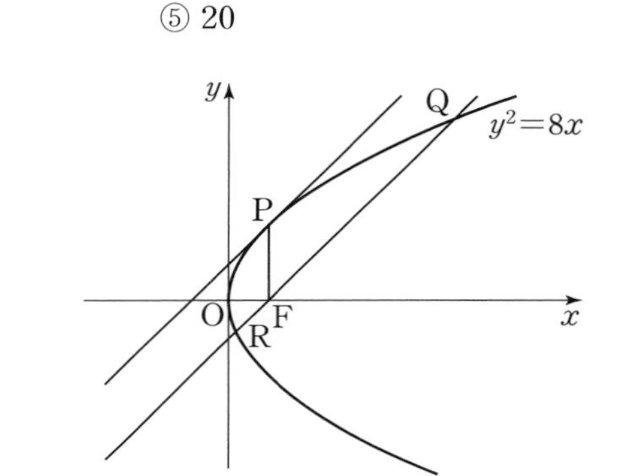

27

▶ 25363-0043

좌표공간에서 반지름의 길이가 5이고 중심이 $\mathrm{C}(a, b, c)$인 구 S가 다음 조건을 만족시킨다.

(가) 구 S와 x축은 두 점 $\mathrm{A}(4-\sqrt{5}, 0, 0)$, $\mathrm{B}(4+\sqrt{5}, 0, 0)$에서 만난다.
(나) 구 S와 xy평면이 만나는 도형의 넓이는 9π이다.

구 S 위의 점 P에 대하여 선분 OP의 길이가 최대가 되도록 하는 점 P의 좌표는 (α, β, γ)이다. $\alpha+\beta+\gamma$의 값은? (단, $a>0$, $b>0$, $c>0$이고, O는 원점이다.) [3점]

① $\frac{49}{3}$　② $\frac{55}{3}$　③ $\frac{61}{3}$　④ $\frac{67}{3}$　⑤ $\frac{73}{3}$

28

▶ 25363-0044

모든 모서리의 길이가 4인 정사각뿔 O−ABCD가 있다. 네 선분 OA, OB, OC, OD의 중점을 각각 P, Q, R, S라 하고, 두 선분 OP, AB의 중점을 각각 M, N이라 하자. 삼각형 OMQ의 평면 NRS 위로의 정사영의 넓이는? [4점]

① $\frac{\sqrt{11}}{22}$　② $\frac{\sqrt{11}}{11}$　③ $\frac{3\sqrt{11}}{22}$　④ $\frac{2\sqrt{11}}{11}$　⑤ $\frac{5\sqrt{11}}{22}$

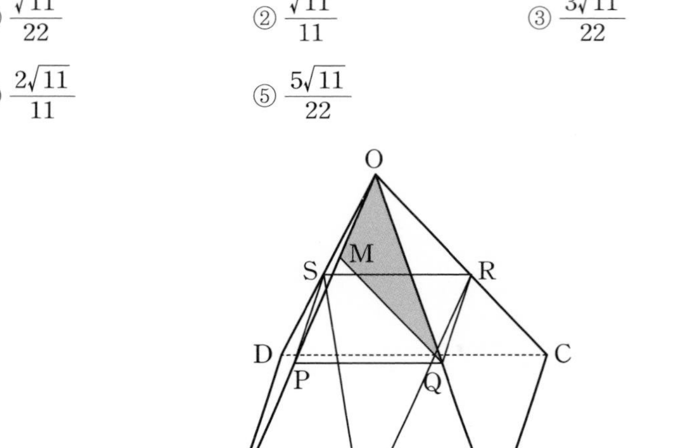

단답형

29

▶ 25363-0045

그림과 같이 두 초점이 $\mathrm{F}(c, 0)$, $\mathrm{F}'(-c, 0)$ $(c>0)$인 쌍곡선 C가 있다. 점 F를 중심으로 하고 원점을 지나는 원과 쌍곡선 C가 제1사분면에서 만나는 점을 P라 할 때, 쌍곡선 C와 점 P가 다음 조건을 만족시킨다.

(가) 쌍곡선 C의 점근선 중 기울기가 양수인 직선의 방향벡터는 $(1, 2\sqrt{2})$이다.
(나) 삼각형 $\mathrm{PF'F}$의 둘레의 길이는 28이다.

삼각형 $\mathrm{PF'F}$의 넓이를 S라 할 때, $\frac{S^2}{7}$의 값을 구하시오. [4점]

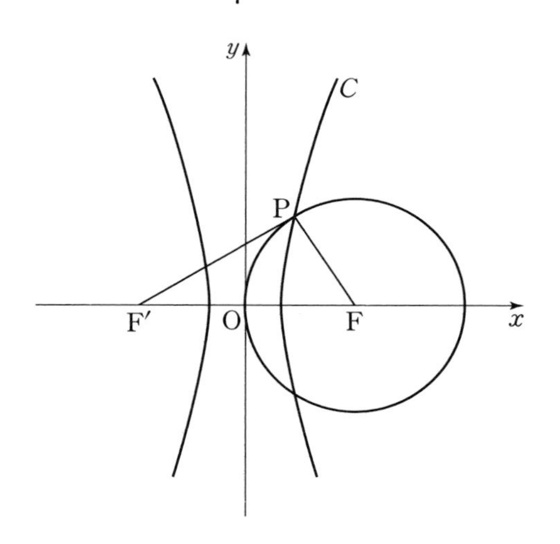

30

▶ 25363-0046

좌표평면에서 네 점 $\mathrm{A}(4, 4)$, $\mathrm{B}(-2, 2)$, $\mathrm{C}(2, 0)$, $\mathrm{D}(0, 1)$에 대하여 두 점 P, Q가 다음 조건을 만족시킨다.

(가) $\overrightarrow{\mathrm{AP}} \cdot \overrightarrow{\mathrm{AP}} = 4\overrightarrow{\mathrm{OC}} \cdot \overrightarrow{\mathrm{OC}}$이고 $\overrightarrow{\mathrm{OC}} \cdot \overrightarrow{\mathrm{AP}} \ge 0$이다.
(나) $\overrightarrow{\mathrm{BQ}} \cdot \overrightarrow{\mathrm{BQ}} = 4\overrightarrow{\mathrm{OD}} \cdot \overrightarrow{\mathrm{OD}}$이고 $\overrightarrow{\mathrm{OD}} \cdot \overrightarrow{\mathrm{BQ}} \le 0$이다.

$\overrightarrow{\mathrm{OD}} \cdot \overrightarrow{\mathrm{OP}} - \overrightarrow{\mathrm{OC}} \cdot \overrightarrow{\mathrm{OQ}}$의 최댓값을 구하시오. (단, O는 원점이다.) [4점]

EBS FINAL 수학영역

시간 **100**분 | 배점 **100**점

정답과 풀이 15쪽

5지선다형

01

▶ 25363-0047

$(2\sqrt{2})^{\frac{1}{3}} \times 4^{\frac{3}{2}}$의 값은? [2점]

① 4　② $4\sqrt{2}$　③ 8　④ $8\sqrt{2}$　⑤ 16

02

▶ 25363-0048

함수 $f(x)=2x^2-3x+4$에 대하여 $\lim_{h \to 0} \frac{f(a+h)-f(a)}{h}=5$일 때, 상수 a의 값은? [2점]

① 1　② 2　③ 3　④ 4　⑤ 5

03

▶ 25363-0049

공차가 d인 등차수열 $\{a_n\}$에 대하여

$$\sum_{n=1}^{4} a_n = 4a_3 - 12$$

일 때, d의 값은? [3점]

① 2　② 4　③ 6　④ 8　⑤ 10

04

▶ 25363-0050

함수 $y=f(x)$의 그래프가 그림과 같다.

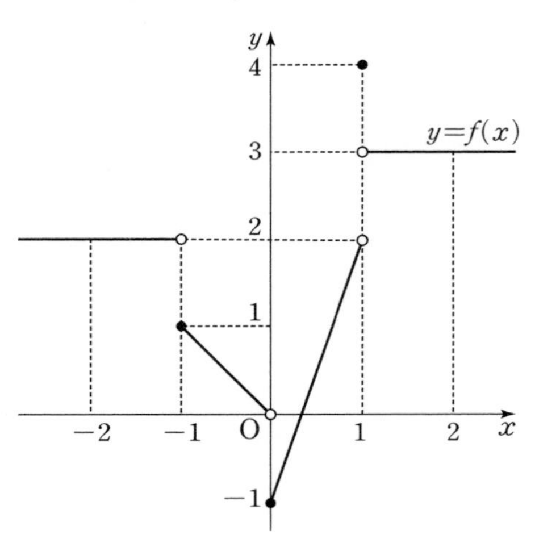

$\lim_{x \to -1-} f(x) + \lim_{x \to 0+} f(x) + \lim_{x \to 1+} f(x)$의 값은? [3점]

① 1　② 2　③ 3　④ 4　⑤ 5

05

▶ 25363-0051

$f(1)=3$, $f'(1)=-1$인 다항함수 $f(x)$에 대하여 함수 $g(x)$를

$$g(x)=(2x^2-1)f(x)$$

라 할 때, $g'(1)$의 값은? [3점]

① 7 ② 8 ③ 9
④ 10 ⑤ 11

06

▶ 25363-0052

$\sin\left(\frac{7}{2}\pi-\theta\right)=-\frac{1}{4}$일 때, $\frac{\tan^2\theta}{1-\cos^2\theta}$의 값은? [3점]

① 4 ② 8 ③ 12
④ 16 ⑤ 20

07

▶ 25363-0053

다항함수 $f(x)$가 모든 실수 x에 대하여

$$\int_1^x f(t)dt=x^3-2x^2+ax$$

를 만족시킬 때, $f(3)$의 값은? (단, a는 상수이다.) [3점]

① 13 ② 14 ③ 15
④ 16 ⑤ 17

EBS FINAL 수학영역

정답과 풀이 15쪽

08

▶ 25363-0054

두 양수 a, b가

$$\log a^2+\log b^3=4,\ \log_2 a+\log_4 \frac{1}{b}=2$$

를 만족시킬 때, a^2+b^2의 값은? [3점]

① 95　② 100　③ 105　④ 110　⑤ 115

09

▶ 25363-0055

함수 $f(x)=3x^2-12x+12$에 대하여

$$\int_{-1}^{1}\{f(x)-5\}dx=\int_0^2 f(x)dx-\int_a^2 f(x)dx$$

일 때, 상수 a의 값은? [4점]

① 4　② 5　③ 6　④ 7　⑤ 8

10

▶ 25363-0056

$0\le x\le 64$일 때, 방정식 $2\sin\frac{\pi}{4}x+1=0$의 모든 실근의 합은? [4점]

① 540　② 544　③ 548　④ 552　⑤ 556

11

▶ 25363-0057

수직선 위를 움직이는 두 점 P, Q의 시각 t $(t \geq 0)$에서의 위치가 각각

$$x_1(t)=t^3-2t^2+4t,\ x_2(t)=t^2+t$$

이다. 두 점 P, Q의 속도가 같아지는 시각에서의 두 점 P, Q 사이의 거리는? [4점]

① 1 ② 2 ③ 3 ④ 4 ⑤ 5

12

▶ 25363-0058

첫째항이 4인 수열 $\{a_n\}$과 첫째항이 8인 등비수열 $\{b_n\}$이 모든 자연수 n에 대하여

$$\sum_{k=1}^{n} \frac{b_{k+1}}{a_k}=n^2$$

을 만족시킬 때, $\frac{a_2}{a_5}$의 값은? [4점]

① 8 ② 12 ③ 16 ④ 20 ⑤ 24

13

▶ 25363-0059

삼차함수 $f(x)$가 모든 실수 x에 대하여

$$4\int_0^x |f(t)|dt = |x-3|f(x)+108$$

을 만족시킬 때, $f(6)$의 값은? [4점]

① 12　　② 18　　③ 24　　④ 30　　⑤ 36

14

▶ 25363-0060

그림과 같이 반지름의 길이가 서로 같은 두 원 O, O'이 두 점 A, B에서 만난다. 원 O 위의 두 점 C, D에 대하여 현 BD와 현 AC의 교점을 E라 하면 점 E는 원 O' 위에 있다. 삼각형 DCE와 삼각형 AEB의 넓이가 각각 2, $\frac{5}{2}$이고 현 CD의 길이가 $\sqrt{13}$일 때, 삼각형 ADE의 넓이는?

(단, $\overline{DE}<\overline{CE}$이고 점 A, B, C, D는 모두 서로 다른 점이다.) [4점]

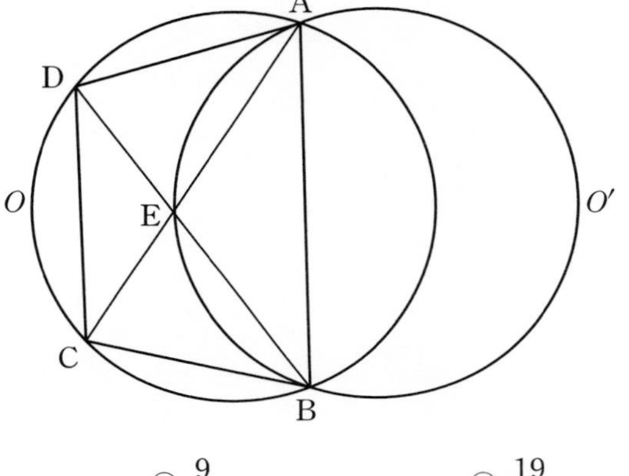

① $\frac{17}{10}$　　② $\frac{9}{5}$　　③ $\frac{19}{10}$　　④ 2　　⑤ $\frac{21}{10}$

15

▶ 25363-0061

함수 $f(x)=x^4+ax^3$ $(a>0)$와 최고차항의 계수의 절댓값이 1인 삼차함수 $g(x)$에 대하여 함수

$$h(x)=\begin{cases} f(x) & (x\le 0) \\ g(x) & (x>0) \end{cases}$$

이 다음 조건을 만족시킨다.

(가) 함수 $|h(x)|$가 $x=b$에서 미분가능하지 않은 실수 b의 개수는 1이다.
(나) 두 방정식 $f'(x)=0$, $g'(x)=0$의 해의 집합을 각각 A, B라 하면 $A=B$이다.

$\int_{-2}^{2} h(x)dx=0$을 만족시키는 모든 양수 a의 값의 합은? [4점]

① $\frac{48}{5}$　② $\frac{346}{35}$　③ $\frac{356}{35}$
④ $\frac{366}{35}$　⑤ $\frac{376}{35}$

단답형

16

▶ 25363-0062

부등식

$9^x > 27^{x-2}$

을 만족시키는 모든 자연수 x의 값의 곱을 구하시오. [3점]

17

▶ 25363-0063

모든 실수 t와 다항함수 $f(x)$에 대하여 곡선 $y=f(x)$ 위의 점 $(t, f(t))$에서의 접선의 기울기는 $-3t^2-4t+3$이다. $f(1)=8$일 때, $f(-1)$의 값을 구하시오. [3점]

EBS FINAL 수학영역

정답과 풀이 18쪽

18

▶ 25363-0064

수열 $\{a_n\}$이 모든 자연수 n에 대하여

$$a_{n+7}-a_n=11$$

을 만족시키고, $\sum_{k=1}^{7} a_k=46$일 때, $\sum_{k=15}^{21} a_k$의 값을 구하시오. [3점]

19

▶ 25363-0065

두 실수 a, b에 대하여 실수 전체의 집합에서 연속인 함수

$$f(x)=\begin{cases} -x^3+6x^2 & (x<a) \\ -x+b & (x\geq a) \end{cases}$$

의 모든 극값의 합이 27일 때, $a+b$의 값을 구하시오. [3점]

20

▶ 25363-0066

1보다 큰 실수 a에 대하여 곡선 $y=a^x-2$와 직선 $y=2\sqrt{3}x$의 두 교점을 각각 A, B라 할 때, 선분 AB의 중점이 원점이다. $a=p+q\sqrt{3}$일 때, pq의 값을 구하시오. (단, p와 q는 유리수이다.) [4점]

21

▶ 25363-0067

최고차항의 계수가 1인 삼차함수 $f(x)$와 $f(x)$의 도함수 $f'(x)$에 대하여 함수 $g(x)=f(x)f'(x)$라 할 때, 함수 $g(x)$는 다음 조건을 만족시킨다.

(가) $g'(1)=g(1)=0$, $g(0)=-3$
(나) 함수 $y=g(x)$의 그래프와 직선 $y=t$의 교점의 개수를 $h(t)$라 하면 $h(t)\geq 2$인 실수 t가 존재한다.

$g(2)$의 값을 구하시오. [4점]

22

▶ 25363-0068

모든 항이 음이 아닌 정수이고 다음 조건을 만족시키는 모든 수열 $\{a_n\}$에 대하여 a_1의 값의 합을 구하시오. [4점]

(가) 모든 자연수 n에 대하여

$$a_{n+1}=\begin{cases} \dfrac{a_n^{\ 2}-a_n}{2} & (a_n\text{이 홀수인 경우}) \\ \dfrac{1}{2}a_n & (a_n=0 \text{ 또는 } a_n\text{이 짝수인 경우}) \end{cases}$$

이다.
(나) 집합 $A=\{a_n | n\text{은 자연수}\}$에 대하여 $n(A)=3$이다.

EBS FINAL 수학영역

5지선다형

23

▶ 25363-0069

$\left(x^3+\frac{2}{x}\right)^7$의 전개식에서 x^5의 계수는? [2점]

① 500　② 520　③ 540　④ 560　⑤ 580

24

▶ 25363-0070

두 사건 A, B에 대하여

$$\mathrm{P}(A|B)=\mathrm{P}(B)=\frac{1}{3},\ \mathrm{P}(A\cup B)=\frac{1}{2}$$

일 때, $\mathrm{P}(A)$의 값은? [3점]

① $\frac{2}{9}$　② $\frac{5}{18}$　③ $\frac{1}{3}$　④ $\frac{7}{18}$　⑤ $\frac{4}{9}$

25

▶ 25363-0071

평균이 m, 표준편차가 $\frac{1}{2}$인 정규분포를 따르는 모집단에서 크기가 64인 표본을 임의추출하여 얻은 표본평균을 이용하여 구한 m에 대한 신뢰도 99 %의 신뢰구간이 $a\le m\le b$이다. Z가 표준정규분포를 따르는 정규분포이고 $\mathrm{P}(|Z|\le c)=0.99$를 만족시키는 상수 c에 대하여 등식 $c=k(b-a)$가 성립할 때, 상수 k의 값은? [3점]

① 6　② 8　③ 10　④ 12　⑤ 14

26

▶ 25363-0072

어느 학급의 학생 18명을 대상으로 두 급식 메뉴 A와 B에 대한 선호도를 조사하였다. 모든 학생은 빠짐없이 이 조사에 참여하여 적어도 하나 이상의 메뉴를 선택하였고, 메뉴 A를 선택한 학생과 메뉴 B를 선택한 학생은 각각 11명씩이었다. 이 조사에 참여한 학생 18명 중에서 임의로 3명의 학생을 선택할 때, 적어도 한 명이 두 메뉴 모두를 선택한 학생일 확률은? [3점]

① $\frac{20}{51}$ ② $\frac{91}{204}$ ③ $\frac{1}{2}$ ④ $\frac{113}{204}$ ⑤ $\frac{31}{51}$

27

▶ 25363-0073

숫자 $4, 5, 6, 7$이 하나씩 적혀 있는 4개의 공이 들어 있는 주머니가 있다. 이 주머니에서 임의로 2개의 공을 동시에 꺼내어 공에 적혀 있는 수를 더한 값을 확인한 후 다시 넣는 시행을 한다. 이 시행을 4번 반복하여 확인한 네 값의 평균을 $\overline{X}$라 하자. $\sigma(a\overline{X}-7)=\sqrt{15}$일 때, 양수 a의 값은? [3점]

① 4 ② 5 ③ 6 ④ 7 ⑤ 8

28

▶ 25363-0074

집합 $X=\{1, 2, 3, 4, 5, 6\}$에 대하여 다음 조건을 만족시키는 함수 $f: X \to X$의 개수는? [4점]

(가) 함수 f의 치역을 Y라 할 때, $f(1)=n(Y)$이다.
(나) $f(1) \le f(2) < f(3) \le f(4) \le f(5) \le f(6)$

① 14 ② 16 ③ 18 ④ 20 ⑤ 22

단답형

29

▶ 25363-0075

정규분포 $\mathrm{N}(m_1, \sigma_1^2)$을 따르는 확률변수 X와 정규분포 $\mathrm{N}(m_2, \sigma_2^2)$을 따르는 확률변수 Y가 다음 조건을 만족시킨다.

> 모든 실수 x에 대하여
> $$\mathrm{P}(X \le 3x+70)+\mathrm{P}(Y \ge 2x+90)=1$$
> 이다.

오른쪽 표준정규분포표에서

$\mathrm{P}(25 \le X \le m_1)=0.3413$,

$\mathrm{P}(m_1 \le X \le 70)=0.4772$

일 때, $m_2+\sigma_2$의 값을 구하시오.

(단, σ_1과 σ_2는 양수이다.) [4점]

z	$\mathrm{P}(0 \le Z \le z)$
0.5	0.1915
1.0	0.3413
1.5	0.4332
2.0	0.4772

30

▶ 25363-0076

눌림 스위치와 전기등으로 이루어진 동일한 전기등 세트 두 개가 나란히 놓여 있다. 스위치를 누를 때마다 각 전기등은

'주광색으로 켜짐, 주백색으로 켜짐, 온백색으로 켜짐, 꺼짐'

의 네 가지 상태가 순서대로 반복된다. 현재 왼쪽의 전기등은 주백색으로 켜져 있고, 오른쪽의 전기등은 꺼져 있다. 이 2개의 전기등 세트와 한 개의 주사위를 이용하여 다음 시행을 한다.

> 주사위를 한 번 던져서 나온 수가 k일 때,
> $k \le 2$이면 왼쪽 전기등 세트의 스위치를 k번 누른다.
> $k \ge 3$이면 오른쪽 전기등 세트의 스위치를 k번 누른다.

위의 시행을 3번 반복한 후, 이 2개의 전기등이 서로 같은 상태에 있을 확률이 $\frac{q}{p}$일 때, $p+q$의 값을 구하시오. (단, p와 q는 서로소인 자연수이다.) [4점]

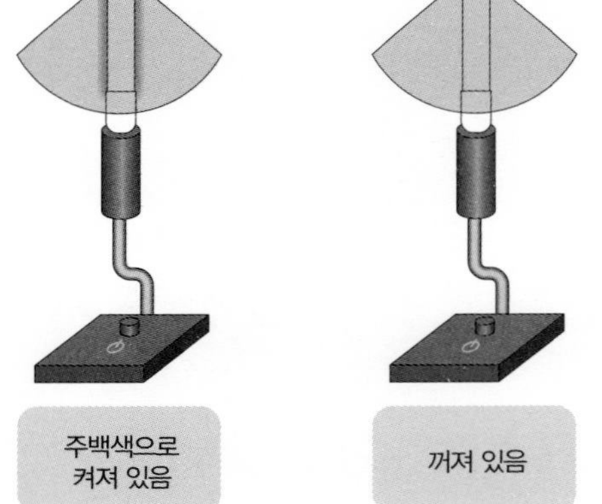
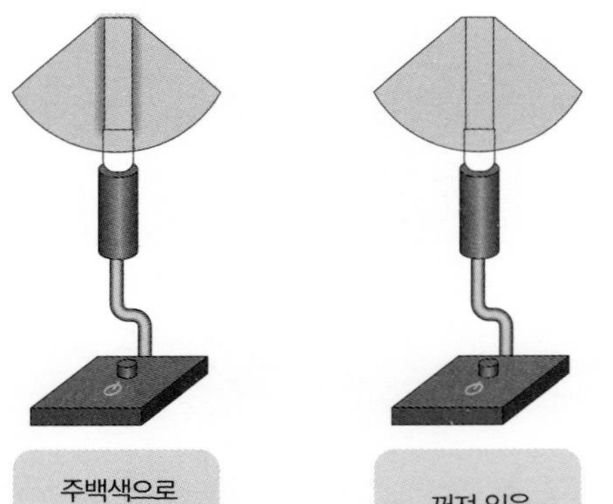

5지선다형

23

▶ 25363-0077

$\lim_{x\to 0}\frac{x^3}{\sin x(1-\cos x)}$의 값은? [2점]

① 1　② 2　③ 3　④ 4　⑤ 5

24

▶ 25363-0078

$\int_1^3 (\sqrt{x}-1)\left(\frac{1}{\sqrt{x}}+1\right)dx$의 값은? [3점]

① $\frac{7}{6}$　② $\frac{4}{3}$　③ $\frac{3}{2}$　④ $\frac{5}{3}$　⑤ $\frac{11}{6}$

25

▶ 25363-0079

수열 $\{a_n\}$이 모든 자연수 n에 대하여

$$\frac{2n-3}{n^2+3}\le a_n\le\frac{2n+1}{n^2+1}$$

을 만족시킬 때, $\lim_{n\to\infty}\frac{(3n^2+n+2)a_n}{n+3}$의 값은? [3점]

① $\frac{3}{2}$　② 3　③ $\frac{9}{2}$　④ 6　⑤ $\frac{15}{2}$

26

▶ 25363-0080

그림과 같이 곡선 $y=\frac{\sqrt{2x}}{e^{x^2}}$와 x축 및 두 직선 $x=1$, $x=2$로 둘러싸인 부분을 밑면으로 하는 입체도형이 있다. 이 입체도형을 x축에 수직인 평면으로 자른 단면이 모두 정사각형일 때, 이 입체도형의 부피는? [3점]

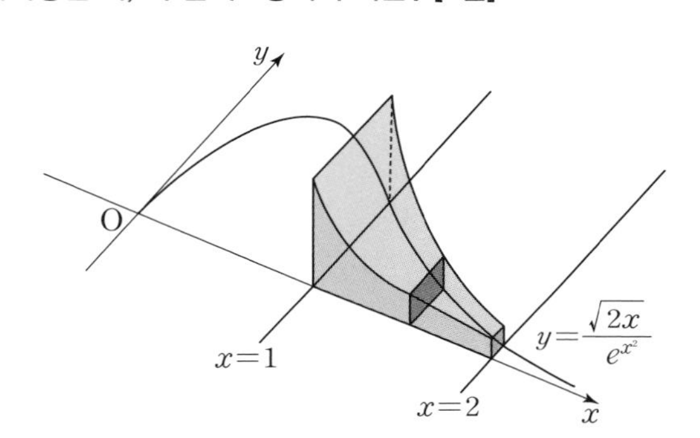

① $\frac{e^{-2}-e^{-8}}{4}$　② $\frac{e^{-1}-e^{-8}}{4}$　③ $\frac{e^{-4}-e^{-8}}{2}$　④ $\frac{e^{-2}-e^{-8}}{2}$　⑤ $\frac{e^{-1}-e^{-8}}{2}$

EBS FINAL 수학영역

27

▶ 25363-0081

$s<-1<t$인 두 실수 s, t에 대하여 곡선 $y=x^2$ 위의 두 점 $\mathrm{P}(s, s^2)$, $\mathrm{Q}(t, t^2)$이 다음 조건을 만족시킨다.

> 선분 PQ의 중점은 곡선 $y=e^{x+1}$ 위에 있다.

선분 PQ의 중점의 x좌표가 0일 때, $\frac{ds}{dt}$의 값은? [3점]

① $\frac{1-\sqrt{e}}{1+\sqrt{e}}$　② $\frac{2-\sqrt{e}}{2+\sqrt{e}}$　③ $\frac{3-\sqrt{e}}{3+\sqrt{e}}$

④ $\frac{4-\sqrt{e}}{4+\sqrt{e}}$　⑤ $\frac{5-\sqrt{e}}{5+\sqrt{e}}$

28

▶ 25363-0082

삼차함수 $f(x)$와 실수 전체의 집합에서 미분가능한 함수 $g(x)$가 모든 실수 x에 대하여

$$g(f(x))=(x^2+10)e^x,\ x\times\frac{g'(f(x))-e^x}{g(f(x))}\le 0$$

을 만족시킨다. $f'(1)=15$일 때, $f'(-1)$의 값은? [4점]

① 7　② 8　③ 9

④ 10　⑤ 11

단답형

29

▶ 25363-0083

두 등비수열 $\{a_n\}$, $\{b_n\}$이 다음 조건을 만족시킨다.

(가) $a_1 < b_1$

(나) $\sum_{n=1}^{\infty} a_n = \sum_{n=1}^{\infty} b_n = 6$

(다) $\sum_{n=1}^{\infty} \frac{1}{3^{n-1} \times a_n} = \sum_{n=1}^{\infty} \frac{1}{3^{n-1} \times b_n} = \frac{1}{15}$

$\sum_{n=1}^{\infty} |a_{n+k} b_{n+l}|$의 값이 정수가 되도록 하는 음이 아닌 두 정수 k, l의 모든 순서쌍 (k, l)의 개수를 구하시오. [4점]

30

▶ 25363-0084

최고차항의 계수가 1인 삼차함수 $f(x)$에 대하여 함수

$g(x) = f(\sin^2 \pi x + \sin \pi x)$

가 다음 조건을 만족시킬 때, $f(4)$의 값을 구하시오. [4점]

(가) 함수 $g(x)$가 $x=t$에서 극값을 갖도록 하는 모든 음이 아닌 실수 t의 값을 작은 수부터 크기 순으로 모두 나열할 때, n번째 수를 a_n이라 하면 수열 $\{a_n\}$은 등차수열이다.

(나) 0은 함수 $g(x)$의 극댓값인 동시에 극솟값이다.

EBS FINAL 수학영역

정답과 풀이 23쪽

5지선다형

23

▶ 25363-0085

두 벡터 $\vec{a}=(k,\ -3)$, $\vec{b}=(-2,\ 5)$에 대하여 $3\vec{a}+2\vec{b}=(8,\ l)$일 때, $k+l$의 값은? [2점]

① 1 ② 3 ③ 5 ④ 7 ⑤ 9

24

▶ 25363-0086

초점이 점 $\mathrm{F}(-3,\ 0)$이고 준선이 $x=3$인 포물선이 점 $(a,\ 6)$을 지난다. a의 값은? [3점]

① -6 ② -5 ③ -4 ④ -3 ⑤ -2

25

▶ 25363-0087

타원 $\frac{x^2}{12}+\frac{y^2}{6}=1$ 위의 점 $\mathrm{P}(x,\ y)$에 대하여 $2x-y$의 최댓값은? [3점]

① $2\sqrt{11}$ ② 7 ③ $3\sqrt{6}$ ④ $\sqrt{59}$ ⑤ 8

26

▶ 25363-0088

좌표공간 위의 서로 다른 네 점

$\mathrm{A}(4,\ 5,\ -1)$, $\mathrm{B}(-3,\ 2,\ 3)$, $\mathrm{C}(3,\ 1,\ 2)$, P

에 대하여 세 선분 AP, BP, CP를 $1:3$으로 내분하는 점이 각각 xy평면, yz평면, zx평면 위에 있을 때, 선분 OP의 길이는? (단, O는 원점이다.) [3점]

① $6\sqrt{2}$ ② 9 ③ $3\sqrt{10}$ ④ $3\sqrt{11}$ ⑤ $6\sqrt{3}$

27

▶ 25363-0089

서로 다른 세 점 A, B, C와 삼각형 ABC의 내부의 점 P가 다음 조건을 만족시킨다.

(가) $(\overrightarrow{BC}-\overrightarrow{BA})\cdot(\overrightarrow{PB}-\overrightarrow{PC})=0$
(나) $2\overrightarrow{PA}+k\overrightarrow{PB}+4\overrightarrow{PC}=\vec{0}$ (단, k는 실수)

직선 AB와 직선 PC의 교점 D에 대하여 삼각형 PAC와 삼각형 PDB의 넓이를 각각 S_1, S_2라 하자. $\overline{AC}=6$, $\overline{BC}=8$, $\overline{PB}=\frac{4}{3}\sqrt{17}$일 때, S_1-S_2의 값은? [3점]

① $\frac{16}{5}$ ② $\frac{10}{3}$ ③ $\frac{52}{15}$ ④ $\frac{18}{5}$ ⑤ $\frac{56}{15}$

28

▶ 25363-0090

세 양수 a, c, m에 대하여 두 점 $F(c, 0)$, $F'(-c, 0)$을 초점으로 하는 타원 $\frac{x^2}{a^2}+\frac{y^2}{80}=1$과 두 점 $A(a, 0)$과 F'을 꼭짓점으로 하는 쌍곡선 $\frac{(x-2)^2}{m^2}-\frac{y^2}{44}=1$이 양수 p에 대하여 다음 조건을 만족시킨다.

실수 t에 대하여 직선 l_t : $y=px+t$와 쌍곡선 $\frac{(x-2)^2}{m^2}-\frac{y^2}{44}=1$의 교점의 개수를 $g(t)$라 할 때, $g(t)$의 최댓값은 1이다.

실수 k에 대하여 $g(k)=0$일 때, 직선 l_k와 점 F' 사이의 거리는? [4점]

① $\frac{7\sqrt{11}}{6}$ ② $\frac{4\sqrt{11}}{3}$ ③ $\frac{3\sqrt{11}}{2}$ ④ $\frac{5\sqrt{11}}{3}$ ⑤ $\frac{11\sqrt{11}}{6}$

단답형

29

▶ 25363-0091

그림과 같이 $\overline{AB}=\overline{AC}=\overline{AD}=9$, $\overline{BC}=5\sqrt{2}$, $\overline{BD}=8$인 사면체 ABCD가 있다. 점 C에서 직선 BD에 내린 수선의 발을 E라 하면, 점 E는 선분 BD 위에 있고 $\overline{BE}=1$이다. 평면 ACD와 평면 BCD가 이루는 예각의 크기를 θ라 할 때, $\cos^2\theta=\frac{q}{p}$이다. $p+q$의 값을 구하시오. (단, p와 q는 서로소인 자연수이다.) [4점]

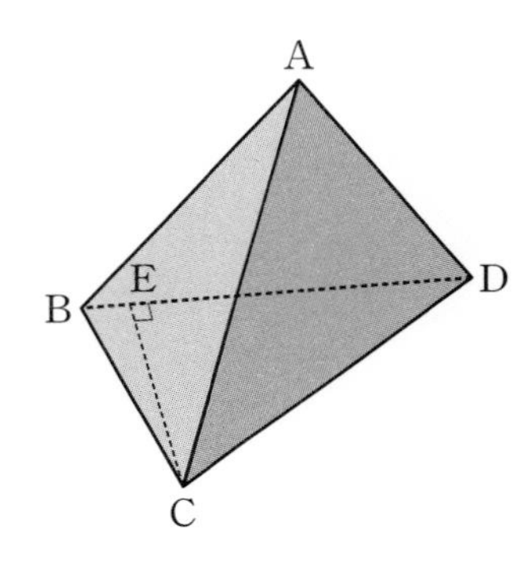

30

▶ 25363-0092

좌표공간에서 xy평면과 이루는 각의 크기가 $60°$인 평면 α에 대하여 중심이 $O(4, a, b)$인 구 S는 xy평면과 평면 α에 동시에 접한다. z좌표가 2인 점 A와 구 S의 중심 O를 잇는 선분 OA는 평면 α와 수직이고, 점 A에서 평면 α와 xy평면에 내린 수선의 발을 각각 E, F라 하면 $\overline{AE}=\overline{AF}$이다. 구 S와 z축과의 두 교점을 각각 B, C라 하면 선분 BC의 길이는 구 S의 반지름의 길이와 같다. 선분 BC의 중점의 좌표를 D라 하고, 구 S와 xy평면의 접점을 G라 할 때, $\overline{DG}^2$의 값을 구하시오. (단, $a>0$, $b>2$) [4점]

EBS FINAL 수학영역

시간 100분 | 배점 100점

정답과 풀이 26쪽

5지선다형

01

▶ 25363-0093

$\sqrt[3]{16}\times 2^{\frac{2}{3}}$의 값은? [2점]

① $\sqrt[3]{4}$ ② 2 ③ $2\sqrt[3]{2}$
④ $2\sqrt[3]{4}$ ⑤ 4

02

▶ 25363-0094

함수 $f(x)=x^3-x+1$에 대하여 $\lim_{x\to 2}\frac{f(x)-f(2)}{x-2}$의 값은? [2점]

① 5 ② 7 ③ 9
④ 11 ⑤ 13

03

▶ 25363-0095

$a_3=3$, $a_5=\sqrt{6}$인 등비수열 $\{a_n\}$에 대하여 a_{11}의 값은? [3점]

① $\frac{1}{3}$ ② $\frac{2}{3}$ ③ 1
④ $\frac{4}{3}$ ⑤ $\frac{5}{3}$

04

▶ 25363-0096

실수 전체의 집합에서 정의된 함수 $f(x)$가 $1\le x<3$일 때 $f(x)=x^2-2x+3$이고 모든 실수 x에 대하여 $f(x+2)=f(x)+k$를 만족시킨다. 함수 $f(x)$가 실수 전체의 집합에서 연속일 때, 상수 k의 값은? [3점]

① -4 ② -2 ③ 0
④ 2 ⑤ 4

EBS FINAL 수학영역

정답과 풀이 26쪽

05

▶ 25363-0097

다항함수 $f(x)$가 $\lim_{x \to 2} \frac{f(x)-3}{x-2}=-2$를 만족시킨다. 함수 $g(x)$가

$$g(x)=(3x^2+1)f(x)$$

일 때, $g'(2)$의 값은? [3점]

① 6　② 7　③ 8　④ 9　⑤ 10

06

▶ 25363-0098

좌표평면 위의 세 점

$$A\left(\cos\frac{\pi}{12}, \sin\frac{\pi}{12}\right), B\left(\cos\frac{5}{12}\pi, \sin\frac{5}{12}\pi\right), C\left(\cos\frac{11}{12}\pi, -\sin\frac{11}{12}\pi\right)$$

를 꼭짓점으로 하는 삼각형 ABC의 넓이는? [3점]

① $\frac{1}{3}$　② $\frac{1}{2}$　③ $\frac{\sqrt{2}}{2}$　④ $\frac{\sqrt{3}}{2}$　⑤ 1

07

▶ 25363-0099

시각 $t=0$일 때 출발하여 수직선 위를 움직이는 두 점 P, Q의 시각 t $(t \geq 0)$에서의 위치를 각각 $f(t)$, $g(t)$라 하면

$$f(t)=t^3-3t^2,\ g(t)=-t^2+15t$$

이다. 출발한 후 두 점 P, Q의 속도가 같아지는 시각에서의 두 점 P, Q의 가속도를 각각 p, q라 할 때, $p+q$의 값은? [3점]

① -2　② 4　③ 10　④ 16　⑤ 22

08

▶ 25363-0100

1이 아닌 두 양수 x, y $(x>y)$에 대하여

$$xy=64,\ \log_x 4=\log_8 y$$

일 때, $\log_{\sqrt{2}} \frac{x}{y}$의 값은? [3점]

① 4　② $4\sqrt{2}$　③ $4\sqrt{3}$　④ 8　⑤ $8\sqrt{2}$

09

▶ 25363-0101

$a<b$인 모든 실수 a, b에 대하여

$$\int_a^b (x^4-6x^2-8x+k)dx>0$$

이 성립하도록 하는 실수 k의 최솟값은? [4점]

① 21　② 22　③ 23　④ 24　⑤ 25

10

▶ 25363-0102

부등식 $(2n)^3 \le x \le (2n+1)^3$을 만족시키는 자연수 n이 존재하는 3000 이하의 모든 자연수 x의 개수는? [4점]

① 1485　② 1487　③ 1489　④ 1491　⑤ 1493

EBS FINAL 수학영역

정답과 풀이 27쪽

11

▶ 25363-0103

양수 a에 대하여 닫힌구간 $[0, 8]$에서 정의된 함수 $f(x)=a\sin\frac{\pi}{4}x$가 있다. 함수 $y=f(x)$의 그래프 위의 점 중 y좌표가 최대인 점과 최소인 점을 각각 A, B라 하자. 선분 AB를 지름으로 하는 원이 원점을 지날 때, a의 값은? [4점]

① 2　② $2\sqrt{2}$　③ $2\sqrt{3}$　④ 4　⑤ $4\sqrt{2}$

12

▶ 25363-0104

함수 $f(x)=\frac{1}{3}x^3-5x^2+16x+1$에 대하여 함수

$$g(x)=3+\int_4^x \{f(t)\}^2\{f(x)-f(t)\}dt$$

의 극댓값을 k라 할 때, $f(k)$의 값은? [4점]

① 7　② 10　③ 13　④ 16　⑤ 19

13

▶ 25363-0105

최고차항의 계수가 1이고 $f'(0)=f'(4)=0$인 삼차함수 $f(x)$에 대하여 함수 $g(x)$를

$$g(x)=\begin{cases} f(x)-f(0) & (x\le 0) \\ f(x-2)-f(-2) & (x>0) \end{cases}$$

이라 하자. 함수 $y=g(x)$의 그래프와 x축으로 둘러싸인 부분의 넓이는? [4점]

① 104　② 108　③ 112　④ 116　⑤ 120

14

▶ 25363-0106

$\overline{AB}=3$, $\overline{BC}=6$, $\overline{CA}=7$인 삼각형 ABC에서 $\angle ABC$의 이등분선이 선분 AC와 만나는 점을 D라 하고 직선 BD가 삼각형 ABC의 외접원과 만나는 점 중 B가 아닌 점을 E라 하자. 삼각형 DCE의 외접원이 선분 BC와 만나는 점 중 C가 아닌 점을 F라 할 때, 선분 AF의 길이는? [4점]

① $2\sqrt{5}$　② $2\sqrt{6}$　③ $2\sqrt{7}$　④ $4\sqrt{2}$　⑤ 6

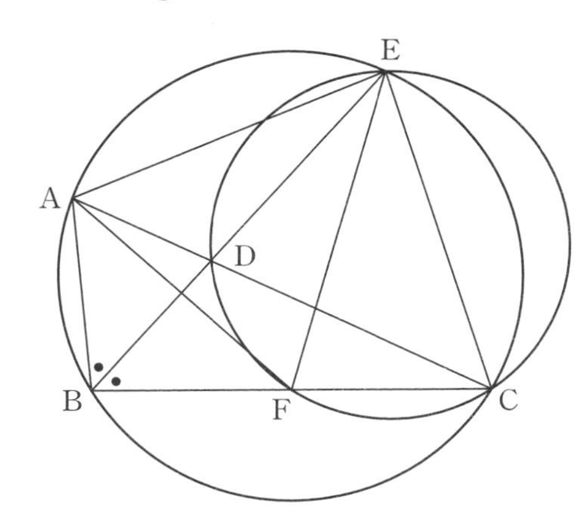

EBS FINAL 수학영역

정답과 풀이 28쪽

15

▶ 25363-0107

0이 아닌 실수 k에 대하여 두 함수 $f(x)$, $g(x)$를

$$f(x)=x^3-2x+2k,\ g(x)=x^2+kx-2$$

라 하자. 두 함수 $f(x)$, $g(x)$에 대하여 옳은 것만을 〈보기〉에서 있는 대로 고른 것은? [4점]

보기

ㄱ. 함수 $g(x)$는 음수인 극솟값을 갖는다.

ㄴ. 방정식 $g(x)=0$의 서로 다른 두 실근을 α, β $(\alpha<\beta)$라 하면 $f(\alpha)f(\beta)>0$이다.

ㄷ. 모든 실수 k에 대하여 방정식 $f(x)=0$은 방정식 $g(x)=0$의 두 실근 사이에서 적어도 하나의 실근을 갖는다.

① ㄱ　② ㄱ, ㄴ　③ ㄴ, ㄷ

④ ㄱ, ㄷ　⑤ ㄱ, ㄴ, ㄷ

단답형

16

▶ 25363-0108

다항함수 $f(x)$에 대하여

$$f'(x)=4x^3-kx^2+3$$

이고 $f(0)=f(3)$일 때, 상수 k의 값을 구하시오. [3점]

17

▶ 25363-0109

두 실수 x, y가

$$2^{x+1}=4^{2-y},\ 9^{9-x}=3^y$$

을 만족시킬 때, $x+y$의 값을 구하시오. [3점]

18

▶ 25363-0110

수열 $\{a_n\}$이 모든 자연수 n에 대하여

$$a_{n+1}=\begin{cases} a_n+2 & (n\text{이 홀수인 경우}) \\ a_{n-1}+3 & (n\text{이 짝수인 경우}) \end{cases}$$

를 만족시킨다. $a_1=1$일 때, $\sum_{n=1}^{20} a_n$의 값을 구하시오. [3점]

19

▶ 25363-0111

이차 이상의 다항함수 $f(x)$의 도함수 $f'(x)$가 모든 실수 x에 대하여 $f'(x)\geq 5$를 만족시키고, $f(2)=7$이다. 부등식 $f(x)\leq 5x-3$을 만족시키는 실수 x의 최댓값을 구하시오. [3점]

20

▶ 25363-0112

함수

$$f(x)=\begin{cases} 2^{|x+1|}-1 & (x\leq 1) \\ \log_4(x-1) & (x>1) \end{cases}$$

이 있다. 실수 k에 대하여 직선 $y=k$가 함수 $y=f(x)$의 그래프와 서로 다른 세 점에서 만날 때, 만나는 세 점의 x좌표의 합을 $g(k)$라 하자. $g(k)$의 값이 될 수 있는 자연수의 개수를 구하시오. [4점]

EBS FINAL 수학영역

정답과 풀이 29쪽

21

▶ 25363-0113

최고차항의 계수가 양수이고 $f(0)=f'(0)=0$인 삼차함수 $f(x)$에 대하여 함수 $g(x)$를

$$g(x)=\begin{cases} f(x)+3 & (x\geq 0) \\ f(x)-3 & (x<0) \end{cases}$$

이라 할 때, 방정식 $g(x)=-3$의 실근은 4 하나뿐이다. 함수 $y=f(x)$의 그래프와 x축으로 둘러싸인 부분의 넓이를 S라 할 때, $16S$의 값을 구하시오. [4점]

22

▶ 25363-0114

모든 항이 100 이하의 자연수인 수열 $\{a_n\}$이 모든 자연수 n에 대하여

$$a_{n+1}=\begin{cases} a_n+3 & (a_n\text{이 } 4\text{의 배수가 아닌 경우}) \\ \frac{1}{4}a_n & (a_n\text{이 } 4\text{의 배수인 경우}) \end{cases}$$

를 만족시킨다. 집합 $A=\{a_n \mid n\text{은 자연수}\}$의 원소의 개수가 6이 되도록 하는 모든 a_1의 값의 합을 구하시오. [4점]

5지선다형

23

▶ 25363-0115

다항식 $(x^3+a)^6$의 전개식에서 x^9의 계수가 160일 때, 실수 a의 값은? [2점]

① 1　② 2　③ 3　④ 4　⑤ 5

24

▶ 25363-0116

두 사건 A, B에 대하여

$$\mathrm{P}(A|B)=\mathrm{P}(A)=\frac{1}{3},\ \mathrm{P}(A\cup B)=\frac{8}{15}$$

일 때, $\mathrm{P}(A\cap B)$의 값은? [3점]

① $\frac{1}{14}$　② $\frac{1}{12}$　③ $\frac{1}{10}$　④ $\frac{1}{8}$　⑤ $\frac{1}{6}$

25

▶ 25363-0117

정규분포 $\mathrm{N}(m,\ 5^2)$을 따르는 모집단에서 크기가 n인 표본을 임의추출하여 얻은 표본평균을 이용하여 구한 m에 대한 신뢰도 $95\ \%$의 신뢰구간이 $a\leq m\leq b$이다. $b-a=0.98$일 때, 자연수 n의 값은?
(단, Z가 표준정규분포를 따르는 확률변수일 때, $\mathrm{P}(|Z|\leq 1.96)=0.95$로 계산한다.) [3점]

① 144　② 196　③ 256　④ 324　⑤ 400

EBS FINAL 수학영역

확률과 통계

정답과 풀이 31쪽

26

▶ 25363-0118

빨간 공 7개, 파란 공 3개가 들어 있는 상자에서 임의로 4개의 공을 동시에 꺼내어 공의 색을 확인한 후 다시 넣는 시행을 3번 반복할 때, 적어도 한번은 꺼낸 4개의 공이 모두 빨간 색일 확률은? [3점]

① $\frac{19}{54}$　② $\frac{3}{8}$　③ $\frac{43}{108}$　④ $\frac{91}{216}$　⑤ $\frac{4}{9}$

27

▶ 25363-0119

숫자 1이 적혀 있는 카드 1장, 숫자 3이 적혀 있는 카드 2장, 숫자 5가 적혀 있는 카드 3장이 들어 있는 주머니가 있다. 이 주머니에서 임의로 1장의 카드를 꺼내어 카드에 적혀 있는 수를 확인한 후 다시 넣는 시행을 한다. 이 시행을 3번 반복하여 확인한 3개의 수의 평균을 $\overline{X}$라 하자. $\mathrm{V}(a\overline{X}+1)=60$일 때, 양수 a의 값은? [3점]

① 6　② 7　③ 8　④ 9　⑤ 10

28

▶ 25363-0120

집합 $X=\{1, 2, 3, 4, 5, 6, 7, 8\}$에 대하여 다음 조건을 만족시키는 함수 $f: X \rightarrow X$의 개수는? [4점]

(가) $f(1)\times f(8)=4$
(나) 6 이하의 모든 자연수 x에 대하여 $f(x)\leq f(x+2)$이다.

① 2771　② 2773　③ 2775　④ 2777　⑤ 2779

단답형

29

▶ 25363-0121

정규분포 $\mathrm{N}(m,\ 6^2)$을 따르는 확률변수 X와 정규분포 $\mathrm{N}(50,\ \sigma^2)$을 따르는 확률변수 Y가 두 상수 $a\ (a>0)$, b에 대하여 $Y=aX+b$인 관계를 만족시킨다. $\mathrm{P}(X\le 39)$와 $\mathrm{P}(Y\ge 53)$의 값을 오른쪽 표준정규분포표를 이용하여 구한 것이 각각 0.9332, 0.1587일 때, $10(a+b)$의 값을 구하시오. (단, $\sigma>0$) [4점]

z	$\mathrm{P}(0\le Z\le z)$
0.5	0.1915
1.0	0.3413
1.5	0.4332
2.0	0.4772

30

▶ 25363-0122

수열 $\{a_n\}$은 $a_1=1$이고, 모든 자연수 n에 대하여 다음 조건을 만족시킨다.

(가) $a_{n+7}=a_n$

(나) $\dfrac{a_{n+1}}{a_n}\in\left\{\dfrac{1}{3},\ 1,\ 3\right\}$

서로 다른 순서쌍 $(a_2,\ a_3,\ a_4,\ a_5,\ a_6,\ a_7)$의 개수를 구하시오. [4점]

5지선다형

23

▶ 25363-0123

$\lim_{x \to 0} \frac{\tan 4x - \sin 4x}{x^3}$의 값은? [2점]

① 24 ② 28 ③ 32 ④ 36 ⑤ 40

24

▶ 25363-0124

$\int_1^{e^2} \frac{(\ln x)^3}{x} dx$의 값은? [3점]

① 1 ② 2 ③ 3 ④ 4 ⑤ 5

25

▶ 25363-0125

수열 $\{a_n\}$에 대하여 $\sum_{n=1}^{\infty} \left(\frac{a_n}{n^2} - 5 \right) = 4$일 때, $\lim_{n \to \infty} \frac{\sqrt{n^2 + 3a_n} - n}{n}$의 값은? [3점]

① 1 ② 2 ③ 3 ④ 4 ⑤ 5

26

▶ 25363-0126

그림과 같이 곡선 $y = \sqrt{e^x(4 - x^2)}$과 x축 및 두 직선 $x = -1$, $x = 1$로 둘러싸인 부분을 밑면으로 하는 입체도형이 있다. 이 입체도형을 x축에 수직인 평면으로 자른 단면이 모두 정사각형일 때, 이 입체도형의 부피는? [3점]

① $e - 3e^{-1}$ ② $e + e^{-1}$ ③ $e + 3e^{-1}$ ④ $3e - e^{-1}$ ⑤ $3e + e^{-1}$

27

▶ 25363-0127

실수 전체의 집합에서 미분가능한 함수 $f(x)$가 다음 조건을 만족시킨다.

(가) 함수 $f(x)$는 실수 전체의 집합에서 증가한다.
(나) 곡선 $y=f(x)$ 위의 점 $(1, f(1))$에서의 접선의 방정식이 $y=3x-1$이다.

함수 $f(5x)$의 역함수를 $g(x)$라 할 때, $g'(2)$의 값은? [3점]

① $\frac{1}{30}$ ② $\frac{1}{15}$ ③ $\frac{1}{10}$
④ $\frac{2}{15}$ ⑤ $\frac{1}{6}$

28

▶ 25363-0128

함수 $f(x)=\frac{1}{2}(\ln x)^2$에 대하여 곡선 $y=f(x)$ 위의 점 $\left(\frac{1}{e}, \frac{1}{2}\right)$에서의 접선을 l이라 하자. 곡선 $y=f(x)$ 위의 점 A에서의 접선이 직선 l과 서로 수직일 때, 점 A에서 x축에 내린 수선의 발을 H라 하자. 곡선 $y=f(x)$와 x축 및 직선 AH로 둘러싸인 부분의 넓이는? [4점]

① $\frac{e}{2}-1$ ② $\frac{e}{2}$ ③ $e-1$
④ $\frac{e}{2}+1$ ⑤ e

단답형

29

▶ 25363-0129

그림과 같이 $\overline{A_1B_1}=12$, $\overline{A_1D_1}=16$인 직사각형 $A_1B_1CD_1$이 있다. 선분 A_1D_1의 중점을 M_1이라 하고, 점 A_1이 중심이고 점 M_1을 지나는 원이 선분 A_1B_1과 만나는 점을 E_1이라 하자. 호 E_1M_1을 삼등분하는 점을 각각 P_1, Q_1이라 할 때, 선분 P_1Q_1을 한 변으로 하는 정삼각형의 넓이를 S_1이라 하자.

호 E_1M_1 위의 점 A_2, 선분 B_1C 위의 점 B_2, 선분 CD_1 위의 점 D_2를 사각형 $A_2B_2CD_2$가 $\overline{A_2B_2}:\overline{A_2D_2}=3:4$인 직사각형이 되도록 잡아 선분 A_2D_2의 중점을 M_2라 하고, 점 A_2가 중심이고 점 M_2를 지나는 원이 선분 A_2B_2와 만나는 점을 E_2라 하자. 호 E_2M_2를 삼등분하는 점을 각각 P_2, Q_2라 할 때, 선분 P_2Q_2를 한 변으로 하는 정삼각형의 넓이를 S_2라 하자.

이와 같은 과정을 계속하여 n번째 얻은 정삼각형의 넓이를 S_n이라 하자.

$\sum_{n=1}^{\infty} S_n=p\sqrt{3}+q$일 때, $p-q$의 값을 구하시오. (단, p와 q는 유리수이다.) [4점]

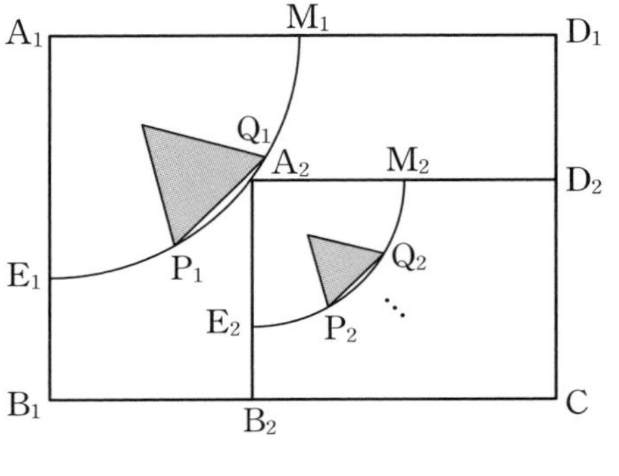

30

▶ 25363-0130

실수 전체의 집합에서 미분가능한 함수 $f(x)$의 도함수 $f'(x)$가

$$f'(x)=(k-x)e^{-|x|} \text{ (단, } k\text{는 양의 상수)}$$

이다. 실수 t에 대하여 방정식 $f(x)=t$의 서로 다른 실근의 개수를 $g(t)$라 할 때, $\lim_{t\to a+} g(t) > \lim_{t\to a-} g(t)$를 만족시키는 실수 a가 -1, 7뿐이다. 함수 $f(x)$의 극댓값이 e^p+q일 때, $p+q$의 값을 구하시오. $\left(\text{단, } \lim_{x\to\infty}\frac{x}{e^x}=0\text{이고, } p\text{와 } q\text{는 정수이다.}\right)$

[4점]

5지선다형

23

▶ 25363-0131

두 벡터 $\vec{a}=(1, 1-k)$, $\vec{b}=(k, 2)$에 대하여 $\vec{a}\cdot\vec{b}=-2$일 때, 실수 k의 값은? [2점]

① 1 ② 2 ③ 3 ④ 4 ⑤ 5

24

▶ 25363-0132

초점의 좌표가 $(2, 3)$이고 준선의 방정식이 $x=-4$인 포물선이 점 $(a, 9)$를 지날 때, a의 값은? [3점]

① 1 ② 2 ③ 3 ④ 4 ⑤ 5

25

▶ 25363-0133

좌표공간의 두 점 $\mathrm{A}(6, -1, 4)$, $\mathrm{B}(3, 2, -2)$에 대하여 선분 AB가 xy평면과 만나는 점이 $\mathrm{P}(a, b, 0)$일 때, $a+b$의 값은? [3점]

① 1 ② 2 ③ 3 ④ 4 ⑤ 5

26

▶ 25363-0134

그림과 같이 타원 $\frac{x^2}{9}+\frac{y^2}{5}=1$ 위의 제1사분면에 있는 점 $\mathrm{A}(a, b)$에 대하여 점 A를 지나고 점 A에서의 접선에 수직인 직선이 x축, y축과 만나는 점을 각각 B, C라 하자. 삼각형 OCB의 넓이가 $\frac{16}{27}$일 때, ab의 값은? (단, O는 원점이다.) [3점]

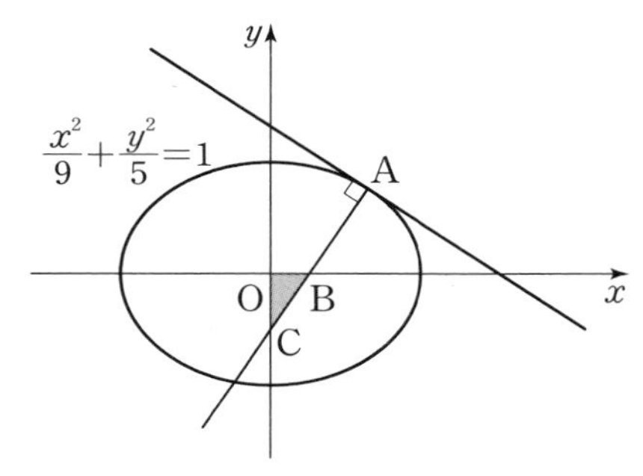

① $\frac{8}{3}$ ② 3 ③ $\frac{10}{3}$ ④ $\frac{11}{3}$ ⑤ 4

27

▶ 25363-0135

좌표공간에서 길이가 4인 선분 AB를 지름으로 하는 구 S에 대하여 선분 AB를 $3:1$로 내분하는 점 C를 지나고 직선 AB에 수직인 직선이 구 S와 만나는 두 점을 각각 D, E라 하자. 직선 DE를 포함하고 직선 AB에 수직인 평면이 구 S와 만나서 생기는 원 위의 점 P에 대하여 삼각형 PDE의 넓이가 $\sqrt{6}$일 때, 직선 AP와 평면 ABD가 이루는 예각의 크기를 θ라 하자. $\cos\theta$의 값은? [3점]

① $\frac{\sqrt{22}}{6}$　② $\frac{\sqrt{6}}{3}$　③ $\frac{\sqrt{26}}{6}$　④ $\frac{\sqrt{7}}{3}$　⑤ $\frac{\sqrt{30}}{6}$

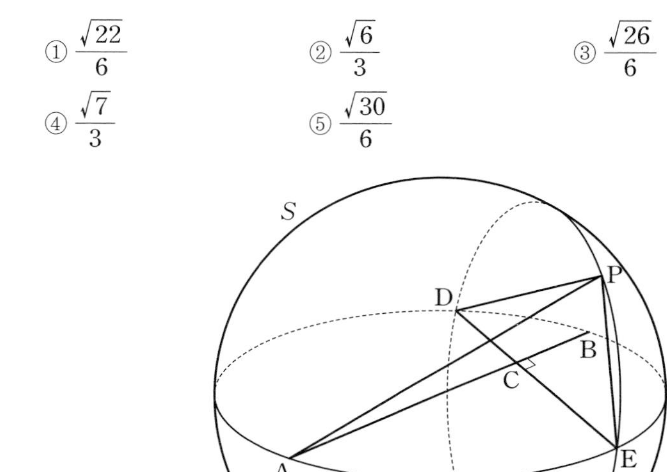

28

▶ 25363-0136

그림과 같이 한 변의 길이가 6인 정사각형 ABCD를 밑면으로 하는 사각뿔 O$-$ABCD가 있다. 두 선분 AD, BC를 $2:1$로 내분하는 점을 각각 P, Q라 할 때, 평면 OPQ와 평면 ABCD가 서로 수직이다. 삼각형 OPQ의 넓이가 12일 때, 삼각형 ODC의 평면 OAB 위로의 정사영의 넓이는? [4점]

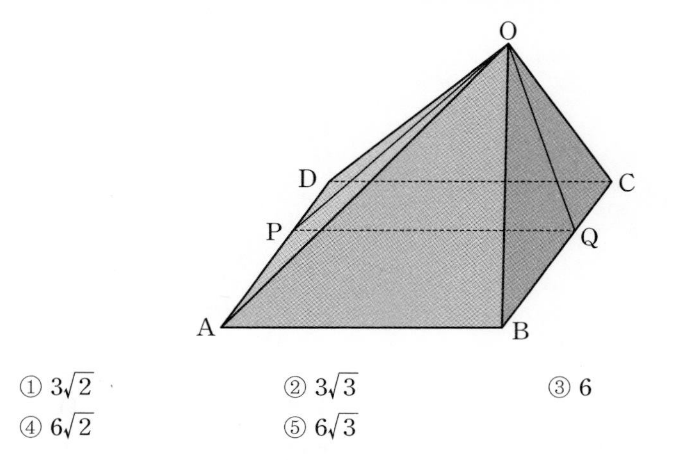

① $3\sqrt{2}$　② $3\sqrt{3}$　③ 6　④ $6\sqrt{2}$　⑤ $6\sqrt{3}$

단답형

29

▶ 25363-0137

두 초점이 F, $\mathrm{F'}$인 쌍곡선 $\frac{x^2}{9}-\frac{y^2}{7}=1$ 위의 제1사분면에 있는 점 P에 대하여 반직선 PF 위에 $\overline{\mathrm{PF'}}=\overline{\mathrm{PQ}}$인 점 Q를 잡자. 삼각형 $\mathrm{PF'Q}$가 정삼각형일 때, $(\overline{\mathrm{PQ}}-3)^2$의 값을 구하시오. (단, 점 F의 x좌표는 양수이다.) [4점]

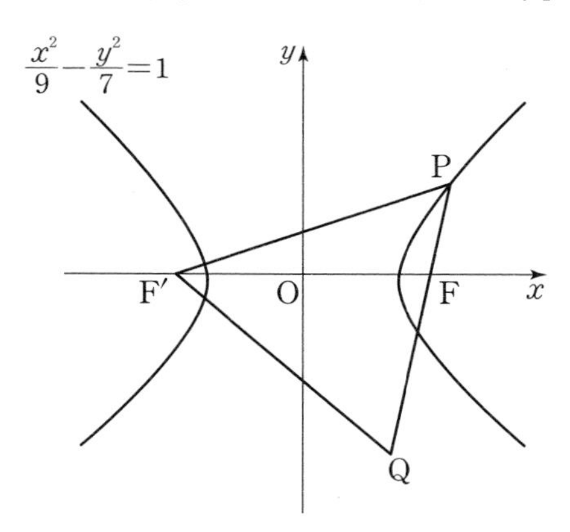

30

▶ 25363-0138

좌표평면에 $\overline{\mathrm{AB}}=4$, $\overline{\mathrm{BC}}=6$인 직사각형 ABCD가 있다.

$$|2\overrightarrow{\mathrm{XB}}+\overrightarrow{\mathrm{XC}}|=|\overrightarrow{\mathrm{XB}}-\overrightarrow{\mathrm{XC}}|$$

를 만족시키는 점 X가 나타내는 도형을 S라 하고,

$$|\overrightarrow{\mathrm{YC}}+3\overrightarrow{\mathrm{YD}}|=|\overrightarrow{\mathrm{YC}}-\overrightarrow{\mathrm{YD}}|$$

를 만족시키는 점 Y가 나타내는 도형을 T라 하자. 도형 S 위를 움직이는 점 P와 도형 T 위를 움직이는 점 Q에 대하여 $|6\overrightarrow{\mathrm{CP}}+4\overrightarrow{\mathrm{AQ}}|$의 최댓값을 구하시오. [4점]

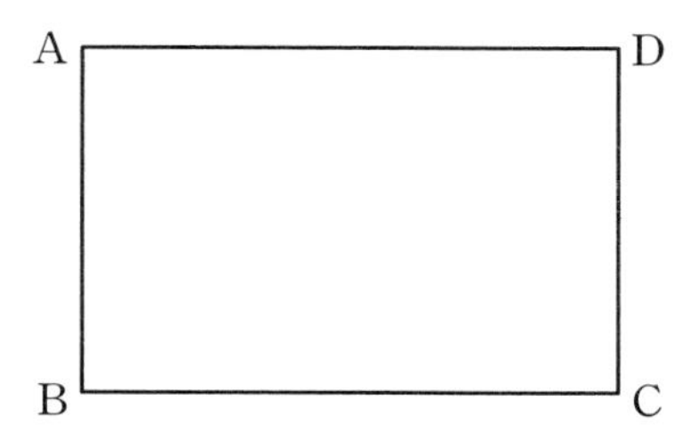

EBS FINAL 수학영역

시간 100분 | 배점 100점

정답과 풀이 36쪽

5지선다형

01

▶ 25363-0139

$(3^{\sqrt{2}+1})^{1-\sqrt{2}}$의 값은? [2점]

① $\frac{1}{9}$　② $\frac{1}{3}$　③ 3　④ 9　⑤ 27

02

▶ 25363-0140

함수 $f(x)=2x^3-x^2+9$에 대하여 $\lim_{h\to 0}\frac{f(2+h)-f(2)}{h}$의 값은? [2점]

① 18　② 19　③ 20　④ 21　⑤ 22

03

▶ 25363-0141

함수

$$f(x)=\begin{cases} -2x+1 & (x<a) \\ x^2-6x+5 & (x\ge a) \end{cases}$$

가 실수 전체의 집합에서 연속일 때, 상수 a의 값은? [3점]

① 1　② 2　③ 3　④ 4　⑤ 5

04

▶ 25363-0142

$\pi<\theta<\frac{3}{2}\pi$인 θ에 대하여

$$\tan\theta-\frac{2}{\tan\theta}=1$$

일 때, $\sin\theta-\cos\theta$의 값은? [3점]

① $-\frac{2\sqrt{5}}{5}$　② $-\frac{\sqrt{5}}{5}$　③ 0　④ $\frac{\sqrt{5}}{5}$　⑤ $\frac{2\sqrt{5}}{5}$

05

▶ 25363-0143

함수 $f(x)$가 모든 실수 x에 대하여

$$f'(x)=3x^2-4x+a,\ f(0)=3,\ f(1)=5$$

를 만족시킬 때, $f(2)$의 값은? (단, a는 상수이다.) [3점]

① 5 ② 6 ③ 7 ④ 8 ⑤ 9

06

▶ 25363-0144

첫째항이 4이고 모든 항이 실수인 등비수열 $\{a_n\}$의 첫째항부터 제n항까지의 합을 S_n이라 하자.

$$\frac{S_7-S_4}{S_4-a_1}=27$$

일 때, a_3의 값은? [3점]

① 24 ② 28 ③ 32 ④ 36 ⑤ 40

07

▶ 25363-0145

함수 $f(x)=-2x^3+6x^2+a$의 극댓값이 11일 때, 함수 $f(x)$의 극솟값은? (단, a는 상수이다.) [3점]

① 1 ② 2 ③ 3 ④ 4 ⑤ 5

EBS FINAL 수학영역

정답과 풀이 36쪽

08

▶ 25363-0146

두 삼차함수 $f(x)=2x^3+x^2-2x-1$과 $g(x)$가 있다. 모든 실수 x에 대하여 다항함수 $h(x)$가

$$f'(x)-2g'(x)=h(x)=\int\{f(x)+2g(x)\}dx$$

를 만족시킬 때, $g(1)+h(1)$의 값은? [3점]

① -2　② -1　③ 0　④ 1　⑤ 2

09

▶ 25363-0147

이차함수 $f(x)$와 상수 a가

$$\lim_{x\to3}\frac{f(x)-f(-1)}{x-3}=4a,\ \lim_{x\to2}\frac{f(x+2)}{f(x-4)}=3a$$

를 만족시킨다. 함수 $f(x)$의 최솟값이 2일 때, $f(4)$의 값은? [4점]

① $\frac{9}{2}$　② 5　③ $\frac{11}{2}$　④ 6　⑤ $\frac{13}{2}$

10

▶ 25363-0148

양의 실수 k에 대하여 두 함수

$$f(x)=5^x-k,\ g(x)=|\log_5(x+k)|$$

가 있다. $x>-k$인 모든 실수에서 정의된 함수 $f(g(x))$에 대하여 함수 $y=f(g(x))$의 그래프가 직선 $y=k+1$과 만나는 두 점을 각각 A, B라 할 때, 선분 AB의 길이를 $h(k)$라 하자. $h(k)=2$를 만족시키는 k의 값은? [4점]

① $\frac{1}{2}$　② $\frac{\sqrt{2}}{2}$　③ $\frac{\sqrt{3}}{2}$　④ 1　⑤ $\frac{\sqrt{5}}{2}$

11

▶ 25363-0149

그림과 같이 $\overline{\mathrm{AC}}=2\sqrt{6}$인 삼각형 ABC가 있다. 선분 BC 위의 점 D에 대하여

$$\overline{\mathrm{CD}}=5,\ \sin(\angle\mathrm{ADC})=\frac{2\sqrt{2}}{3}$$

이다. 삼각형 ABC의 외접원의 넓이를 S_1, 삼각형 ADC의 외접원의 넓이를 S_2라 하자. $S_1 : S_2=11 : 3$일 때 삼각형 ABC의 넓이는?

$\left(\text{단, } \overline{\mathrm{AD}}>1,\ 0<\angle\mathrm{ADC}<\frac{\pi}{2}\right)$ [4점]

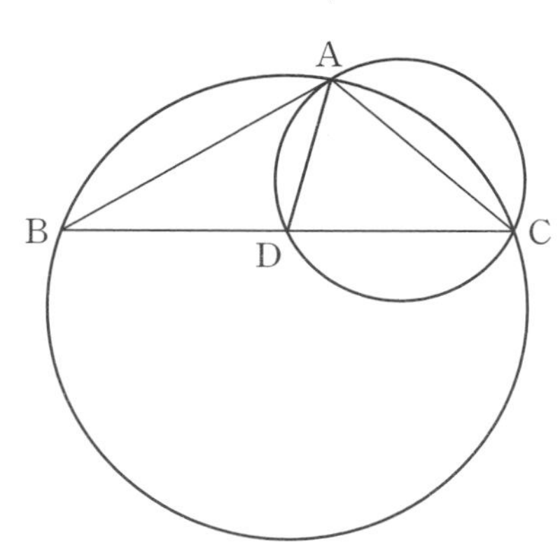

① $6\sqrt{2}$ ② $7\sqrt{2}$ ③ $8\sqrt{2}$
④ $9\sqrt{2}$ ⑤ $10\sqrt{2}$

12

▶ 25363-0150

모든 항이 자연수인 수열 $\{a_n\}$이 모든 자연수 n에 대하여

$$a_{n+1}=\begin{cases} 1+\log_2(a_n+1) & (a_n\text{이 홀수인 경우}) \\ \frac{1}{2}a_n & (a_n\text{이 짝수인 경우}) \end{cases}$$

를 만족시킨다. $a_5=1$이 되도록 하는 모든 a_1의 값의 합은? [4점]

① 205 ② 215 ③ 225
④ 235 ⑤ 245

13

▶ 25363-0151

시각 $t=0$일 때 원점을 출발하여 수직선 위를 움직이는 점 P의 시각 $t\ (t\geq 0)$에서의 위치 $x(t)$가

$$x(t)=t^3+at^2+bt\ (a,\ b\text{는 상수})$$

이다. 시각 $t=t_1$, $t=t_2$에서 점 P가 운동 방향을 바꾸고 $t_2-t_1=4$이다. 시각 $t=1$에서 점 P의 위치가 25일 때, 시각 $t=t_1$에서 $t=t_2$까지 점 P가 움직인 거리는? (단, $0<t_1<t_2$) [4점]

① 28　② 29　③ 30　④ 31　⑤ 32

14

▶ 25363-0152

첫째항이 a, 공차가 d인 등차수열 $\{a_n\}$의 첫째항부터 제n항까지의 합을 S_n이라 하자. 수열 $\{S_n\}$이 다음 조건을 만족시킬 때, a_5의 값은? [4점]

(가) $\{S_k,\ S_{k+1},\ S_{k+2}\}=\{-7,\ -6,\ -5\}$인 자연수 k가 존재한다.
(나) 수열 $\{S_n\}$은 최솟값을 갖는다.

① 7　② 8　③ 9　④ 10　⑤ 11

15

▶ 25363-0153

두 함수

$$f(x)=2\sin\left(x+\frac{\pi}{6}\right)+\frac{1}{2},\ g(x)=\cos x+\frac{1}{2}$$

에 대하여 $0\le x<2\pi$에서 정의된 함수 $h(x)$를

$$h(x)=\begin{cases} f(x) & (f(x)\ge g(x)) \\ g(x) & (f(x)<g(x)) \end{cases}$$

라 하자. 방정식 $4|h(x)|^2-8|h(x)|+3=0$의 서로 다른 모든 실근의 합은? [4점]

① 3π ② $\frac{7}{2}\pi$ ③ 4π ④ $\frac{9}{2}\pi$ ⑤ 5π

단답형

16

▶ 25363-0154

함수 $f(x)=(x^3-x)(x^2+2x)$에 대하여 $f'(1)$의 값을 구하시오. [3점]

17

▶ 25363-0155

부등식

$$2^{x^2}\le\frac{16}{4^x}$$

을 만족시키는 모든 정수 x의 개수를 구하시오. [3점]

4회 EBS FINAL 수학영역

정답과 풀이 39쪽

18

▶ 25363-0156

100 이하의 자연수 n에 대하여

$$\frac{1}{2}+\log_2\sqrt{n}+\log_4(\log_2 n)$$

의 값이 자연수가 되도록 하는 모든 n의 값의 합을 구하시오. [3점]

19

▶ 25363-0157

최고차항의 계수가 1인 사차함수 $f(x)$에 대하여 함수 $y=f(x)$의 그래프가 직선 $y=2x+k$와 만나는 서로 다른 점의 개수를 $g(k)$라 할 때, 함수 $g(k)$는 다음 조건을 만족시킨다.

> (가) $g(1)+g(17)=5$
>
> (나) $g(k)=\begin{cases} 0 & (k<1) \\ 4 & (1<k<17) \\ 2 & (k>17) \end{cases}$

두 양수 a, b $(a<b)$에 대하여 $f'(0)=f'(a)=f'(b)=2$일 때, $f(a+b)$의 값을 구하시오. (단, k는 실수이다.) [3점]

20

▶ 25363-0158

$0\le x<2\pi$일 때, 자연수 n에 대하여 x에 대한 방정식

$$\left|\sin\left(x+\frac{5}{6}\pi\right)-\frac{1}{2}\right|=\frac{n}{6}$$

을 만족시키는 모든 x의 값의 합을 $f(n)$이라 할 때,

$f(1)+f(2)+\cdots+f(10)=\frac{q}{p}\pi$이다. $p+q$의 값을 구하시오.

(단, p와 q는 서로소인 자연수이다.) [4점]

21

▶ 25363-0159

두 수열 $\{a_n\}$, $\{b_n\}$이 모든 자연수 n에 대하여

$$\sum_{k=1}^{n}(a_{2k-1}-b_k)=3n^2-2n,\ \sum_{k=1}^{n}(a_{2k}-b_k)=-2n^2+9n$$

을 만족시킨다. 수열 $\{b_n\}$이 $|b_{16}|=|b_{25}|$인 등차수열이고 공차가 0이 아닐 때, $a_{31}+a_{32}+\cdots+a_{50}$의 값을 구하시오. [4점]

22

▶ 25363-0160

최고차항의 계수가 1인 삼차함수 $f(x)$가

$$f'(0)+f'(1)=1,\ f(0)=0$$

을 만족시킨다. 실수 k에 대하여 함수 $g(x)$는

$$g(x)=\begin{cases} f(x) & (x<k) \\ f(x)+|f(x)| & (x\ge k) \end{cases}$$

이다. 함수 $g(x)$가 실수 전체의 집합에서 미분가능할 때, $g(4k)$의 값을 구하시오. [4점]

EBS FINAL 수학영역

5지선다형

23

▶ 25363-0161

$\left(x^2-\frac{2}{x}\right)^7$의 전개식에서 x^8의 계수는? [2점]

① 76　② 80　③ 84　④ 88　⑤ 92

24

▶ 25363-0162

두 사건 A, B에 대하여

$$\mathrm{P}(B|A)=\mathrm{P}(B|A^C),\ \mathrm{P}(A)=\frac{2}{5},\ \mathrm{P}(A\cap B)=\frac{3}{10}$$

일 때, $\mathrm{P}(B-A)$의 값은? (단, A^C은 A의 여사건이다.) [3점]

① $\frac{1}{4}$　② $\frac{3}{10}$　③ $\frac{7}{20}$　④ $\frac{2}{5}$　⑤ $\frac{9}{20}$

25

▶ 25363-0163

정규분포를 따르는 확률변수 X의 확률밀도함수 $f(x)$가 다음 조건을 만족시킨다.

(가) 모든 실수 x에 대하여 $f(5-x)=f(5+x)$이다.
(나) 확률변수 X의 표준편차와 분산은 서로 같다.

상수 a에 대하여 확률변수 Y의 확률밀도함수 $g(x)$가

$$g(x)=f(x+a)$$

이다. $\mathrm{E}(Y)=\mathrm{V}(X)$일 때, a의 값은? [3점]

① 1　② 2　③ 3　④ 4　⑤ 5

26

▶ 25363-0164

네 학생 P, Q, R, S를 포함한 8명이 일정한 간격을 두고 원탁에 둘러앉아 회의를 하려고 한다. 두 학생 P와 Q가 이웃하여 앉아 있을 때, 세 학생 Q, R, S끼리 이웃하여 앉을 확률은? [3점]

① $\frac{1}{30}$ ② $\frac{1}{15}$ ③ $\frac{1}{10}$
④ $\frac{2}{15}$ ⑤ $\frac{1}{6}$

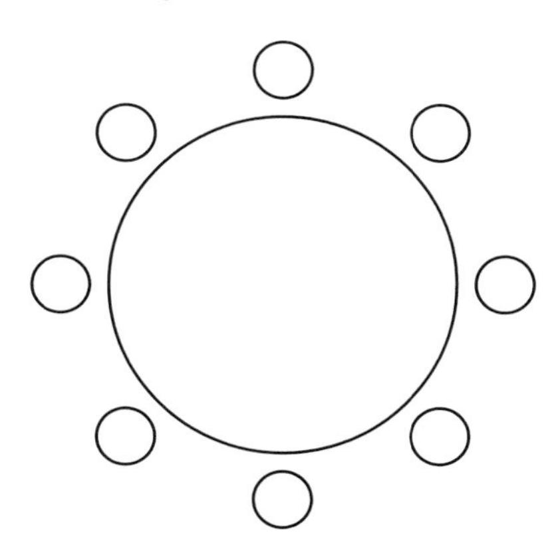

27

▶ 25363-0165

어느 회사에서 생산하는 제품 1개의 무게는 평균이 m, 표준편차가 6인 정규분포를 따른다고 한다. 이 회사가 생산한 제품 중에서 임의추출한 9개의 제품의 무게의 표본평균이 200 이상일 확률과 a 이하일 확률은 모두 0.9938로 서로 같을 때, 상수 a의 값을 오른쪽 표준정규분포표를 이용하여 구한 것은?
(단, 무게의 단위는 g이다.) [3점]

z	$P(0 \le Z \le z)$
1.0	0.3413
1.5	0.4332
2.0	0.4772
2.5	0.4938

① 205 ② 210 ③ 215
④ 220 ⑤ 225

28

▶ 25363-0166

다음 조건을 만족시키는 음이 아닌 정수 a, b, c, d의 모든 순서쌍 (a, b, c, d)의 개수는? [4점]

> (가) $a+b+c+d=9$
> (나) $(a-3)(b-3)(c-3)(d-3)\neq 0$

① 128 ② 132 ③ 136
④ 140 ⑤ 144

단답형

29 ▶ 25363-0167

흰 공 10개가 들어 있는 주머니 A와 비어 있는 주머니 B가 있다. 두 주머니 A, B와 주사위 한 개를 사용하여 다음 시행을 한다.

> 주사위를 한 번 던져 나온 눈의 수가 2 이하이면 주머니 A에서 한 개의 공을 꺼내 주머니 B에 넣고, 눈의 수가 3 이상이면 주머니 A에서 두 개의 공을 꺼내 주머니 B에 넣는다.

위의 시행을 반복하여 주머니 B에 들어 있는 공의 개수가 처음으로 6보다 크거나 같을 때, 주사위를 던진 횟수를 확률변수 X라 하자. $\mathrm{P}(4 \le X \le 5)=\frac{q}{p}$라 할 때, $p+q$의 값을 구하시오. (단, p와 q는 서로소인 자연수이다.) [4점]

주머니 A

주머니 B

30 ▶ 25363-0168

집합 $X=\{1, 2, 3, 4, 5\}$에 대하여 다음 조건을 만족시키는 함수 $f: X \to X$의 개수를 구하시오. [4점]

> (가) $\{f(1)f(2)f(3)-2\} \times \{f(1)f(2)f(3)-3\}=0$
> (나) $x \in X$에 대하여 $f(x)=x$를 만족시키는 모든 x의 개수는 2이다.

5지선다형

23

▶ 25363-0169

$\lim_{x \to -\infty} \frac{3^x+2^x}{3^x-2^x}$의 값은? [2점]

① -2 ② -1 ③ 0
④ 1 ⑤ 2

24

▶ 25363-0170

곡선 $y^3-3y^2+5y-2x=0$ 위의 점에서의 접선의 기울기의 최댓값은 k이고, 이 때의 접점의 좌표는 (a, b)이다. $a+b+k$의 값은? [3점]

① $\frac{7}{2}$ ② 4 ③ $\frac{9}{2}$
④ 5 ⑤ $\frac{11}{2}$

25

▶ 25363-0171

두 자연수 a, b에 대하여 함수

$$f(x)=2ax+b+\frac{1}{\pi}\sin(\pi x)$$

의 역함수를 $g(x)$라 하자. $6 \le x \le 10$인 모든 x에 대하여 함수 $g(x)$가

$$3-\sqrt{10-x} \le g(x) \le 1+\sqrt{x-6}$$

을 만족시킬 때, $\int_0^a f(f(x))dx+\int_{3b}^{4b} g(g(x))dx$의 값은? [3점]

① 15 ② 16 ③ 17
④ 18 ⑤ 19

26

▶ 25363-0172

두 함수 $f(x)=e^{-3}-e^x$, $g(x)=x^2-5x+k$에 대하여 함수 $h(x)=f(g(x))$와 집합 A가

$$A=\{x \mid h(x) \times h'(x)=0\},\ n(A)=1$$

을 만족시킬 때, 정수 k의 최솟값은? [3점]

① 1 ② 2 ③ 3
④ 4 ⑤ 5

EBS FINAL 수학영역

27

▶ 25363-0173

두 자연수 a, b $(1<a<b)$의 순서쌍 (a, b)가 다음 조건을 만족시킨다.

> (가) 수열 $\left\{\dfrac{a^{n-1}b+ab^{n-1}}{a^{n-1}b^{-1}+a^{-1}b^{n-1}}\right\}$은 10 이하의 실수로 수렴한다.
>
> (나) 수열 $\left\{\left(\dfrac{b-3}{a^2+2}\right)^n\right\}$은 수렴한다.

모든 순서쌍 (a, b)에 대하여 $\sum_{n=1}^{\infty}\left(\dfrac{a}{b}\right)^{n-1}$의 최솟값과 최댓값의 합은? [3점]

① $\dfrac{58}{11}$　② $\dfrac{59}{11}$　③ $\dfrac{60}{11}$　④ $\dfrac{61}{11}$　⑤ $\dfrac{62}{11}$

28

▶ 25363-0174

함수

$$f(x)=\begin{cases}\dfrac{e^{x^2+ax}-1}{x} & (x\neq 0)\\ 2 & (x=0)\end{cases}$$

이 $x=0$에서 연속이고 $0<t<1$일 때, $\int_0^1 |xf(t)-e^{x^2+ax}+1|\,dx$는 $t=k$에서 최솟값을 가진다. k의 값은? (단, a는 상수이다.) [4점]

① $\dfrac{\sqrt{2}}{2}$　② $\dfrac{1}{2}$　③ $\dfrac{\sqrt{6}}{6}$　④ $\dfrac{\sqrt{2}}{4}$　⑤ $\dfrac{\sqrt{10}}{10}$

단답형

29

▶ 25363-0175

두 실수 a, b에 대하여 정의역이 $\{x\,|\,x>0\}$인 함수

$$f(x)=\frac{3(\ln x)^2+a\ln x+b}{x}$$

가 $x=1$에서 극솟값 -4를 갖는다. 닫힌구간 $\left[k,\ e^{\frac{10}{3}}\right]$에서 함수 $f(x)$의 역함수가 존재하도록 하는 실수 k의 최솟값을 m이라 하고, 닫힌구간 $\left[m,\ e^{\frac{10}{3}}\right]$에서 함수 $f(x)$의 역함수를 $g(x)$라 하자. $\dfrac{48\times g'(m-1)}{e^4}$의 값을 구하시오. [4점]

30

▶ 25363-0176

$0\le x\le 2\pi$에서 정의된 함수 $f(x)=\sin x$에 대하여 곡선 $y=f(x)$ 위의 점 $\mathrm{P}(t,\ \sin t)$에서 두 직선 $y=x$, $y=-x$에 내린 수선의 발을 각각 A, B라 하자. 곡선 $y=f(x)$와 두 선분 OA, AP로 둘러싸인 부분의 넓이를 $g(t)$, 곡선 $y=f(x)$와 두 선분 OB, BP로 둘러싸인 부분의 넓이를 $h(t)$라 할 때,

$$h'\left(\frac{5}{3}\pi\right)-g'\left(\frac{5}{3}\pi\right)=\frac{a\sqrt{3}+b\pi}{6}$$

이다. a^2+b^2의 값을 구하시오. (단, O는 원점이고 a와 b는 유리수이다.) [4점]

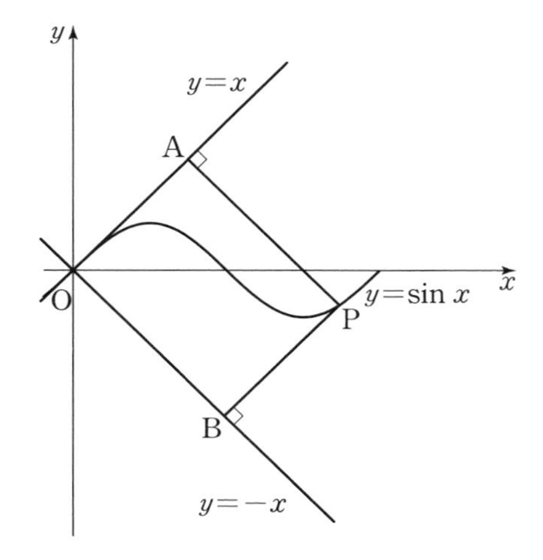

5지선다형

23

▶ 25363-0177

좌표공간의 두 점 $\mathrm{A}(3, t-1, 6)$, $\mathrm{B}(-t, 2, 3)$에 대하여 선분 AB의 길이의 최솟값은? [2점]

① $3\sqrt{3}$　② $2\sqrt{7}$　③ $\sqrt{29}$　④ $\sqrt{30}$　⑤ $\sqrt{31}$

24

▶ 25363-0178

중심이 원점이고 두 초점이 x축 위에 있는 쌍곡선 C를 x축의 방향으로 m만큼, y축의 방향으로 n만큼 평행이동하면 쌍곡선 C'와 일치한다. 쌍곡선 C'의 두 초점의 좌표를 (p, q), (r, s)라 할 때,

$$p+q+r+s=m-n$$

이다. 쌍곡선 C'의 중심이 직선 $y=2$ 위에 있을 때, $m+n$의 값은? [3점]

① -1　② -2　③ -3　④ -4　⑤ -5

25

▶ 25363-0179

그림과 같이 정육각형 ABCDEF와 점 A를 초점으로 하고 두 점 E, C를 지나는 포물선이 있다. 점 E에서 이 포물선에 그은 접선과 직선 BC가 이루는 예각의 크기를 θ라 할 때, $\tan\theta$의 값은? [3점]

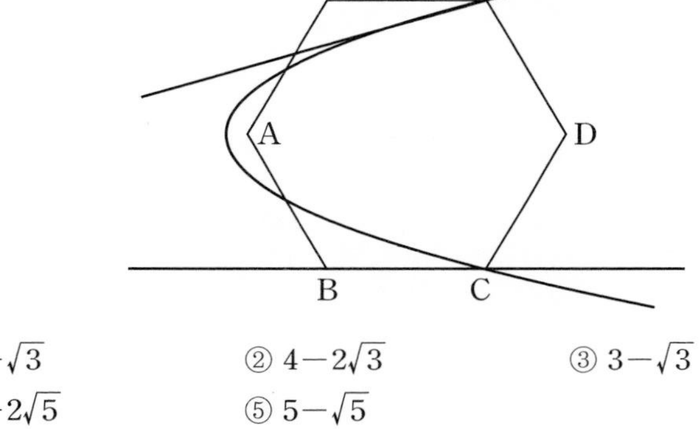

① $2-\sqrt{3}$　② $4-2\sqrt{3}$　③ $3-\sqrt{3}$　④ $7-2\sqrt{5}$　⑤ $5-\sqrt{5}$

26

▶ 25363-0180

그림과 같이 평행사변형 ABCD에서 변 CD를 $1:2$로 내분하는 점을 E, 직선 BE와 직선 AC의 교점을 F라 하자.

$$\overrightarrow{\mathrm{DF}}=m\overrightarrow{\mathrm{DC}}+n\overrightarrow{\mathrm{CB}}$$

를 만족시키는 두 실수 m, n에 대하여 $m-n$의 값은? [3점]

① $\frac{1}{8}$　② $\frac{1}{4}$　③ $\frac{3}{8}$　④ $\frac{1}{2}$　⑤ $\frac{5}{8}$

27

▶ 25363-0181

그림과 같이 타원 $\frac{x^2}{a^2}+\frac{y^2}{b^2}=1\ (a>b>0)$의 두 초점 중 x좌표가 양수인 점을 F, 이 타원의 꼭짓점 중 y좌표가 양수인 점을 A라 하자. 직선 AF와 타원이 만나는 점 중 A가 아닌 점을 B, 점 B를 지나고 x축에 평행한 직선이 타원과 만나는 점 중 B가 아닌 점을 C라 하자. $\angle \mathrm{AFC}=\frac{\pi}{2}$이고 $\overline{\mathrm{AB}}=5$일 때, $a\times b$의 값은? [3점]

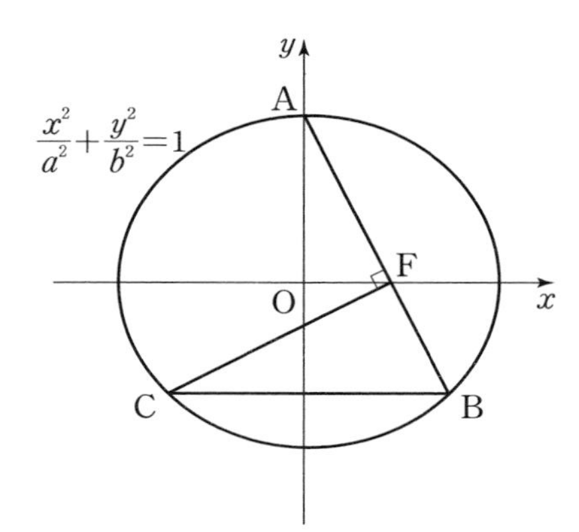

① $\frac{18\sqrt{5}}{5}$　② $\frac{19\sqrt{5}}{5}$　③ $4\sqrt{5}$　④ $\frac{21\sqrt{5}}{5}$　⑤ $\frac{22\sqrt{5}}{5}$

28

▶ 25363-0182

좌표평면에서 세 벡터

$\vec{a}=(-2, 3)$, $\vec{b}=(1, -2)$, $\vec{c}=(0, -1)$

에 대하여 벡터 $\vec{p}-\vec{a}$와 벡터 $\vec{b}-\vec{c}$가 서로 평행하고 $|\vec{p}-\vec{c}|=2$일 때, $|\vec{p}+\vec{b}|$의 최댓값은? [4점]

① $2\sqrt{3}$　② 4　③ $3\sqrt{2}$　④ $2\sqrt{5}$　⑤ $\sqrt{22}$

단답형

29

▶ 25363-0183

그림과 같이 $\overline{AB}=6$, $\overline{AD}=4$인 직사각형 ABCD 모양의 종이가 있다. 선분 AB와 선분 DC를 각각 1 : 2로 내분하는 점을 각각 P, Q라 하고, 선분 AD의 중점을 M이라 하자. 선분 PM을 접는 선으로 하여 평면 APM이 평면 PQM과 수직이 되도록 종이를 접은 후, 선분 BQ를 접는 선으로 하여 선분 AC의 길이가 최소가 되도록 삼각형 BCQ 모양의 종이를 접었다. 삼각형 APM의 평면 BCQ 위로의 정사영의 넓이를 k라 하자. $20k^2$의 값을 구하시오.

(단, 종이의 두께는 고려하지 않는다.) [4점]

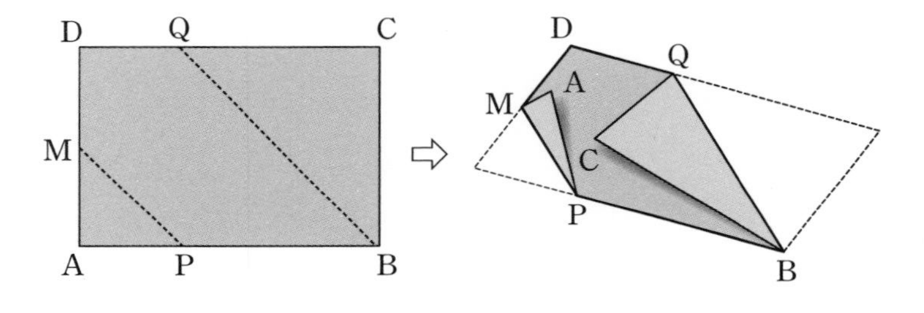

30

▶ 25363-0184

한 평면 위의 서로 다른 네 점 A, B, C, D와 선분 AB의 중점 M이 다음 조건을 만족시킨다.

(가) $\overrightarrow{MA}\cdot\overrightarrow{MC}+2\overrightarrow{MB}\cdot\overrightarrow{MD}=2\overrightarrow{MA}\cdot\overrightarrow{MD}+\overrightarrow{MB}\cdot\overrightarrow{MC}$

(나) $|\overrightarrow{AB}|=24$, $\overrightarrow{MC}\cdot\overrightarrow{MB}=72$, $|\overrightarrow{MC}|=2|\overrightarrow{MD}|$

$\overrightarrow{AB}\cdot(\overrightarrow{MD}-\overrightarrow{BC})$의 값을 구하시오. (단, M, C, D는 한 직선 위에 있지 않다.) [4점]

EBS FINAL 수학영역

시간 100분 | 배점 100점

정답과 풀이 48쪽

5지선다형

01

▶ 25363-0185

$\sqrt[3]{-24}\times\sqrt{\sqrt[3]{81}}$의 값은? [2점]

① -6　② -2　③ 2　④ 6　⑤ 12

02

▶ 25363-0186

함수 $f(x)=5x^2-6x$에 대하여 $\lim_{x\to1}\frac{f(x)-f(1)}{x-1}$의 값은? [2점]

① 1　② 2　③ 3　④ 4　⑤ 5

03

▶ 25363-0187

$\sin(\pi+\theta)=\frac{1}{3}$일 때, $\frac{\tan\theta}{\cos\theta}$의 값은? [3점]

① $-\frac{5}{8}$　② $-\frac{3}{8}$　③ $-\frac{1}{8}$　④ $\frac{1}{8}$　⑤ $\frac{3}{8}$

04

▶ 25363-0188

함수 $y=f(x)$의 그래프가 그림과 같다.

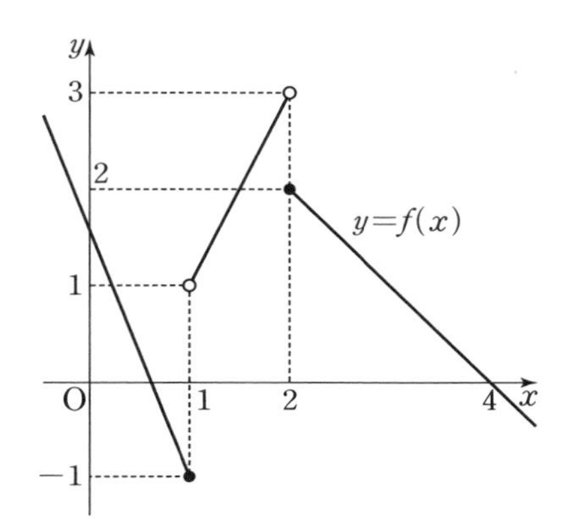

$\lim_{x\to1-}f(x)+\lim_{x\to2+}f(x)$의 값은? [3점]

① 1　② 2　③ 3　④ 4　⑤ 5

05

▶ 25363-0189

모든 항이 양수인 등비수열 $\{a_n\}$이

$$a_1(a_2+a_3)=\frac{1}{3},\ a_3(a_4+a_5)=27$$

을 만족시킬 때, a_2의 값은? [3점]

① $\frac{1}{6}$ ② $\frac{1}{3}$ ③ $\frac{1}{2}$ ④ $\frac{2}{3}$ ⑤ $\frac{5}{6}$

06

▶ 25363-0190

함수

$$f(x)=x^3+ax-1$$

이 모든 양수 x에 대하여 $f(x)\geq f(2)$를 만족시킨다. 함수 $f(x)$의 극댓값은?

(단, a는 상수이다.) [3점]

① 11 ② 12 ③ 13 ④ 14 ⑤ 15

07

▶ 25363-0191

정의역이 $\{x\mid -1\leq x\leq 4\}$인 함수

$$f(x)=\frac{1}{2^{|x+a|}}+b$$

가 $x=3$에서 최댓값 2를 가질 때, 함수 $f(x)$의 최솟값은?

(단, a와 b는 상수이다.) [3점]

① $\frac{33}{32}$ ② $\frac{17}{16}$ ③ $\frac{35}{32}$ ④ $\frac{9}{8}$ ⑤ $\frac{37}{32}$

08

▶ 25363-0192

연속함수 $f(x)$가 다음 조건을 만족시킬 때, $f(1)$의 값은?

(단, a와 b는 상수이다.) [3점]

(가) $\lim_{x\to -1} f(x)=\lim_{x\to 3} f(x)$

(나) 모든 실수 x에 대하여 $(x-1)f(x)=x^3+ax^2+b$이다.

① -9 ② -7 ③ -5 ④ -3 ⑤ -1

09

▶ 25363-0193

1보다 큰 실수 a에 대하여 두 함수

$f(x)=(x^2-1)(x^2+x+a)$, $g(x)=x^4+x^3-x-1$

이 있다. 곡선 $y=f(x)$와 x축으로 둘러싸인 부분의 넓이를 곡선 $y=g(x)$가 이등분할 때, a의 값은? [4점]

① $\frac{21}{10}$　② $\frac{11}{5}$　③ $\frac{23}{10}$　④ $\frac{12}{5}$　⑤ $\frac{5}{2}$

10

▶ 25363-0194

공차가 양수인 등차수열 $\{a_n\}$의 첫째항부터 제n항까지의 합을 S_n이라 하자. $a_7=0$일 때, $|S_k|=|S_{k+5}|$를 만족시키는 모든 자연수 k의 값의 합은? [4점]

① 11　② 12　③ 13　④ 14　⑤ 15

11

▶ 25363-0195

곡선

$y=ax^4+x^2-ax-1$

위의 두 점 $\mathrm{A}(1, 0)$, $\mathrm{B}(0, -1)$에서의 접선이 제4사분면에 있는 점 C에서 만난다. 네 점 O, A, B, C가 모두 한 원 위에 있을 때, 상수 a의 값은?

(단, O는 원점이다.) [4점]

① $\frac{1}{9}$　② $\frac{2}{9}$　③ $\frac{1}{3}$　④ $\frac{4}{9}$　⑤ $\frac{5}{9}$

12

▶ 25363-0196

곡선 $y=\log_4(\sqrt{3}-x)+1$ 위의 두 점 A, B에 대하여 점 A에서 직선 $y=-\sqrt{3}x+k$에 내린 수선의 발을 C라 하자. 삼각형 ABC가 넓이가 $\sqrt{3}$인 정삼각형일 때, 상수 k의 값은? (단, 점 A의 x좌표는 점 B의 x좌표보다 작다.) [4점]

① $\frac{16-\log_2 3}{4}$ ② $\frac{9-\log_2 3}{2}$ ③ $\frac{18-\log_2 3}{4}$
④ $\frac{10-\log_2 3}{2}$ ⑤ $\frac{20-\log_2 3}{4}$

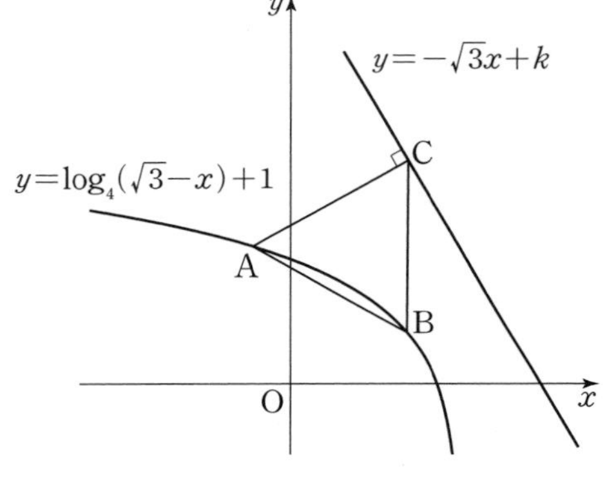

13

▶ 25363-0197

수직선 위를 움직이는 점 P의 시각 t $(t\geq 0)$에서의 속도 $v(t)$가

$$v(t)=3t^2-7t+k$$

이다. 점 P는 가속도가 5인 시각에 운동 방향을 바꾼다. 시각 $t=k-1$에서 $t=k+1$까지 점 P가 움직인 거리는? (단, k는 상수이다.) [4점]

① 3 ② $\frac{7}{2}$ ③ 4
④ $\frac{9}{2}$ ⑤ 5

14

▶ 25363-0198

그림과 같이 $\overline{AB}=\overline{BC}$인 사각형 ABCD가 한 원에 내접한다. 두 선분 AC, BD의 교점을 E라 하자. $\angle EDC=30°$이고 두 삼각형 AED, BCE의 외접원의 넓이가 각각 3π, 7π일 때, $\cos(\angle CAD)$의 값은? [4점]

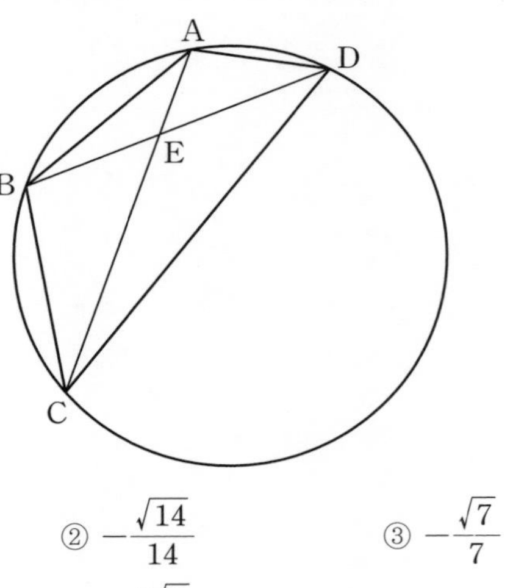

① $-\frac{\sqrt{7}}{14}$ ② $-\frac{\sqrt{14}}{14}$ ③ $-\frac{\sqrt{7}}{7}$
④ $-\frac{\sqrt{14}}{7}$ ⑤ $-\frac{2\sqrt{7}}{7}$

15

▶ 25363-0199

첫째항이 자연수인 수열 $\{a_n\}$이 모든 자연수 n에 대하여

$$a_{n+1}=\begin{cases} \dfrac{a_n+1}{2} & (a_n\text{이 홀수인 경우}) \\ a_n-1 & (a_n\text{이 짝수인 경우}) \end{cases}$$

를 만족시킬 때, $a_4a_6=126$이 되도록 하는 모든 a_1의 값의 합은? [4점]

① 407 ② 419 ③ 431
④ 443 ⑤ 455

단답형

16

▶ 25363-0200

방정식

$$\log_2(5x+6)-\log_2 x=3$$

을 만족시키는 실수 x의 값을 구하시오. [3점]

17

▶ 25363-0201

$\int_0^2 (6x^3-1)dx$의 값을 구하시오. [3점]

EBS FINAL 수학영역

정답과 풀이 51쪽

18

▶ 25363-0202

두 수열 $\{a_n\}$, $\{b_n\}$에 대하여

$$\sum_{k=1}^{7}(a_k+2)=35,\ \sum_{k=1}^{7}(2a_k-b_k)=11$$

일 때, $\sum_{k=1}^{7}b_k$의 값을 구하시오. [3점]

19

▶ 25363-0203

두 함수

$$f(x)=5x^2-8x,\ g(x)=x^4-x^2+a$$

가 있다. 모든 실수 x에 대하여 부등식 $f(x)\le g(x)$가 성립하도록 하는 실수 a의 최솟값을 구하시오. [3점]

20

▶ 25363-0204

다항함수 $f(x)$가 다음 조건을 만족시킬 때, $f(2)$의 값을 구하시오. [4점]

(가) $\lim_{x\to\infty}\frac{f(x)-x^4}{1-x^2}=3$

(나) $\lim_{x\to 0}\frac{f(x)}{x}=4$

21

▶ 25363-0205

함수 $f(x)=\sqrt{3}\tan\frac{\pi x}{2}+1$의 주기를 p라 하고, 직선 $y=p(p-x)$가 함수 $y=f(x)$의 그래프의 점근선과 제1사분면에서 만나는 점의 y좌표를 k라 하자. 두 상수 a, b $(-p<a<b<p)$와 실수 t에 대하여 닫힌구간 $[a, b]$에서 직선 $y=t$가 함수 $y=|f(x)|$의 그래프와 만나는 서로 다른 점의 개수가 $0<t<k$일 때 2, $t>k$일 때 4이다. $b-a$의 값을 구하시오. [4점]

22

▶ 25363-0206

닫힌구간 $[2, 3]$에서 연속이고, $f(2)=1$, $f(3)=2$인 함수 $f(x)$가 있다. 두 상수 a, b에 대하여 실수 전체의 집합에서 연속인 함수 $g(x)$가 다음 조건을 만족시킬 때, $\int_2^3 f(x)dx$의 값을 구하시오. [4점]

(가) $g(x)=\begin{cases} f(x) & (2\leq x\leq 3) \\ a\times f(x-1)+b & (3<x<4) \end{cases}$

(나) 모든 실수 x에 대하여 $g(x+2)=g(x)-1$이다.

(다) $\int_a^b g(x)dx=3$

5지선다형

23

▶ 25363-0207

확률변수 X가 이항분포 $\mathrm{B}\left(n, \frac{1}{8}\right)$을 따르고 X의 평균이 2일 때, $\mathrm{V}(X)$의 값은? [2점]

① $\frac{5}{4}$　② $\frac{3}{2}$　③ $\frac{7}{4}$　④ 2　⑤ $\frac{9}{4}$

24

▶ 25363-0208

두 사건 A와 B는 서로 배반사건이고

$$\mathrm{P}(A^C)=\frac{2}{3},\ \mathrm{P}(A\cup B)=\frac{1}{2}$$

일 때, $\mathrm{P}(B)$의 값은? [3점]

① $\frac{1}{6}$　② $\frac{1}{4}$　③ $\frac{1}{3}$　④ $\frac{5}{12}$　⑤ $\frac{1}{2}$

25

▶ 25363-0209

숫자 $1, 2, 2, 3, 3, 4, 4, 5$를 일렬로 나열할 때, 서로 이웃한 두 수의 곱이 항상 짝수가 되도록 나열하는 경우의 수는? [3점]

① 300　② 320　③ 340　④ 360　⑤ 380

26

▶ 25363-0210

어느 과수원에서 생산되는 사과 음료 1병의 용량은 평균이 130 mL, 표준편차가 16 mL인 정규분포를 따른다고 한다. 이 과수원에서 생산된 사과 음료 중 임의추출한 n병의 용량의 표본평균을 $\overline{X}$라 할 때,

$$\mathrm{P}(\overline{X} \ge 126) \ge 0.9772$$

를 만족시키는 자연수 n의 최솟값을 오른쪽 표준정규분포표를 이용하여 구한 것은? [3점]

z	$\mathrm{P}(0 \le Z \le z)$
0.5	0.1915
1.0	0.3413
1.5	0.4332
2.0	0.4772

① 64 ② 81 ③ 100 ④ 121 ⑤ 144

27

▶ 25363-0211

한 개의 주사위를 던지는 시행에서 짝수의 눈이 나오는 사건을 A라 하자. 이 시행의 표본공간의 부분집합인 사건 B에 대하여 $\mathrm{P}(A \cap B) = \frac{1}{6}$일 때, 사건 A와 서로 독립인 사건 B의 개수는? [3점]

① 5 ② 6 ③ 7 ④ 8 ⑤ 9

28

▶ 25363-0212

흰 공 9개와 검은 공 17개를 같은 종류의 주머니 3개에 남김없이 나누어 넣으려고 한다. 다음 조건을 만족시키도록 나누어 넣는 경우의 수는?

(단, 같은 색의 공끼리는 서로 구별하지 않는다.) [4점]

(가) 각 주머니에 흰 공을 1개 이상씩 넣는다.
(나) 각 주머니에 넣는 흰 공의 개수는 서로 다르다.
(다) 각 주머니에 넣는 공의 개수는 짝수이다.

① 120 ② 126 ③ 132 ④ 138 ⑤ 144

EBS FINAL 수학영역

단답형

29

▶ 25363-0213

자연수 m에 대하여 정규분포 $\mathrm{N}(m,\ \sigma^2)$을 따르는 확률변수 X의 확률밀도함수 $f(x)$가 다음 조건을 만족시킨다.

(가) $f(9)<f(21)$	(나) $f(6)>f(28)$

정규분포 $\mathrm{N}\left(2m,\ \frac{\sigma^2}{4}\right)$을 따르는 확률변수 Y와 두 실수 a, b에 대하여

$$\mathrm{P}(X\geq a)=\mathrm{P}(Y\leq b)$$

가 성립하고 $\mathrm{P}\left(\frac{a}{2}\leq X\leq a+b\right)$의 값이 최대일 때, $b-a$의 값을 구하시오.

(단, $\sigma>0$, $a+2b>0$) [4점]

30

▶ 25363-0214

자연수 n에 대하여 집합 $S=\{x\,|\,x$는 $2n$ 이하의 자연수$\}$의 부분집합이고, 원소의 개수가 2인 모든 집합 중에서 임의로 하나를 선택한다. 선택한 집합의 모든 원소의 합이 $2n$보다 클 때, 그 합이 홀수일 확률이 $\frac{11}{20}$이 되도록 하는 n의 값을 구하시오.

[4점]

5지선다형

23

▶ 25363-0215

$\lim_{x\to 0}\frac{\ln(1+2x)}{e^{6x}-1}$의 값은? [2점]

① $\frac{1}{6}$ ② $\frac{1}{3}$ ③ $\frac{1}{2}$
④ $\frac{2}{3}$ ⑤ $\frac{5}{6}$

24

▶ 25363-0216

수열 $\{a_n\}$이 모든 자연수 n에 대하여 부등식

$$\left|a_n+\frac{(-2)^{2n-1}+3^n}{4^n+(-3)^{n+1}}\right|<\left(\frac{1}{4}\right)^n$$

을 만족시킬 때, $\lim_{n\to\infty}a_n$의 값은? [3점]

① $\frac{1}{6}$ ② $\frac{1}{4}$ ③ $\frac{1}{3}$
④ $\frac{5}{12}$ ⑤ $\frac{1}{2}$

25

▶ 25363-0217

그림과 같이 곡선 $y=\sqrt{5+\pi\cos\frac{\pi x}{4}}$와 x축, y축 및 직선 $x=2$로 둘러싸인 부분을 밑면으로 하는 입체도형이 있다. 이 입체도형을 x축에 수직인 평면으로 자른 단면이 모두 정사각형일 때, 이 입체도형의 부피는? [3점]

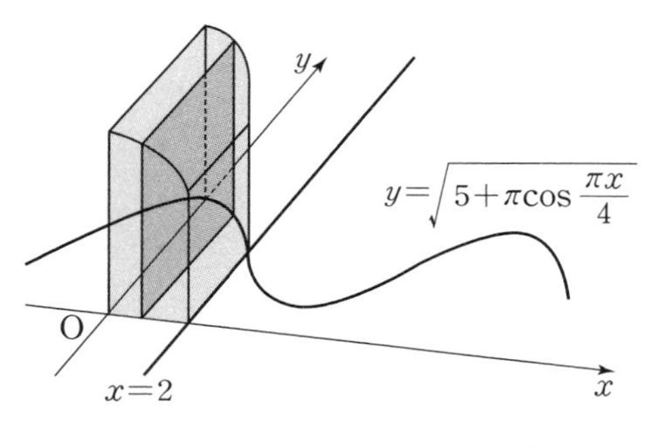

① 14 ② 15 ③ 16
④ 17 ⑤ 18

26

▶ 25363-0218

두 함수

$$f(x)=e^{2x}+2e^{-x},\ g(x)=\begin{cases}5 & (x\geq a)\\ -1 & (x<a)\end{cases}$$

에 대하여 함수 $(g\circ f)(x)$가 실수 전체의 집합에서 연속이 되도록 하는 실수 a의 최댓값은? [3점]

① 1 ② 2 ③ 3
④ 4 ⑤ 5

EBS FINAL 수학영역

정답과 풀이 54쪽

27

▶ 25363-0219

실수 전체의 집합에서 미분가능한 함수 $f(x)$가 모든 실수 x에 대하여

$$f'(x)=\lim_{h\to 0}\frac{1}{h}\int_{x}^{x+3h} f(t)dt$$

를 만족시킨다. 자연수 n에 대하여

$$g(n)=\int_{2n-1}^{2n+1} f(x)dx$$

라 하자. $f(1)=1$, $f(11)=e^{30}$일 때, $\sum_{n=1}^{5} g(n)$의 값은? [3점]

① $\frac{e^{30}-1}{6}$ ② $\frac{e^{30}-1}{5}$ ③ $\frac{e^{30}-1}{4}$
④ $\frac{e^{30}-1}{3}$ ⑤ $\frac{e^{30}-1}{2}$

28

▶ 25363-0220

함수 $f(x)=x+\sin\frac{x}{2}$에 대하여 원점에서 곡선 $y=f(x)$에 접선을 그어 접점의 x좌표 중 양수인 것을 작은 수부터 크기순으로 모두 나열할 때, n번째 수를 a_n이라 하자. $b_n=(2n+1)\pi-a_n$이라 할 때, $\lim_{n\to\infty}\left\{\frac{f'(a_{2n-1})-1}{b_{2n-1}}-\frac{f'(a_{2n})-1}{b_{2n}}\right\}$의 값은? [4점]

① $-\frac{1}{2}$ ② $-\frac{1}{4}$ ③ 0
④ $\frac{1}{4}$ ⑤ $\frac{1}{2}$

단답형

29

▶ 25363-0221

등차수열 $\{a_n\}$의 첫째항부터 제n항까지의 합을 S_n이라 하자. 모든 자연수 n에 대하여 $S_n>0$이고 실수 k에 대하여

$$\sum_{n=1}^{\infty}\frac{a_{n+1}}{S_nS_{n+1}}=\lim_{n\to\infty}(\sqrt{6S_n}-a_n)=k$$

가 성립할 때, $12(k+a_2)$의 값을 구하시오. [4점]

30

▶ 25363-0222

정의역이 $\{x\,|\,x\neq1$인 실수$\}$인 함수

$$f(x)=\begin{cases}\dfrac{x^2+7x+10}{1-x} & (x<1)\\ \ln(x-1) & (x>1)\end{cases}$$

이 있다. 음이 아닌 실수 t에 대하여 함수 $y=f(x)$의 그래프와 직선 $y=t$가 만나는 세 점 중 x좌표가 가장 작은 점을 P, x좌표가 가장 큰 점을 Q라 하자. 원점을 지나고 곡선 $y=f(x)$ 위의 두 점 P, Q에서의 접선과 각각 평행한 두 직선이 직선 $y=t$와 만나는 점을 각각 R, S라 할 때, 선분 RS의 길이를 $l(t)$라 하자.

$\int_0^2 l(t)dt=e^2+p+q\ln\frac{2}{3}$일 때, $6|p+q|$의 값을 구하시오.

(단, R과 S가 같은 점이면 $l(t)=0$이고, p와 q는 유리수이다.) [4점]

EBS FINAL 수학영역

5지선다형

23

▶ 25363-0223

두 벡터 $\vec{a}=(5, 3)$, $\vec{b}=(-2, 1)$에 대하여 벡터 $\vec{a}-2\vec{b}$의 모든 성분의 합은? [2점]

① 6　② 7　③ 8　④ 9　⑤ 10

24

▶ 25363-0224

포물선 $y^2-6y+4x+13=0$의 초점과 원점 사이의 거리는? [3점]

① $\sqrt{10}$　② $\sqrt{11}$　③ $2\sqrt{3}$　④ $\sqrt{13}$　⑤ $\sqrt{14}$

25

▶ 25363-0225

좌표공간의 두 점 $\mathrm{A}(a, 1, -1)$, $\mathrm{B}(2, b, c)$에 대하여 선분 AB를 $1:2$로 내분하는 점과 선분 AB를 $1:2$로 외분하는 점이 xy평면에 대하여 서로 대칭일 때, $a+b+c$의 값은? [3점]

① -3　② -1　③ 1　④ 3　⑤ 5

26

▶ 25363-0226

두 초점이 $\mathrm{F}(c, 0)$, $\mathrm{F'}(-c, 0)$ $(c>0)$인 타원에서 점 F를 지나는 직선이 타원과 만나는 두 점을 각각 A, B라 할 때, 삼각형 AF′B가 한 변의 길이가 4인 정삼각형이다. 타원 위의 두 점 A, B에서의 접선이 만나는 점을 C라 할 때, 사각형 AF′BC의 넓이는? (단, 점 A의 y좌표는 점 B의 y좌표보다 크다.) [3점]

① $8\sqrt{3}$　② $10\sqrt{3}$　③ $12\sqrt{3}$　④ $14\sqrt{3}$　⑤ $16\sqrt{3}$

27

▶ 25363-0227

그림과 같이 부피가 8인 정육면체 $\mathrm{ABCD-EFGH}$에 대하여 삼각형 BGE의 평면 CFH 위로의 정사영의 넓이는? [3점]

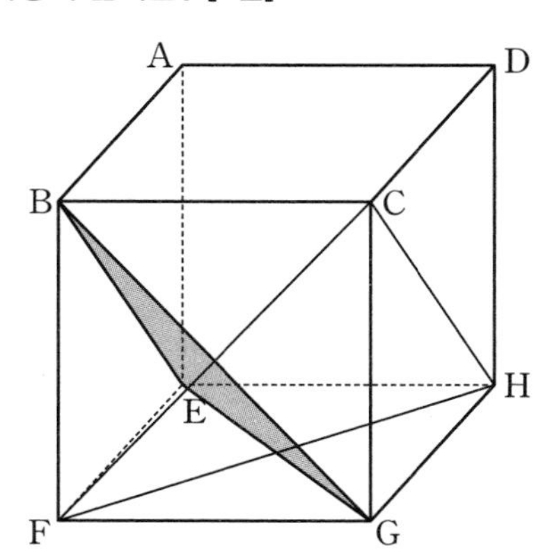

① $\frac{\sqrt{3}}{6}$　② $\frac{\sqrt{3}}{3}$　③ $\frac{\sqrt{3}}{2}$

④ $\frac{2\sqrt{3}}{3}$　⑤ $\frac{5\sqrt{3}}{6}$

28

▶ 25363-0228

좌표평면에서 중심이 점 $\mathrm{C}(5,\ 12)$이고 y축에 접하는 원 위의 점 P가 있다. 직선 OC가 원과 만나는 서로 다른 두 점을 각각 Q, R이라 할 때, $\overrightarrow{\mathrm{OP}} \cdot \overrightarrow{\mathrm{OQ}}$의 값과 $\overrightarrow{\mathrm{OP}} \cdot \overrightarrow{\mathrm{OR}}$의 값이 모두 정수가 되도록 하는 점 P의 개수는?

(단, O는 원점이고, $\overline{\mathrm{OQ}} < \overline{\mathrm{OR}}$이다.) [4점]

① 32　② 34　③ 36

④ 38　⑤ 40

EBS FINAL 수학영역

단답형

29

▶ 25363-0229

두 초점이 F, F$'$인 쌍곡선 $\frac{x^2}{4}-\frac{y^2}{16}=1$ 위의 두 점 P, Q가 다음 조건을 만족시킬 때, $\overline{\mathrm{PF}}+\overline{\mathrm{QF'}}$의 값을 구하시오. (단, 점 F의 x좌표는 양수이다.) [4점]

(가) 점 P는 제1사분면에 있고, 점 Q는 제4사분면에 있다.
(나) 네 점 P, Q, F$'$, F를 모두 지나는 원이 존재하고 이 원의 중심은 x축 위의 점이다.

30

▶ 25363-0230

그림과 같이 사면체 ABCD에서 삼각형 BCD는 한 변의 길이가 3인 정삼각형이다. 선분 BD를 1 : 2로 내분하는 점을 E라 하자. 점 A에서 평면 BCD에 내린 수선의 발은 선분 CD를 지름으로 하는 구와 선분 CE가 만나는 점 중 C가 아닌 점과 같다. $\overline{\mathrm{AC}}=\frac{16}{7}$일 때, 점 A와 직선 CD 사이의 거리는 k이다. $14k^2$의 값을 구하시오. [4점]

6회 EBS FINAL 수학영역

시간 100분 | 배점 100점

정답과 풀이 58쪽

5지선다형

01

▶ 25363-0231

$\sqrt[3]{40}\times 25^{\frac{1}{3}}$의 값은? [2점]

① 6　② 7　③ 8　④ 9　⑤ 10

02

▶ 25363-0232

$\lim_{x\to -1}\frac{x+1}{\sqrt{x+5}-2}$의 값은? [2점]

① 1　② 2　③ 3　④ 4　⑤ 5

03

▶ 25363-0233

$\pi<\theta<\frac{3}{2}\pi$인 θ에 대하여 $\tan\theta=\frac{4}{3}$일 때, $\cos(-\theta)$의 값은? [3점]

① $-\frac{3}{5}$　② $-\frac{1}{5}$　③ 0　④ $\frac{1}{5}$　⑤ $\frac{3}{5}$

04

▶ 25363-0234

함수

$$f(x)=\begin{cases} 3x+7 & (x<1) \\ x^2+ax+2 & (x\geq 1) \end{cases}$$

이 실수 전체의 집합에서 연속일 때, 상수 a의 값은? [3점]

① 6　② 7　③ 8　④ 9　⑤ 10

EBS FINAL 수학영역

정답과 풀이 58쪽

05

▶ 25363-0235

함수 $f(x)=(3x-1)(x^2+x+2)$에 대하여 $f'(1)$의 값은? [3점]

① 16　　② 17　　③ 18　　④ 19　　⑤ 20

06

▶ 25363-0236

함수 $f(x)=x^3+ax^2+24x-10$은 $x=-2$에서 극소이고, $x=b$에서 극대이다. $a+b$의 값은? (단, a와 b는 상수이다.) [3점]

① 5　　② 6　　③ 7　　④ 8　　⑤ 9

07

▶ 25363-0237

모든 항이 양수인 등차수열 $\{a_n\}$이

$$a_5-a_2=3,\ \sum_{n=1}^{10}\frac{1}{a_na_{n+1}}=\frac{5}{12}$$

를 만족시킬 때, a_6의 값은? [3점]

① 5　　② 6　　③ 7　　④ 8　　⑤ 9

08

▶ 25363-0238

두 실수 x, y에 대하여

$$2^x=\sqrt{3},\ 3^y=2$$

가 성립할 때, xy의 값은? [3점]

① $\frac{1}{5}$ ② $\frac{1}{4}$ ③ $\frac{1}{3}$
④ $\frac{1}{2}$ ⑤ 1

09

▶ 25363-0239

수열 $\{a_n\}$에 대하여 $a_1=9$, $a_2=8$이고 모든 자연수 n에 대하여

$$a_{n+2}=\begin{cases} a_n-3 & (n\text{이 홀수인 경우}) \\ a_{n+1}+a_n-2 & (n\text{이 짝수인 경우}) \end{cases}$$

를 만족시킨다. k 이상의 모든 자연수 t에 대하여 $a_t<0$이 되도록 하는 자연수 k의 최솟값은? [4점]

① 11 ② 12 ③ 13
④ 14 ⑤ 15

10

▶ 25363-0240

$0\le x\le 4\pi$일 때, 방정식

$$\left|2\cos\left(\frac{x}{2}+\frac{\pi}{3}\right)-1\right|=1$$

의 모든 실근의 합은? [4점]

① 5π ② $\frac{11}{2}\pi$ ③ 6π
④ $\frac{13}{2}\pi$ ⑤ 7π

EBS FINAL 수학영역

11

▶ 25363-0241

그림과 같이 길이가 10인 선분 AB를 지름으로 하는 원에 사각형 ABCD가 내접한다. $\angle ABC=\frac{\pi}{4}$이고, $\overline{AD}=6$일 때, 선분 CD의 길이는? [4점]

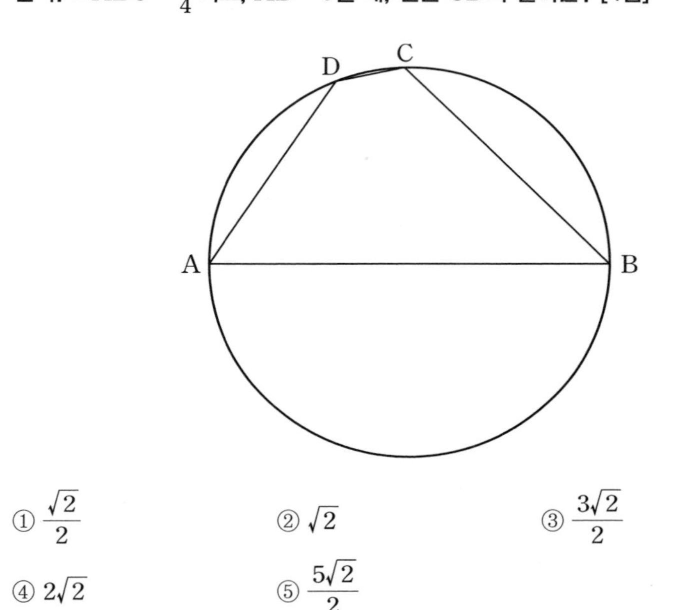

① $\frac{\sqrt{2}}{2}$　② $\sqrt{2}$　③ $\frac{3\sqrt{2}}{2}$　④ $2\sqrt{2}$　⑤ $\frac{5\sqrt{2}}{2}$

12

▶ 25363-0242

좌표평면에서 함수 $f(x)=3^x$의 그래프를 원점에 대하여 대칭이동한 다음 y축의 방향으로 $\frac{10}{3}$만큼 평행이동한 그래프의 식을 $y=g(x)$라 하자. 두 함수 $y=f(x)$, $y=g(x)$의 그래프가 만나는 두 점을 각각 A, B라 할 때, 직선 AB가 y축과 만나는 점의 y좌표는? [4점]

① 1　② $\frac{4}{3}$　③ $\frac{5}{3}$　④ 2　⑤ $\frac{7}{3}$

13

▶ 25363-0243

함수

$$f(x)=\begin{cases} -2^{x+1}+4 & (x<1) \\ -\frac{4}{3}\log_2 x & (x\geq 1) \end{cases}$$

에 대하여 x에 대한 방정식 $f(x)=|f(k)|$가 실근을 갖도록 하는 자연수 k의 최댓값은? [4점]

① 3 ② 4 ③ 5 ④ 6 ⑤ 7

14

▶ 25363-0244

역함수가 존재하는 함수 $f(x)=x^3+ax^2+bx+c$가 $\lim_{x\to 0}\frac{f(x)+1}{x}=3$을 만족시킨다. 실수 a의 값이 최소일 때, $\int_{-1}^{5} f(x)dx$의 값은?

(단, b와 c는 상수이다.) [4점]

① 51 ② 54 ③ 57 ④ 60 ⑤ 63

EBS FINAL 수학영역

15

▶ 25363-0245

그림과 같이 좌표평면에 세 점 $A(5, 6)$, $B(3, 4)$, $C(7, 2)$를 꼭짓점으로 하는 삼각형 ABC가 있다. 함수

$y=k\log_2(x-t)$

의 그래프가 삼각형 ABC와 만나도록 하는 두 자연수 t, k의 모든 순서쌍 (t, k)의 개수는? (단, $k\le5$) [4점]

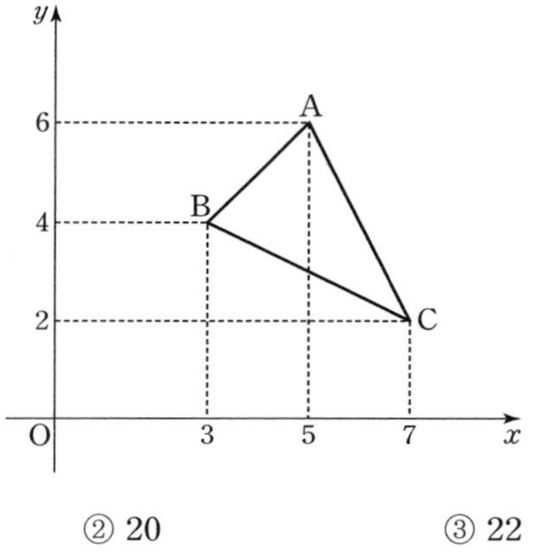

① 18 ② 20 ③ 22 ④ 24 ⑤ 26

단답형

16

▶ 25363-0246

방정식

$\left(\frac{1}{4}\right)^{x-4}=2^{2x}$

을 만족시키는 실수 x의 값을 구하시오. [3점]

17

▶ 25363-0247

다항함수 $f(x)$에 대하여 $f'(x)=3x^2-4x$이고 $f(1)=2$일 때, $f(3)$의 값을 구하시오. [3점]

18

▶ 25363-0248

두 수열 $\{a_n\}$, $\{b_n\}$에 대하여

$$\sum_{k=1}^{5}(a_k+2b_k)=25,\ \sum_{k=1}^{5}(3a_k-b_k)=12$$

일 때, $\sum_{k=1}^{5}(3b_k-2)$의 값을 구하시오. [3점]

19

▶ 25363-0249

함수 $f(x)=2x-x^2$에 대하여 두 곡선

$$y=f(x),\ y=-xf(x)+2x^2$$

으로 둘러싸인 부분의 넓이를 $\frac{q}{p}$라 할 때, $p+q$의 값을 구하시오.

(단, p와 q는 서로소인 자연수이다.) [3점]

20

▶ 25363-0250

x에 대한 연립부등식

$$\begin{cases} \log_a(x-4)^2 \geq \log_a(x-4)+\log_a 5 \\ a^{2x-2}-1<a^{x+1}-a^{x-3} \end{cases}$$

의 해가 존재하도록 하는 1이 아닌 양수 a의 값의 범위를 $\alpha<a<\beta$라 하고, 이때 연립부등식의 해를 $\gamma<x\leq\delta$라 하자. $\alpha+\beta+\gamma+\delta$의 값을 구하시오.

(단, α, β, γ, δ는 상수이다.) [4점]

EBS FINAL 수학영역

정답과 풀이 61쪽

21

▶ 25363-0251

두 삼차함수

$f(x)=x^3+ax^2+bx+c$, $g(x)=cx^3+bx^2+ax+1$

이 다음 조건을 만족시킨다.

(가) $\lim_{x\to3}\frac{f(x)}{x-3}$의 값이 존재한다.

(나) 4가 아닌 모든 실수 t에 대하여 $\lim_{x\to t}\frac{g(x)}{f(x)}$의 값이 존재한다.

(다) $\lim_{x\to4}\frac{g(x)}{f(x)}$의 값은 존재하지 않는다.

$\lim_{x\to3}\frac{g(x)}{f(x)}$의 값을 구하시오. (단, a, b, c는 상수이다.) [4점]

22

▶ 25363-0252

모든 항이 정수인 등차수열 $\{a_n\}$, 모든 항이 정수이고 공비가 r인 등비수열 $\{b_n\}$, 수열 $\{c_n\}$이 다음 조건을 만족시킨다. (단, $b_1\neq0$, $|r|>1$)

(가) 모든 자연수 n에 대하여

$$c_n=\begin{cases} a_n & (|a_n|<|b_n|) \\ b_n & (|a_n|\geq|b_n|) \end{cases}$$

이다.

(나) $a_3=-b_3$, $c_8=0$, $\sum_{n=1}^{3}c_n=-35$

모든 c_4의 값의 합을 구하시오. [4점]

5지선다형

23

▶ 25363-0253

다항식 $(2x^2+1)^5$의 전개식에서 x^6의 계수는? [2점]

① 20 ② 40 ③ 60
④ 80 ⑤ 100

24

▶ 25363-0254

두 사건 A, B에 대하여

$$\mathrm{P}(A)=\frac{2}{3},\ \mathrm{P}(A\cup B)=\frac{5}{6},\ \mathrm{P}(A^C\cup B^C)=\frac{2}{3}$$

일 때, $\mathrm{P}(B)$의 값은? [3점]

① $\frac{1}{4}$ ② $\frac{1}{3}$ ③ $\frac{5}{12}$
④ $\frac{1}{2}$ ⑤ $\frac{7}{12}$

25

▶ 25363-0255

한 개의 주사위를 던져서 나온 눈의 수가 6의 약수이면 1개의 동전을 던지고, 6의 약수가 아니면 2개의 동전을 던지는 시행을 반복한다. 3번의 시행 후 앞면이 나온 동전의 개수가 3일 확률은? [3점]

① $\frac{11}{48}$ ② $\frac{1}{4}$ ③ $\frac{13}{48}$
④ $\frac{7}{24}$ ⑤ $\frac{5}{16}$

26

▶ 25363-0256

1부터 8까지의 자연수가 각각 하나씩 적힌 8개의 공이 들어 있는 주머니가 있다. 이 주머니에서 임의로 1개의 공을 꺼내어 공에 적힌 숫자를 확인한 후 다시 주머니에 넣는 시행을 반복한다. 192번의 시행 후 3의 배수가 적힌 공이 나온 총 횟수를 X라 하자. $\mathrm{P}(X \le 54)$의 값을 오른쪽 표준정규분포표를 이용하여 구한 것은? [3점]

z	$\mathrm{P}(0 \le Z \le z)$
0.5	0.1915
1.0	0.3413
1.5	0.4332
2.0	0.4772

① 0.3085 ② 0.6915 ③ 0.8413
④ 0.9332 ⑤ 0.9772

27

▶ 25363-0257

주머니 A에는 반지름의 길이가 1인 반원 모양의 퍼즐 조각이 12개 들어 있고, 주머니 B에는 반지름의 길이가 1이고 중심각의 크기가 60°인 부채꼴 모양의 퍼즐 조각이 12개 들어 있다. 동전 한 개와 주사위 한 개를 동시에 던져서 동전의 앞면이 나오면 나온 주사위의 눈의 수만큼 주머니 A에서 임의로 퍼즐 조각을 꺼내고, 뒷면이 나오면 나온 주사위의 눈의 수만큼 주머니 B에서 임의로 퍼즐 조각을 꺼낸다. 두 번의 시행에서 꺼낸 모든 퍼즐 조각을 남김없이 사용하여 넓이가 π인 원 모양의 퍼즐을 1개 만들 수 있을 때, 이 퍼즐 조각들이 모두 중심각의 크기가 60°인 부채꼴 모양일 확률은?
(단, 넓이가 π인 원 모양의 퍼즐을 구성하는 퍼즐 조각의 위치는 구분하지 않는다.) [3점]

① $\frac{1}{4}$ ② $\frac{3}{8}$ ③ $\frac{1}{2}$
④ $\frac{5}{8}$ ⑤ $\frac{3}{4}$

28

▶ 25363-0258

주머니에 1부터 6까지의 자연수가 각각 하나씩 적힌 카드 6장이 들어 있다. 이 주머니에서 임의로 2장의 카드를 동시에 꺼낼 때, 꺼낸 카드 중에서 6과 서로소인 자연수가 적힌 카드의 장수를 확률변수 X라 하자. $\mathrm{V}(aX+1)=16$일 때, a^2의 값은? (단, a는 상수이다.) [4점]

① 41 ② 42 ③ 43
④ 44 ⑤ 45

단답형

29

▶ 25363-0259

다음 조건을 만족시키는 10 이하의 자연수 a, b, c, d의 모든 순서쌍 (a, b, c, d)의 개수를 구하시오. [4점]

(가) $a \le b \le c \le d$
(나) $a+b+c+d$는 3의 배수이다.

30

▶ 25363-0260

그림과 같이 한 모서리의 길이가 1인 정육면체 $\mathrm{ABCD-EFGH}$가 있다. 점 P는 이 정육면체의 꼭짓점 A에서 출발하여 각 모서리를 따라 다른 꼭짓점으로 이동하며, 한 꼭짓점에서 모서리를 따라 1만큼 이동하여 도달할 수 있는 3개의 점 중 하나로 이동할 확률은 모두 같다. 이동한 모서리의 길이의 합이 7이고 이때 점 P가 꼭짓점 G에 있을 확률을 $\frac{q}{p}$라 하자. $p+q$의 값을 구하시오.

(단, p와 q는 서로소인 자연수이다.) [4점]

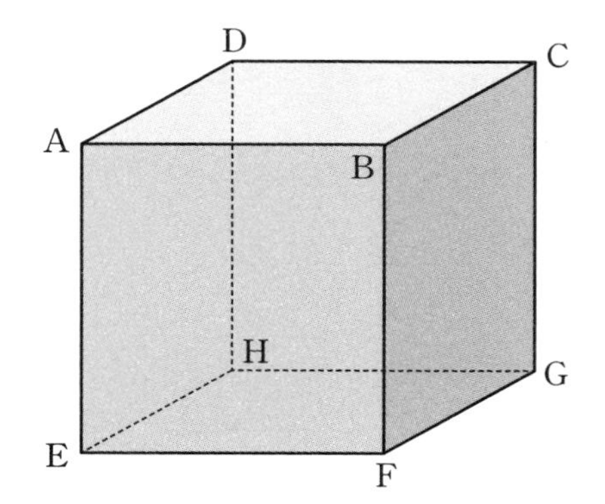

EBS FINAL 수학영역

미적분

정답과 풀이 64쪽

5지선다형

23

▶ 25363-0261

$\lim_{x \to 0} \frac{e^{2x}-1}{\ln(1+3x)}$의 값은? [2점]

① $\frac{1}{3}$　② $\frac{2}{3}$　③ 1　④ $\frac{4}{3}$　⑤ $\frac{5}{3}$

24

▶ 25363-0262

매개변수 t $(t>0)$으로 나타내어진 곡선

$$x=t+\sin\frac{\pi}{2}t,\ y=te^t$$

에서 $t=1$일 때, $\frac{dy}{dx}$의 값은? [3점]

① $\frac{e}{2}$　② e　③ $\frac{3}{2}e$　④ $2e$　⑤ $\frac{5}{2}e$

25

▶ 25363-0263

등비수열 $\{a_n\}$에 대하여 $\lim_{n \to \infty} \frac{5\times 2^n+3^{n+1}}{2^{n+1}+a_n}=3$일 때, a_2의 값은? [3점]

① 6　② 7　③ 8　④ 9　⑤ 10

26

▶ 25363-0264

그림과 같이 곡선 $y=\sqrt{\frac{\sec^2 x}{2+\tan x}}$와 x축, y축 및 직선 $x=\frac{\pi}{4}$로 둘러싸인 도형을 밑면으로 하는 입체도형이 있다. 이 입체도형을 x축에 수직인 평면으로 자른 단면이 모두 정사각형일 때, 이 입체도형의 부피는? [3점]

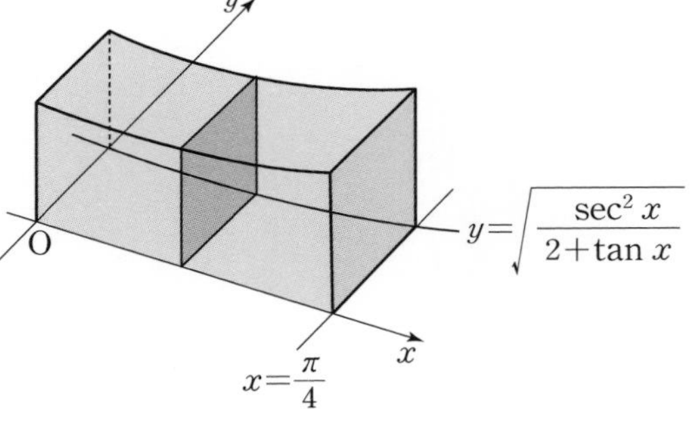

① $\ln\frac{3}{2}$　② $\ln 2$　③ $\ln\frac{5}{2}$　④ $\ln 3$　⑤ $\ln\frac{7}{2}$

27

▶ 25363-0265

$0<t<1$인 실수 t에 대하여 함수

$$f(x)=tx-\ln(1+e^x)$$

의 최댓값을 $g(t)$라 하자. $g(t)$가 $t=a$에서 최솟값을 가질 때, 상수 a의 값은? [3점]

① $\frac{1}{8}$　② $\frac{1}{4}$　③ $\frac{3}{8}$　④ $\frac{1}{2}$　⑤ $\frac{5}{8}$

28

▶ 25363-0266

함수 $f(x)=\ln(x+1)+x^2$에 대하여 곡선 $y=f(x)$ 위의 점 $(1, f(1))$에서의 접선과 곡선 $y=f(x)$ 및 y축으로 둘러싸인 부분의 넓이는? [4점]

① $\ln 2-\frac{1}{3}$　② $\ln 2-\frac{5}{12}$　③ $\ln 2-\frac{1}{2}$　④ $2\ln 2-\frac{1}{3}$　⑤ $2\ln 2-\frac{5}{12}$

EBS FINAL 수학영역

단답형

29

▶ 25363-0267

등비수열 $\{a_n\}$이

$$\sum_{n=1}^{\infty}(|a_n|+a_n)=\frac{9}{2},\ \sum_{n=1}^{\infty}(|a_n|-a_n)=\frac{3}{2}$$

을 만족시킨다. 첫째항이 0이 아닌 등비수열 $\{b_n\}$에 대하여 급수 $\sum_{n=1}^{\infty}\frac{5|a_n|+b_n}{a_n}$이 수렴할 때, $b_1-\sum_{n=1}^{\infty}b_n$의 값을 구하시오. [4점]

30

▶ 25363-0268

세 상수 a, b, c에 대하여 함수 $f(x)=(ax^2+bx+c)e^x$이 다음 조건을 만족시킨다.

(가) $f(x)$는 $x=-1$과 $x=1$에서 극값을 갖는다.
(나) $f(2)=e$

함수 $y=f(x)$ $(x\geq 1)$를 $g(x)$라 하고 $g(x)$의 역함수를 $h(x)$라 할 때, $\int_{e}^{4e^2}h(x)dx=pe^2+qe$이다. $p+q$의 값을 구하시오.

(단, p와 q는 유리수이다.) [4점]

5지선다형

23

▶ 25363-0269

좌표공간의 두 점 $\mathrm{A}(1, a, -6)$, $\mathrm{B}(9, 4, b)$에 대하여 선분 AB를 $3:2$로 외분하는 점이 x축 위에 있을 때, $a+b$의 값은? [2점]

① 1　② 2　③ 3　④ 4　⑤ 5

24

▶ 25363-0270

초점이 $\mathrm{F}\left(0, \frac{1}{5}\right)$이고 준선이 $y=-\frac{1}{5}$인 포물선이 점 $(a, 10)$을 지날 때, 양수 a의 값은? [3점]

① $\sqrt{2}$　② 2　③ $2\sqrt{2}$　④ 4　⑤ $4\sqrt{2}$

25

▶ 25363-0271

점 $\mathrm{P}(3, 3)$에서 타원 $\frac{x^2}{9}+\frac{y^2}{3}=1$에 그은 두 접선의 접점을 각각 A, B라 할 때, 삼각형 PAB의 넓이는? [3점]

① 6　② $\frac{25}{4}$　③ $\frac{13}{2}$　④ $\frac{27}{4}$　⑤ 7

26

▶ 25363-0272

삼각형 ABC에서 $\overline{\mathrm{AB}}=3$, $\overline{\mathrm{AC}}=2$, $\angle \mathrm{A}=\frac{\pi}{3}$이다. $\angle \mathrm{A}$의 이등분선과 선분 BC가 만나는 점을 D라 하고, 점 B에서 직선 AC에 내린 수선과 선분 AD가 만나는 점을 P라 하자. $\overrightarrow{\mathrm{AP}} \cdot \overrightarrow{\mathrm{AC}}$의 값은? [3점]

① $\frac{5}{3}$　② 2　③ $\frac{7}{3}$　④ $\frac{8}{3}$　⑤ 3

27

▶ 25363-0273

평면 α에 포함되고 반지름의 길이가 4인 원 C가 있다. 구 S는 원 C의 중심에서 평면 α와 접한다. 구 S에 접하면서 원 C 위의 두 점 P, Q를 포함하는 평면 β가 평면 α와 이루는 예각의 크기가 $\frac{\pi}{3}$이고 $\overline{\mathrm{PQ}}=4$일 때, 구 S의 반지름의 길이는?

(단, 구 S와 평면 β의 접점과 평면 α 사이의 거리는 구 S의 반지름보다 크다.) [3점]

① $\sqrt{2}$ ② $\sqrt{3}$ ③ 2 ④ 5 ⑤ 6

28

▶ 25363-0274

두 초점이 $\mathrm{F}(c, 0)$, $\mathrm{F'}(-c, 0)$ $(c>0)$인 쌍곡선의 주축의 길이는 4이다. 제1사분면 위에 있는 이 쌍곡선 위의 점 P에 대하여

$$\overline{\mathrm{PF'}}=10,\ \cos(\angle \mathrm{PF'F})=\frac{7\sqrt{3}}{15}$$

일 때, 점 P의 x좌표는? $\left(\text{단, } \frac{\pi}{2}<\angle \mathrm{F'FP}<\pi\right)$ [4점]

① $\frac{13\sqrt{3}}{6}$ ② $\frac{7\sqrt{3}}{3}$ ③ $\frac{5\sqrt{3}}{2}$ ④ $\frac{8\sqrt{3}}{3}$ ⑤ $\frac{17\sqrt{3}}{6}$

단답형

29

▶ 25363-0275

삼각형 ABC에서 $\overline{AB}=10$, $\overline{BC}=21$, $\cos(\angle ABC)=\frac{3}{5}$이다. $\overrightarrow{XA}\cdot\overrightarrow{XB}=0$을 만족시키는 점 X가 나타내는 도형을 S라 하고, 도형 S 위의 점 P에 대하여

$$\overrightarrow{PQ}=2\overrightarrow{PB}+\overrightarrow{PC}$$

를 만족시키는 점을 Q라 하자. $\overrightarrow{AB}\cdot\overrightarrow{AQ}$가 최소일 때의 점 Q를 R이라 할 때, 선분 AR의 길이를 구하시오. [4점]

30

▶ 25363-0276

그림과 같이 모든 모서리의 길이가 6인 정사각뿔 A$-$BCDE와 한 모서리의 길이가 6인 정육면체 BCDE$-$FGHI가 있다. 양수 t에 대하여 선분 AB를 $1:t$로 내분하는 점을 P, 두 선분 AC, AD를 $2:1$로 내분하는 점을 각각 Q, R이라 하자. 삼각형 PQR의 평면 EFGD 위로의 정사영의 넓이가 $\frac{5\sqrt{2}}{2}$일 때, 평면 PQR과 평면 EFGD가 이루는 각의 크기를 θ라 하자. $172t\cos^2\theta$의 값을 구하시오. [4점]

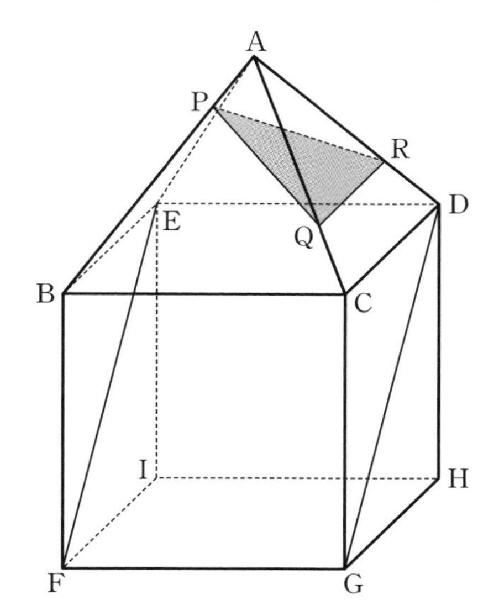

EBS FINAL 수학영역

시간 **100**분 | 배점 **100**점

정답과 풀이 69쪽

5지선다형

01

▶ 25363-0277

$\left(\frac{8}{\sqrt[3]{2}}\right)^{\frac{3}{2}}$의 값은? [2점]

① 2　② 4　③ 8　④ 16　⑤ 32

02

▶ 25363-0278

함수 $f(x)=x^3+2x-3$에 대하여 $\lim_{h\to 0}\frac{f(2+h)-f(2)}{h}$의 값은? [2점]

① 10　② 12　③ 14　④ 16　⑤ 18

03

▶ 25363-0279

모든 항이 양수인 등비수열 $\{a_n\}$이

$$a_4-a_2=20(a_2+a_1)$$

을 만족시킬 때, $\frac{a_3}{a_2}$의 값은? [3점]

① 1　② 2　③ 3　④ 4　⑤ 5

04

▶ 25363-0280

함수 $y=f(x)$의 그래프가 그림과 같다.

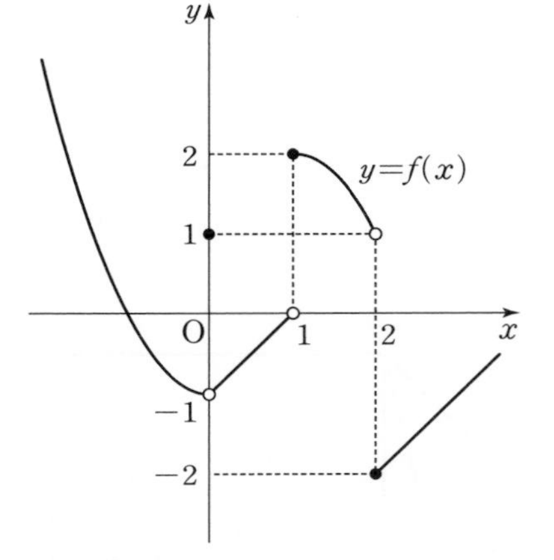

$\lim_{x\to 1+}f(x)+\lim_{x\to 2-}f(x)$의 값은? [3점]

① -1　② 0　③ 1　④ 2　⑤ 3

05
▶ 25363-0281

함수

$$f(x)=\begin{cases} ax+1 & (x\le 2) \\ x^2+2a-3 & (x>2) \end{cases}$$

가 실수 전체의 집합에서 미분가능하도록 하는 상수 a의 값은? [3점]

① 2 ② 4 ③ 6 ④ 8 ⑤ 10

06
▶ 25363-0282

$\frac{\pi}{2}<\theta<\pi$인 θ에 대하여 $\frac{1-\cos\theta}{\sin\theta\tan\theta}=-\frac{1}{2}$일 때, $\cos\theta$의 값은? [3점]

① $-\frac{2}{3}$ ② $-\frac{1}{3}$ ③ 0 ④ $\frac{1}{3}$ ⑤ $\frac{2}{3}$

07
▶ 25363-0283

다항함수 $f(x)$가 모든 실수 x에 대하여

$$\int_1^x f(t)dt=2x^3+ax-\int_0^1 tf(t)dt$$

를 만족시킬 때, 상수 a의 값은? [3점]

① -3 ② -1 ③ 1 ④ 3 ⑤ 5

EBS FINAL 수학영역

정답과 풀이 69쪽

08

▶ 25363-0284

최고차항의 계수가 1인 다항함수 $f(x)$가

$$\lim_{x\to\infty}\frac{f(x)}{x^4}=\lim_{x\to 0}\frac{f(x)-xf(2)}{x^2}=0$$

을 만족시킬 때, $f(3)$의 값은? [3점]

① 1　② 3　③ 5　④ 7　⑤ 9

09

▶ 25363-0285

$(a-1)(a-2)\neq 0$인 양수 a에 대하여

$$\log_a \frac{4}{a}=\log_{\frac{2}{a}} a$$

일 때, $\log_a \frac{2}{a}$의 값은? [4점]

① $\frac{1}{6}$　② $\frac{1}{3}$　③ $\frac{1}{2}$　④ $\frac{2}{3}$　⑤ $\frac{5}{6}$

10

▶ 25363-0286

$a>2$인 실수 a에 대하여 닫힌구간 $[0, 12]$에서 정의된 함수 $f(x)=a\sin\frac{\pi x}{6}$가 있다. 곡선 $y=f(x)$와 직선 $y=2$가 만나는 두 점을 각각 A, B라 하자. 곡선 $y=f(x)$ 위의 제4사분면에 있는 서로 다른 두 점 P, Q에 대하여 사각형 APQB가 넓이가 12인 평행사변형일 때, a의 값은? [4점]

① $\sqrt{6}$　② $2\sqrt{2}$　③ $\sqrt{10}$　④ $2\sqrt{3}$　⑤ $\sqrt{14}$

정답과 풀이 70쪽

11

▶ 25363-0287

수직선 위를 움직이는 두 점 P, Q의 시각 t $(t \geq 0)$에서의 속도가 각각

$v_1(t)=3t^2-6t+k$, $v_2(t)=2t-7$

이다. 두 점 P, Q는 시각 $t=1$일 때 만나고, 시각 $t=2$일 때 원점에서 만난다. 상수 k의 값은? [4점]

① -2 ② -1 ③ 0
④ 1 ⑤ 2

12

▶ 25363-0288

다음 조건을 만족시키는 모든 등차수열 $\{a_n\}$에 대하여 a_7의 최댓값은? [4점]

(가) $|a_6|=|a_4|+a_8$
(나) $\sum_{n=1}^{10}|a_n|=25$

① $-\frac{5}{3}$ ② $-\frac{4}{3}$ ③ -1
④ $-\frac{2}{3}$ ⑤ $-\frac{1}{3}$

EBS FINAL 수학영역

정답과 풀이 70쪽

13

▶ 25363-0289

함수 $f(x)=x^3-2x^2+8$과 실수 t에 대하여 x에 대한 방정식

$$f(x)-xf'(t)=0$$

의 서로 다른 실근의 개수를 $g(t)$라 하자. 함수 $g(t)$가 $x=k$에서 불연속인 모든 실수 k의 값의 합은? [4점]

① $\frac{1}{3}$　② $\frac{2}{3}$　③ 1

④ $\frac{4}{3}$　⑤ $\frac{5}{3}$

14

▶ 25363-0290

그림과 같이 삼각형 ABC에서 선분 BC를 $1:2$로 내분하는 점을 D, 선분 AC의 중점을 E라 하고, 세 점 A, D, E를 지나는 원이 선분 AB와 만나는 점 중 A가 아닌 점을 F, 선분 BC와 만나는 점 중 D가 아닌 점을 G라 하자.

$$\overline{DF}=\sqrt{3},\ \overline{AE}=\overline{BD},\ \angle CAD=\angle DCA$$

일 때, 선분 FG의 길이는? (단, 점 B는 원의 외부에 있다.) [4점]

① $2\sqrt{3}$　② $\sqrt{14}$　③ 4

④ $3\sqrt{2}$　⑤ $2\sqrt{5}$

정답과 풀이 71쪽

15

▶ 25363-0291

최고차항의 계수가 1인 삼차함수 $f(x)$가 다음 조건을 만족시킨다.

> 어떤 양수 a에 대하여 점 $(a,\ 0)$에서 곡선 $y=f(x)$에 그은 접선의 개수는 방정식
> $$\{f(x)-x\}^2+\{f'(x)-3\}^2=0$$
> 의 서로 다른 실근의 개수보다 작다.

$f'(0)=3$일 때, $f(2)$의 값은? [4점]

① 1　② 2　③ 3　④ 4　⑤ 5

단답형

16

▶ 25363-0292

방정식

$$2^{3-x}=32\times\left(\frac{1}{4}\right)^x$$

을 만족시키는 실수 x의 값을 구하시오. [3점]

17

▶ 25363-0293

다항함수 $f(x)$에 대하여 $f'(x)=3x^2-4x$이고 $f(1)=0$일 때, $f(3)$의 값을 구하시오. [3점]

EBS FINAL 수학영역

정답과 풀이 72쪽

18

▶ 25363-0294

두 수열 $\{a_n\}$, $\{b_n\}$이 모든 자연수 n에 대하여 $a_nb_n=n^2$을 만족시킨다.
$\sum_{k=1}^{6}(a_k+b_k)=20$일 때, $\sum_{k=1}^{6}(a_k-1)(b_k-1)$의 값을 구하시오. [3점]

19

▶ 25363-0295

곡선 $y=2x^3-9x^2+12x$와 직선 $y=k$가 만나는 서로 다른 점의 개수가 2가 되도록 하는 모든 실수 k의 값의 합을 구하시오. [3점]

20

▶ 25363-0296

$a>1$인 실수 a에 대하여 함수

$$f(x)=\begin{cases} a^{x-1} & (x\le 1) \\ 1-\left(\frac{1}{a}\right)^{x-2} & (x>1) \end{cases}$$

이 있다. x에 대한 방정식 $|f(x)|=|f(t)|$의 서로 다른 실근의 개수가 2가 되도록 하는 모든 실수 t의 값은 t_1, t_2 $(t_1<t_2)$이고 $t_1+t_2=\frac{7}{3}$일 때, a^2의 값을 구하시오. [4점]

21

▶ 25363-0297

최고차항의 계수가 양수인 삼차함수 $f(x)$에 대하여 실수 전체의 집합에서 미분가능한 함수

$$g(x)=\begin{cases} x^2+3x & (x\le 0) \\ f(x) & (x>0) \end{cases}$$

이 다음 조건을 만족시킨다.

(가) 방정식 $g(x)=x$의 서로 다른 실근의 개수는 3이다.
(나) 곡선 $y=g(x)$와 직선 $y=x$로 둘러싸인 두 부분의 넓이는 서로 같다.

$f(\sqrt{2})=\frac{q}{p}\sqrt{2}$일 때, $p+q$의 값을 구하시오. (단, p와 q는 서로소인 자연수이다.)

[4점]

22

▶ 25363-0298

수열 $\{a_n\}$은 자연수 k에 대하여 $a_2>a_1=-k$이고, 모든 자연수 n에 대하여

$$a_{n+2}=\begin{cases} a_{n+1}+a_n & (a_{n+1}<a_n) \\ a_{n+1}-a_n & (a_{n+1}\ge a_n) \end{cases}$$

을 만족시킨다. $a_4+a_7=12$가 되도록 하는 모든 k의 값의 합을 구하시오. [4점]

EBS FINAL 수학영역

5지선다형

23

▶ 25363-0299

$\left(x-\frac{2}{x}\right)^5$의 전개식에서 x^3의 계수는? [2점]

① -20　② -10　③ 0　④ 10　⑤ 20

24

▶ 25363-0300

서로 독립인 두 사건 A, B에 대하여

$$\mathrm{P}(A)=\frac{1}{2},\ \mathrm{P}(A\cap B)+\mathrm{P}(B|A)=\frac{2}{3}$$

일 때, $\mathrm{P}(B)$의 값은? [3점]

① $\frac{2}{9}$　② $\frac{1}{3}$　③ $\frac{4}{9}$　④ $\frac{5}{9}$　⑤ $\frac{2}{3}$

25

▶ 25363-0301

어느 농장에서 생산하는 단호박 1개의 열량은 정규분포 $\mathrm{N}(m, \sigma^2)$ $(\sigma>0)$을 따른다고 한다. 이 농장에서 생산한 단호박 중에서 64개를 임의추출하여 얻은 표본평균 $\bar{x}$를 이용하여 구한 m에 대한 신뢰도 95 %의 신뢰구간이 $220.1\le m\le 229.9$이다. $\sigma+\bar{x}$의 값은? (단, 열량의 단위는 kcal이고, Z가 표준정규분포를 따르는 확률변수일 때, $\mathrm{P}(|Z|\le 1.96)=0.95$로 계산한다.) [3점]

① 225　② 230　③ 235　④ 240　⑤ 245

26

▶ 25363-0302

서로 다른 세 개의 주사위를 동시에 던져서 나온 세 눈의 수의 곱이 짝수일 때, 이 세 눈의 수의 합이 홀수일 확률은? [3점]

① $\frac{1}{7}$ ② $\frac{2}{7}$ ③ $\frac{3}{7}$
④ $\frac{4}{7}$ ⑤ $\frac{5}{7}$

27

▶ 25363-0303

확률변수 X는 평균이 m, 표준편차가 4인 정규분포를 따른다. 확률변수 X의 확률밀도함수 $f(x)$와 양수 k에 대하여 $f(k)=f(3k)$이고

$\mathrm{P}(0\le X\le 2k)=0.4332$

일 때, $m+k$의 값을 오른쪽 표준정규분포표를 이용하여 구한 것은? [3점]

z	$\mathrm{P}(0\le Z\le z)$
0.5	0.1915
1.0	0.3413
1.5	0.4332
2.0	0.4772

① 6 ② $\frac{15}{2}$
③ 9 ④ $\frac{21}{2}$
⑤ 12

28

▶ 25363-0304

그림과 같이 책상 위에 4개의 동전이 앞면이 보이도록 놓여 있고, 3개의 동전이 뒷면이 보이도록 놓여 있다.

A가 임의로 3개의 동전을 선택하여 뒤집은 후, B가 임의로 2개의 동전을 선택하여 뒤집을 때, 앞면이 보이도록 놓여 있는 동전의 개수가 1일 확률은? [4점]

① $\frac{22}{245}$ ② $\frac{24}{245}$ ③ $\frac{26}{245}$
④ $\frac{4}{35}$ ⑤ $\frac{6}{49}$

단답형

29

▶ 25363-0305

숫자 1, 1, 2, 2, 2, 3이 각각 하나씩 적힌 6개의 공이 들어 있는 상자를 사용하여 다음 시행을 한다.

> 상자에서 임의로 2개의 공을 동시에 꺼내어 꺼낸 공에 적힌 수를 확인한 후 다시 상자에 넣는다.
> 확인한 두 수가 서로 같으면 두 수의 합을 기록하고,
> 확인한 두 수가 서로 다르면 두 수의 차를 기록한다.

이 시행을 3번 반복하여 기록한 모든 수의 평균을 확률변수 $\overline{X}$라 할 때, $\mathrm{P}(\overline{X}=2)=\frac{q}{p}$이다. $p+q$의 값을 구하시오. (단, p와 q는 서로소인 자연수이다.) [4점]

30

▶ 25363-0306

집합 $X=\{1, 2, 3, 4, 5, 6\}$에 대하여 다음 조건을 만족시키는 함수 $f : X \rightarrow X$의 개수를 구하시오. [4점]

> 5 이하의 모든 자연수 x에 대하여
> $f(x) \leq f(x+1)$, $(f \circ f)(x+1) < f(6)$
> 이다.

5지선다형

23

▶ 25363-0307

$\lim_{x \to 0} \frac{1}{x} \ln\left(\frac{1+6x}{1+2x}\right)$의 값은? [2점]

① 2 ② 3 ③ 4
④ 5 ⑤ 6

24

▶ 25363-0308

두 수열 $\{a_n\}$, $\{b_n\}$이

$$\lim_{n \to \infty} na_n = 4,\ \lim_{n \to \infty} \frac{b_n}{2n+1} = 1$$

을 만족시킬 때, $\lim_{n \to \infty} a_n(4n-b_n)$의 값은? [3점]

① 4 ② 6 ③ 8
④ 10 ⑤ 12

25

▶ 25363-0309

함수 $f(x)=3x+e^x$의 역함수를 $g(x)$라 하자.

$$\lim_{h \to 0} \frac{g(a+h)}{h} = k$$

일 때, $a+k$의 값은? (단, a와 k는 상수이다.) [3점]

① 1 ② $\frac{5}{4}$ ③ $\frac{3}{2}$
④ $\frac{7}{4}$ ⑤ 2

26

▶ 25363-0310

함수

$$f(x) = -2e^x + x\int_0^x (e^t - t)\,dt$$

가 $x_1 < a < x_2$인 모든 양수 x_1, x_2에 대하여 $f''(x_1)f''(x_2) < 0$을 만족시킬 때, 양의 상수 a의 값은? [3점]

① ln 2 ② ln 3 ③ ln 4
④ ln 5 ⑤ ln 6

EBS FINAL 수학영역

27

▶ 25363-0311

양의 실수 전체의 집합에서 도함수가 연속인 함수 $f(x)$가 다음 조건을 만족시킨다.

$\int_{1}^{2} f\left(\frac{x+1}{x}\right) dx=4$이고 $\int_{1}^{2} \frac{1}{x} f'\left(\frac{x+1}{x}\right) dx=6$이다.

$f(2)=7$일 때, $f\left(\frac{3}{2}\right)$의 값은? [3점]

① $\frac{1}{2}$　② 1　③ $\frac{3}{2}$　④ 2　⑤ $\frac{5}{2}$

28

▶ 25363-0312

수열 $\{a_n\}$은 $a_1=2$이고, 모든 자연수 n에 대하여

$$a_{n+1}=\frac{1}{3}a_n(a_n+3)$$

을 만족시킬 때, $\sum_{n=1}^{\infty} \frac{1}{a_n+3}$의 값은? [4점]

① $\frac{1}{6}$　② $\frac{1}{3}$　③ $\frac{1}{2}$　④ $\frac{2}{3}$　⑤ $\frac{5}{6}$

단답형

29

▶ 25363-0313

그림과 같이 반지름의 길이가 1이고 중심각의 크기가 $\frac{\pi}{2}$인 부채꼴 OAB가 있다. 선분 OA를 지름으로 하는 반원의 호 OA 위의 점 P에서의 접선이 호 AB와 만나는 점 중 점 B에 가까운 점을 Q라 하자. $\angle \mathrm{POA}=\theta\left(0<\theta<\frac{\pi}{7}\right)$일 때, 두 선분 OP, PQ의 길이의 곱을 $f(\theta)$라 하자. $f(0)=0$으로 정의할 때, $\sin a=\frac{1}{3}$인 $a\left(0<a<\frac{\pi}{7}\right)$에 대하여

$$\int_0^a f(\theta)d\theta=p+q\sqrt{2}+r\sqrt{17}$$

이다. $27(p+q+r)$의 값을 구하시오.

(단, 호 OA는 부채꼴 OAB의 내부와 경계에 있고, p, q, r은 유리수이다.) [4점]

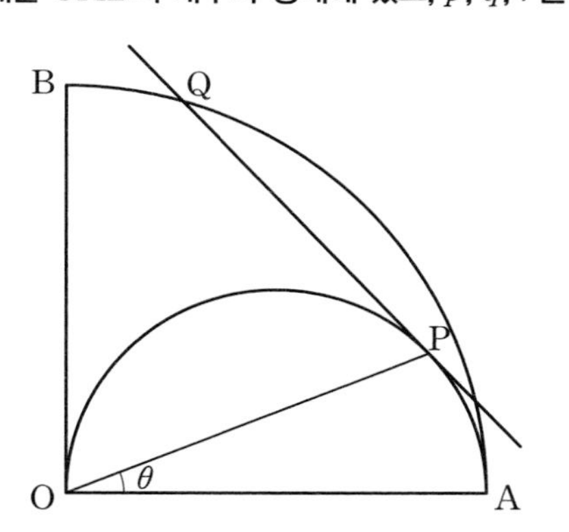

30

▶ 25363-0314

최고차항의 계수가 1인 이차함수 $f(x)$에 대하여 실수 전체의 집합에서 연속인 함수 $g(x)$를

$$g(x)=\begin{cases}\frac{x}{f(x)} & (x\le 1)\\ \frac{f(x)}{x} & (x>1)\end{cases}$$

이라 하자. 방정식 $g(x)=k$의 서로 다른 실근의 개수가 2이고 두 실근의 곱이 음수가 되도록 하는 음수 k가 존재할 때, $f(2)=m-\sqrt{n}$이다. $m+n$의 값을 구하시오. (단, m과 n은 정수이다.) [4점]

EBS FINAL 수학영역

기하

정답과 풀이 77쪽

5지선다형

23

▶ 25363-0315

좌표공간의 두 점 $\mathrm{A}(2, a, -4)$, $\mathrm{B}(3, -1, b)$에 대하여 선분 AB를 $2:1$로 내분하는 점이 x축 위에 있을 때, $a+b$의 값은? [2점]

① 1　② 2　③ 3　④ 4　⑤ 5

24

▶ 25363-0316

포물선 $y^2=16x$ 위의 점 A에서의 접선이 x축과 만나는 점을 B라 하자. 직선 AB의 기울기가 2일 때, 선분 AB의 길이는? [3점]

① $2\sqrt{3}$　② $\sqrt{14}$　③ 4　④ $3\sqrt{2}$　⑤ $2\sqrt{5}$

25

▶ 25363-0317

두 벡터 $\vec{a}=(-1, 3)$, $\vec{b}=(2, 0)$에 대하여 두 벡터 $t\vec{a}+\vec{b}$와 $\vec{a}+t\vec{b}$가 서로 수직이 되도록 하는 모든 실수 t의 값의 합은? [3점]

① 5　② 6　③ 7　④ 8　⑤ 9

26

▶ 25363-0318

점 A에서 만나는 직선 l과 평면 α가 이루는 예각의 크기는 $\frac{\pi}{4}$이다. 직선 l 위의 점 P와 평면 α 위의 점 Q에 대하여 삼각형 APQ의 평면 α 위로의 정사영의 넓이가 6일 때, 선분 PQ의 길이의 최솟값은? (단, 두 점 P와 Q는 모두 A가 아니다.) [3점]

① $3\sqrt{2}$　② $2\sqrt{5}$　③ $\sqrt{22}$　④ $2\sqrt{6}$　⑤ $\sqrt{26}$

27

▶ 25363-0319

그림과 같이 타원 $\frac{x^2}{16}+\frac{y^2}{k}=1\ (0<k<16)$의 두 초점을 F, F′이라 하고, 점 F를 지나고 x축에 수직인 직선이 이 타원과 만나는 점을 각각 A, B라 하자. 선분 OF를 지름으로 하는 원이 삼각형 AF′B에 내접할 때, 양수 k의 값은?

(단, O는 원점이고, 점 F의 x좌표는 양수이다.) [3점]

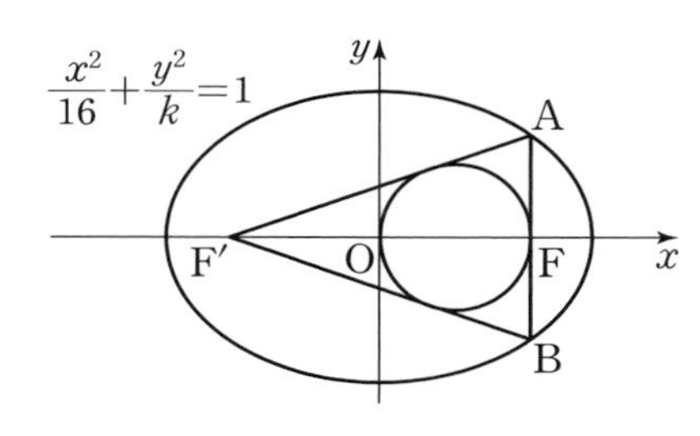

① 6　② 7　③ 8　④ 9　⑤ 10

28

▶ 25363-0320

좌표공간에서 구 $x^2+y^2+(z-4)^2=16$ 위의 점 P와 xy평면 위의 서로 다른 두 점 Q, R이 다음 조건을 만족시킬 때, 원점 O와 평면 PQR 사이의 거리는? [4점]

> 두 삼각형 OPQ와 OQR은 모두 한 변의 길이가 $4\sqrt{3}$인 정삼각형이다.

① $\frac{6\sqrt{5}}{5}$　② $\frac{8\sqrt{5}}{5}$　③ $2\sqrt{5}$　④ $\frac{12\sqrt{5}}{5}$　⑤ $\frac{14\sqrt{5}}{5}$

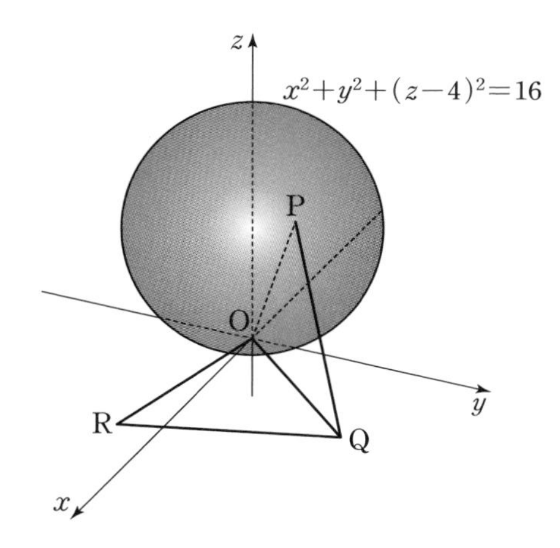

단답형

29

▶ 25363-0321

그림과 같이 두 초점이 F, F′인 쌍곡선 $x^2-\frac{y^2}{k}=1$이 x축의 양의 부분과 만나는 점을 A라 하고, 중심이 점 F이고 점 A를 지나는 원을 C라 하자. 점 F′에서 원 C에 그은 접선 중 기울기가 양수인 접선의 접점을 P라 하고, 직선 PF가 이 쌍곡선과 제1사분면에서 만나는 점을 Q, 제2사분면에서 만나는 점을 R이라 하자. $\overline{QR}=12$일 때, $k+\overline{PQ}$의 값을 구하시오.

(단, 점 F의 x좌표는 양수이고, k는 양의 상수이다.) [4점]

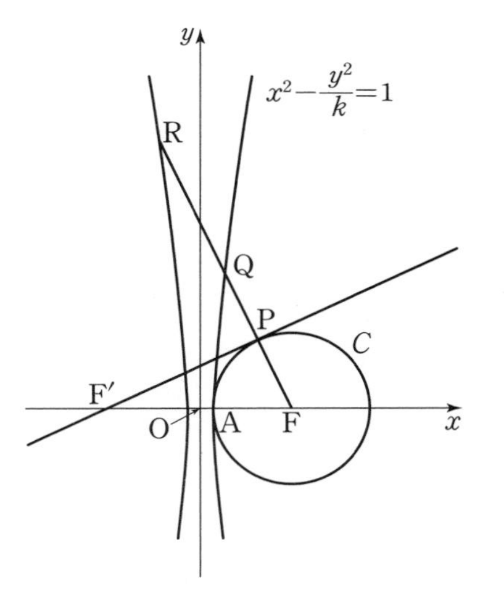

30

▶ 25363-0322

좌표평면 위에 두 점 A$(0, 2)$, B$(6, 2)$가 있다.

$$(|\overrightarrow{XA}+2\overrightarrow{XB}|-6)(|2\overrightarrow{XA}+\overrightarrow{XB}|-6)=0,\ |\overrightarrow{AX}|\geq 2\sqrt{3}$$

을 만족시키는 점 X가 나타내는 도형을 S라 하자. 도형 S 위를 움직이는 두 점 P, Q가

$$\overrightarrow{OA}+2\overrightarrow{OB}=\overrightarrow{OP}+2\overrightarrow{OQ}$$

를 만족시킬 때, $6\overrightarrow{BP}\cdot\overrightarrow{BQ}$의 값을 구하시오. (단, O는 원점이다.) [4점]

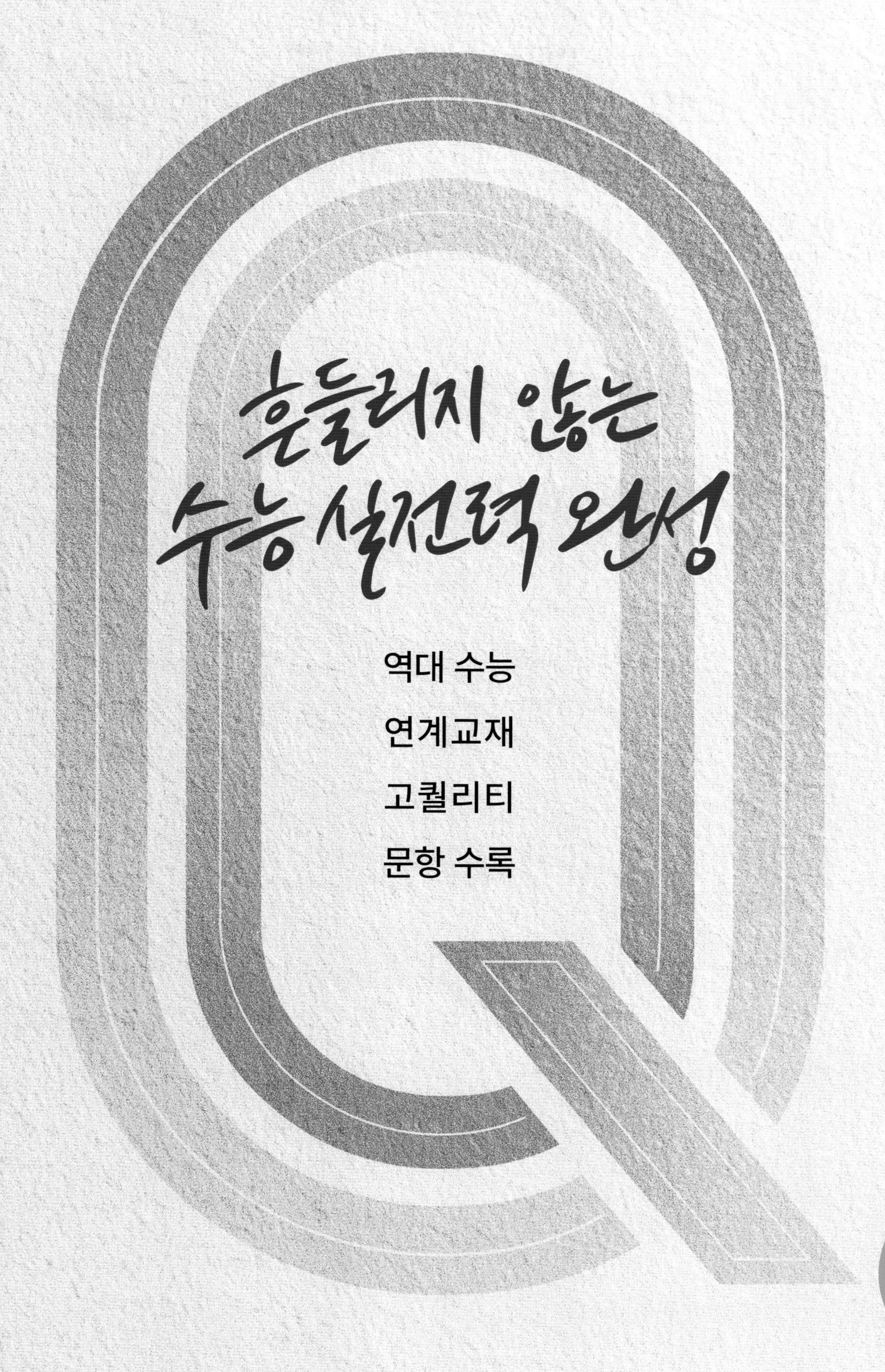

14회분 수록

미니모의고사로 만나는 수능연계 우수 문항집

수능특강Q 미니모의고사

국 어	Start / Jump / Hyper
수 학	수학Ⅰ / 수학Ⅱ / 확률과 통계 / 미적분
영 어	Start / Jump / Hyper
사회탐구	사회 · 문화
과학탐구	생명과학Ⅰ / 지구과학Ⅰ

2026학년도 수능 대비

FINAL 실전 모의고사

수학영역

공통 수학 I / 수학 II

선택 확률과 통계 / 미적분 / 기하

정답과 풀이

EBS FINAL
실전모의고사
수학영역

정답과 풀이

1회 EBS FINAL 수학영역

본문 3~19쪽

01 ④	**02** ②	**03** ⑤	**04** ③	**05** ①
06 ②	**07** ⑤	**08** ①	**09** ②	**10** ③
11 ②	**12** ③	**13** ③	**14** ①	**15** ⑤
16 10	**17** 23	**18** 38	**19** 13	**20** 6
21 64	**22** 151			
확률과 통계	**23** ⑤	**24** ②	**25** ③	**26** ④
	27 ③	**28** ②	**29** 26	**30** 169
미적분	**23** ④	**24** ②	**25** ⑤	**26** ①
	27 ⑤	**28** ②	**29** 25	**30** 4
기하	**23** ①	**24** ⑤	**25** ②	**26** ③
	27 ②	**28** ⑤	**29** 128	**30** 16

01

$\sqrt[3]{24}\times 9^{-\frac{1}{6}}=(2^3\times 3)^{\frac{1}{3}}\times(3^2)^{-\frac{1}{6}}$

$=\left(2\times 3^{\frac{1}{3}}\right)\times 3^{-\frac{1}{3}}$

$=2\times 3^{\frac{1}{3}+\left(-\frac{1}{3}\right)}$

$=2\times 3^0$

$=2\times 1$

$=2$

답 ④

02

$f(x)=4x^3-5x+3$에서 $f'(x)=12x^2-5$

따라서

$f'(1)=12\times 1^2-5=7$

답 ②

03

$\cos\theta=\frac{\sqrt{7}}{4}$이고 $\frac{3}{2}\pi<\theta<2\pi$에서 $\sin\theta<0$이므로

$\sin\theta=-\sqrt{1-\cos^2\theta}$

$=-\sqrt{1-\left(\frac{\sqrt{7}}{4}\right)^2}$

$=-\frac{3}{4}$

따라서

$\sin(-\theta)=-\sin\theta$

$=-\left(-\frac{3}{4}\right)$

$=\frac{3}{4}$

답 ⑤

04

곡선 $y=\frac{5}{4}x^4+1$과 x축, y축 및 직선 $x=2$로 둘러싸인 부분의 넓이를 S라 하면

$S=\int_0^2\left(\frac{5}{4}x^4+1\right)dx$

$=\left[\frac{1}{4}x^5+x\right]_0^2$

$=\frac{1}{4}\times 2^5+2$

$=10$

답 ③

05

$\lim_{x\to -1}\frac{f(x+1)}{x^2-1}=2$에서

$x+1=t$로 놓으면

$\lim_{x\to -1}\frac{f(x+1)}{x^2-1}=\lim_{x\to -1}\frac{f(x+1)}{(x+1)(x-1)}$

$=\lim_{t\to 0}\frac{f(t)}{t(t-2)}$

$=2$

따라서

$\lim_{t\to 0}\frac{f(t)}{t}=\lim_{t\to 0}\left\{\frac{f(t)}{t(t-2)}\times(t-2)\right\}$

$=\lim_{t\to 0}\frac{f(t)}{t(t-2)}\times\lim_{t\to 0}(t-2)$

$=2\times(-2)$

$=-4$

답 ①

06

등비수열 $\{a_n\}$의 공비를 r이라 하면 모든 항이 양수이므로 $r>0$이다.

$\frac{a_3-a_2}{a_1}=2$에서

$\frac{a_1r^2-a_1r}{a_1}=2$

$r^2-r-2=0$

$(r+1)(r-2)=0$

$r>0$이므로

$r=2$

$a_4+a_5=9$에서

$a_1\times 2^3+a_1\times 2^4=9$

이므로

$24a_1=9$

$a_1=\frac{3}{8}$

따라서

$a_7=\frac{3}{8}\times 2^6=24$

답 ②

07

$4^a=3$에서 $a=\log_4 3$

$ab=2\log_2 6$에서

$\log_4 3\times b=2\log_2 6$

이므로

$b=\frac{1}{\log_4 3}\times 2\log_2 6$

$=\frac{2\log 2}{\log 3}\times\frac{2\log 6}{\log 2}$

$=4\log_3 6$

따라서

$b-\frac{2}{a}=4\log_3 6-\frac{2}{\log_4 3}$

$=4\log_3 6-2\log_3 4$

$=4\log_3 6-4\log_3 2$

$=4(\log_3 6-\log_3 2)$

$=4\log_3\frac{6}{2}$

$=4\log_3 3$

$=4\times 1$

$=4$

답 ⑤

08

두 곡선 $y=\frac{1}{4}x^4-\frac{1}{3}x^3+1$, $y=x^2+k$가 만나는 점의 개수가 3이려면 방정식

$\frac{1}{4}x^4-\frac{1}{3}x^3+1=x^2+k$, 즉 $\frac{1}{4}x^4-\frac{1}{3}x^3-x^2+1=k$

의 서로 다른 실근의 개수가 3이어야 한다.

방정식 $\frac{1}{4}x^4-\frac{1}{3}x^3-x^2+1=k$의 서로 다른 실근의 개수가 3이려면

곡선 $y=\frac{1}{4}x^4-\frac{1}{3}x^3-x^2+1$과 직선 $y=k$가 세 점에서만 만나야 한다.

$f(x)=\frac{1}{4}x^4-\frac{1}{3}x^3-x^2+1$이라 하면

$f'(x)=x^3-x^2-2x=x(x+1)(x-2)$

$f'(x)=0$에서

$x=-1$ 또는 $x=0$ 또는 $x=2$

함수 $f(x)$의 증가와 감소를 표로 나타내면 다음과 같다.

x	$\cdots$	-1	$\cdots$	0	$\cdots$	2	$\cdots$
$f'(x)$	$-$	0	$+$	0	$-$	0	$+$
$f(x)$	↘	$\frac{7}{12}$	↗	1	↘	$-\frac{5}{3}$	↗

함수 $f(x)$는 $x=-1$, $x=2$에서 각각 극소이고, $x=0$에서 극대이다.

이때, $f(-1)=\frac{7}{12}$, $f(0)=1$, $f(2)=-\frac{5}{3}$이므로

함수 $y=f(x)$의 그래프는 그림과 같다.

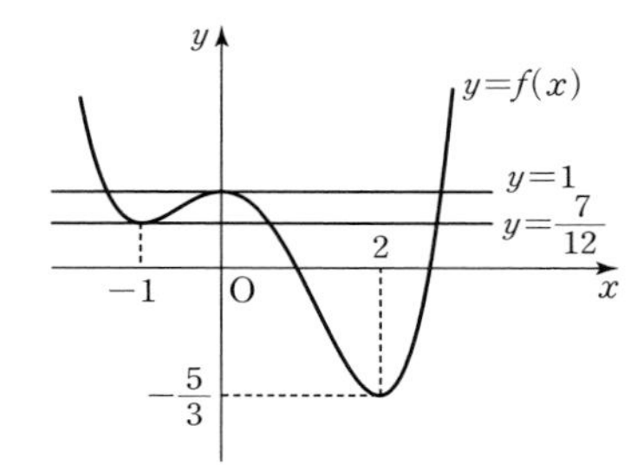

곡선 $y=\frac{1}{4}x^4-\frac{1}{3}x^3-x^2+1$과 직선 $y=k$가 세 점에서만 만나도록 하는 실수 k의 값은

$\frac{7}{12}$, 1

따라서 모든 실수 k의 값의 합은

$\frac{7}{12}+1=\frac{19}{12}$ 답 ①

09

함수 $f(x)=a\cos bx+1$의 주기는

$\frac{2\pi}{b}$

이므로 닫힌구간 $\left[0, \frac{2\pi}{b}\right]$에서 함수 $f(x)=a\cos bx+1$은 $x=\frac{\pi}{b}$에서 최솟값 $-a+1$을 가진다.

$\frac{\pi}{b}=6$에서 $b=\frac{\pi}{6}$

$-a+1=-1$에서 $a=2$

이때, $f(x)=2\cos\frac{\pi x}{6}+1$이므로

부등식 $f(3+x)f(3-x)\le-2$에서

$\left\{2\cos\frac{\pi(3+x)}{6}+1\right\}\left\{2\cos\frac{\pi(3-x)}{6}+1\right\}\le-2$

$\left\{2\cos\left(\frac{\pi}{2}+\frac{\pi x}{6}\right)+1\right\}\left\{2\cos\left(\frac{\pi}{2}-\frac{\pi x}{6}\right)+1\right\}\le-2$

$\left(-2\sin\frac{\pi x}{6}+1\right)\left(2\sin\frac{\pi x}{6}+1\right)\le-2$

$-4\sin^2\frac{\pi x}{6}+1\le-2$

$\sin^2\frac{\pi x}{6}\ge\frac{3}{4}$

$\sin\frac{\pi x}{6}\ge\frac{\sqrt{3}}{2}$ 또는 $\sin\frac{\pi x}{6}\le-\frac{\sqrt{3}}{2}$

이때, $0\le x\le\frac{2\pi}{b}$, 즉 $0\le x\le12$이므로

$\frac{\pi}{3}\le\frac{\pi x}{6}\le\frac{2\pi}{3}$ 또는 $\frac{4\pi}{3}\le\frac{\pi x}{6}\le\frac{5\pi}{3}$

$2\le x\le4$ 또는 $8\le x\le10$

따라서 자연수 x는 2, 3, 4, 8, 9, 10이고, 그 개수는 6이다. 답 ②

10

$a\ne1$, $a\ne2$이면 점 P는 출발 후 운동 방향을 3번 바꾸고, $a=1$이면 점 P는 출발 후 운동 방향을 $t=2$에서 한 번만 바꾸고, $a=2$이면 점 P는 출발 후 운동 방향을 $t=1$에서 한 번만 바꾼다.

(i) $a=1$일 때

$v(t)=(t-2)(t-1)^2$

시각 $t=0$에서 $t=1$까지 점 P가 움직인 거리는

$$\int_0^a|v(t)|dt=\int_0^1|v(t)|dt$$
$$=\int_0^1\{-(t-2)(t-1)^2\}dt$$
$$=\int_0^1(-t^3+4t^2-5t+2)dt$$
$$=\left[-\frac{1}{4}t^4+\frac{4}{3}t^3-\frac{5}{2}t^2+2t\right]_0^1$$
$$=\frac{7}{12}$$

(ii) $a=2$일 때

$v(t)=(t-1)(t-2)^2$

시각 $t=0$에서 $t=2$까지 점 P가 움직인 거리는

$$\int_0^a|v(t)|dt=\int_0^2|v(t)|dt$$
$$=\int_0^1\{-(t-1)(t-2)^2\}dt+\int_1^2(t-1)(t-2)^2dt$$
$$=\int_0^1\{-(t^3-5t^2+8t-4)\}dt+\int_1^2(t^3-5t^2+8t-4)dt$$
$$=\left[-\frac{1}{4}t^4+\frac{5}{3}t^3-4t^2+4t\right]_0^1+\left[\frac{1}{4}t^4-\frac{5}{3}t^3+4t^2-4t\right]_1^2$$
$$=\frac{17}{12}+\left\{-\frac{4}{3}-\left(-\frac{17}{12}\right)\right\}$$
$$=\frac{3}{2}$$

(i), (ii)에 의하여 구하는 점 P가 움직인 거리의 최댓값은 $\frac{3}{2}$이다. 답 ③

11

등차수열 $\{a_n\}$의 공차를 d라 하자.

조건 (가)에서

$|a_4|=|a_6|+4$

이므로 $d\ne0$

(i) $d>0$일 때

$a_4<a_6$

이고, 조건 (가)에서

$a_4\times a_6<0$

이므로 $a_4<0<a_6$

조건 (가)에서

$|a_4|=|a_6|+4$

이므로

$-a_4=a_6+4$

$a_4+a_6=-4$

$2a_5=-4$

$a_5=-2$ ⋯⋯ ㉠

조건 (나)에서

$\sum_{k=1}^{10}(|a_k|+a_k)=70$

이고

$\sum_{k=1}^{10}(|a_k|+a_k)=2\sum_{k=6}^{10}a_k$

$=2(a_6+a_7+a_8+a_9+a_{10})$

$=10a_8$

이므로

$10a_8=70$

$a_8=7$ ⋯⋯ ㉡

한편 $a_8-a_5=3d$이므로

㉠, ㉡에서

$7-(-2)=3d$

$d=3$

이때, $a_{10}=a_8+2d$

$=7+2\times3$

$=13$

(ii) $d<0$일 때

$a_4>a_6$

이고, 조건 (가)에서

$a_4\times a_6<0$

이므로

$a_6<0<a_4$

조건 (가)에서

$|a_4|=|a_6|+4$

이므로

$a_4=-a_6+4$

$a_4+a_6=4$

$2a_5=4$

$a_5=2$ ⋯⋯ ㉢

조건 (나)에서

$\sum_{k=1}^{10}(|a_k|+a_k)=70$

이고

$\sum_{k=1}^{10}(|a_k|+a_k)=2\sum_{k=1}^{5}a_k$

$=2(a_1+a_2+a_3+a_4+a_5)$

$=10a_3$

이므로

$10a_3=70$

$a_3=7$ ⋯⋯ ㉣

한편 $a_5-a_3=2d$이므로

㉢, ㉣에서

$2-7=2d$

$d=-\frac{5}{2}$

이때, d가 정수라는 조건을 만족시키지 못한다.

(i), (ii)에 의하여

$a_{10}=13$

답 ②

12

$\lim_{x\to0}g(x)=\lim_{x\to0}\frac{4}{x}\int_0^x f(t)dt$에서

$\lim_{x\to0}\frac{4}{x}\int_0^x f(t)dt=4f(0)$

이고, 함수 $g(x)$는 $x=0$에서 연속이므로

$\lim_{x\to0}g(x)=g(0)=f(0)$

즉, $f(0)=4f(0)$에서

$f(0)=0$

$f(x)=x^3+ax^2+bx$ (a, b는 상수)

로 놓을 수 있다.

$x\neq0$일 때, $g(x)=\frac{4}{x}\int_0^x f(t)dt$이므로

$g(-2)=-2\int_0^{-2}f(t)dt$

$g(2)=2\int_0^2 f(t)dt$

이때,

$g(-2)+g(2)=-2\int_0^{-2}f(t)dt+2\int_0^2 f(t)dt$

$=2\left(\int_{-2}^0 f(t)dt+\int_0^2 f(t)dt\right)$

$=2\int_{-2}^2 f(t)dt$

$=2\int_{-2}^2(t^3+at^2+bt)dt$

$=4\int_0^2 at^2dt$

$=4\left[\frac{a}{3}t^3\right]_0^2$

$=\frac{32a}{3}$

이므로 $g(-2)+g(2)=64$에서

$\frac{32a}{3}=64$, 즉 $a=6$

$f(1)=1+6+b=-5$에서

$b=-12$

따라서 $f(x)=x^3+6x^2-12x$이므로

$f(2)=8+24-24=8$

답 ③

13

$\angle ACB=\frac{\pi}{2}$이므로

삼각형 ABC의 외접원의 반지름의 길이를 R이라 하면

$\overline{AB}=2R$

$\angle BCD=\theta\left(0<\theta<\frac{\pi}{2}\right)$라 하면

$\sin\theta=\sin\left(\frac{\pi}{2}-\angle ACD\right)$

$=\cos(\angle ACD)$

$=\frac{\sqrt{10}}{10}$

삼각형 BCD에서 사인법칙에 의하여

$\frac{\overline{BD}}{\sin\theta}=2R$

$\frac{\sqrt{2}}{\frac{\sqrt{10}}{10}}=2R$

$R=\sqrt{5}$

직각삼각형 ABC에서

$\overline{BC}=\sqrt{\overline{AB}^2-\overline{AC}^2}=\sqrt{(2\sqrt{5})^2-4^2}=2$

원주각의 성질에 의하여

$\angle BDC=\angle BAC$

이므로

$\cos(\angle BDC)=\cos(\angle BAC)$

$=\frac{4}{2\sqrt{5}}$

$=\frac{2}{\sqrt{5}}$

삼각형 BCD에서

$\overline{CD}=x\ (x>0)$이라 하면 코사인법칙에 의하여

$\overline{BC}^2=\overline{BD}^2+\overline{CD}^2-2\times\overline{BD}\times\overline{CD}\times\cos(\angle BDC)$

$2^2=(\sqrt{2})^2+x^2-2\times\sqrt{2}\times x\times\frac{2}{\sqrt{5}}$

$x^2-\frac{4\sqrt{10}}{5}x-2=0$

$x=\frac{2\sqrt{10}}{5}\pm\sqrt{\left(-\frac{2\sqrt{10}}{5}\right)^2-1\times(-2)}$

$=\frac{2\sqrt{10}}{5}\pm\frac{3\sqrt{10}}{5}$

$x=\sqrt{10}$ 또는 $x=-\frac{\sqrt{10}}{5}$

$x>0$이므로

$x=\sqrt{10}$

답 ③

14

최고차항의 계수가 1인 삼차함수 $f(x)$에 대하여

$f'(1)<0$

이므로 이차함수 $y=f'(x)$의 그래프와 x축은 두 점에서 만난다.

이때, $f'(x)=3(x-\alpha)(x-\beta)$ ($\alpha<\beta$이고 α, β는 상수)

로 놓을 수 있고, 삼차함수 $f(x)$는 $x=\alpha$에서 극대이고 $x=\beta$에서 극소이다.

(i) 삼차함수 $y=f(x)$의 그래프와 x축이 한 점에서 만날 때

삼차함수 $y=f(x)$의 그래프는 그림과 같다.

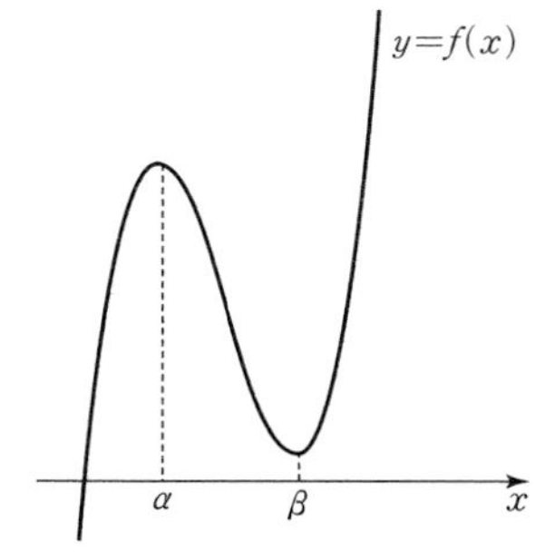

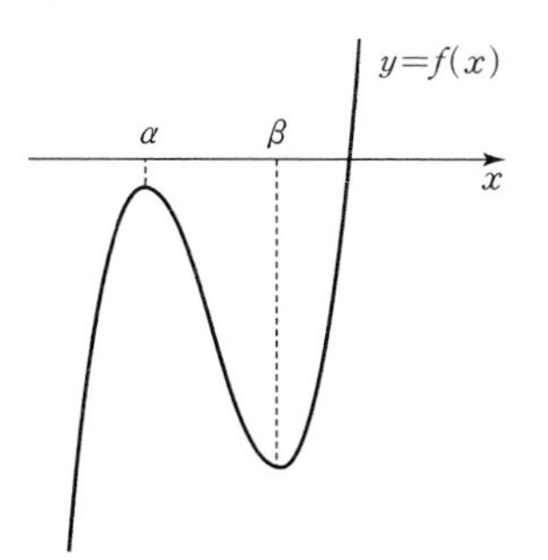

이때, $f(\alpha)\neq0$, $f(\beta)\neq0$이므로 극한값 $\lim_{x\to\alpha}g(x)$, $\lim_{x\to\beta}g(x)$가 존재하지 않는다.

즉, 함수 $g(x)$는 $x=\alpha$와 $x=\beta$에서 모두 불연속이므로 주어진 조건을 만족시키지 못한다.

(ii) 삼차함수 $y=f(x)$의 그래프와 x축이 두 점에서 만날 때

① $f(x)=(x-a)(x-\beta)^2$ ($a<\alpha$, a는 상수)일 때

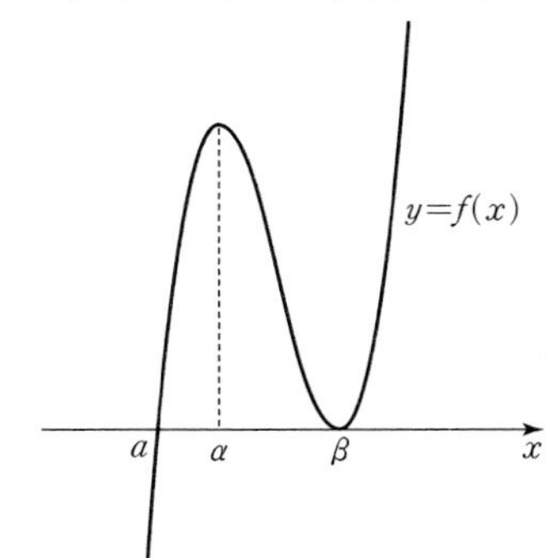

$$g(x)=\begin{cases} k & (x=\alpha,\ x=\beta) \\ \frac{(x-a)(x-\beta)^2}{9(x-\alpha)^2(x-\beta)^2} & (x\neq\alpha,\ x\neq\beta) \end{cases}$$

$$=\begin{cases} k & (x=\alpha,\ x=\beta) \\ \frac{x-a}{9(x-\alpha)^2} & (x\neq\alpha,\ x\neq\beta) \end{cases}$$

극한값 $\lim_{x\to\alpha}g(x)$가 존재하지 않으므로 함수 $g(x)$는 $x=\alpha$에서만 불연속이다.

즉, $\alpha=3$

이때, $f'(1)>0$이므로 주어진 조건을 만족시키지 못한다.

② $f(x)=(x-\alpha)^2(x-a)$ ($a>\beta$, a는 상수)일 때

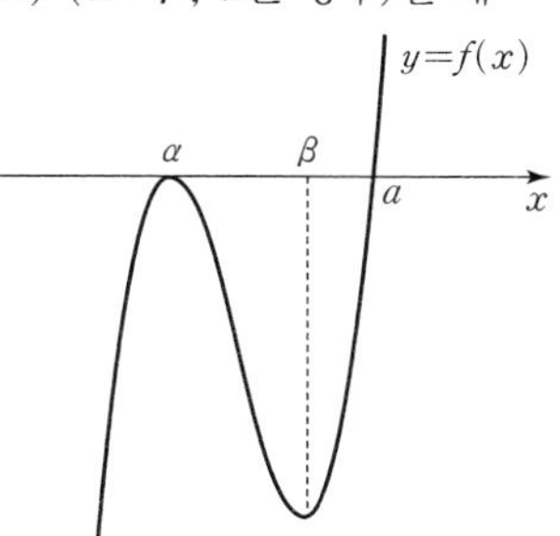

$$g(x)=\begin{cases} k & (x=\alpha,\ x=\beta) \\ \frac{(x-\alpha)^2(x-a)}{9(x-\alpha)^2(x-\beta)^2} & (x\neq\alpha,\ x\neq\beta) \end{cases}$$

$$=\begin{cases} k & (x=\alpha,\ x=\beta) \\ \frac{x-a}{9(x-\beta)^2} & (x\neq\alpha,\ x\neq\beta) \end{cases}$$

극한값 $\lim_{x\to\beta}g(x)$가 존재하지 않으므로 함수 $g(x)$는 $x=\beta$에서만 불연속이다.

즉, $\beta=3$

이때, $f'(1)<0$이므로 $\alpha<1$이다.

$f'(x)=3(x-\alpha)(x-3)$이므로

$$g(x)=\begin{cases} k & (x=\alpha,\ x=3) \\ \frac{x-a}{9(x-3)^2} & (x\neq\alpha,\ x\neq3) \end{cases}$$

$f'(1)=3(1-\alpha)\times(-2)=-6$에서

$\alpha=0$

한편 $f'(x)=3x(x-3)$이므로

$f(x)=\int f'(x)dx$

$=\int(3x^2-9x)dx$

$=x^3-\frac{9}{2}x^2+C$ (단, C는 적분상수)

함수 $g(x)$가 $x=0$에서 연속이고 $\lim_{x\to0}g(x)=0$이므로 $\lim_{x\to0}f(x)=0$이다.

즉, $f(0)=C=0$

이때

$$\lim_{x\to0}\frac{f(x)}{\{f'(x)\}^2}=\lim_{x\to0}\frac{x-\frac{9}{2}}{9(x-3)^2}=-\frac{1}{18}$$

이므로

$k=-\frac{1}{18}$

(iii) 삼차함수 $y=f(x)$의 그래프와 x축이 세 점에서 만날 때

함수 $y=f(x)$의 그래프의 개형은 그림과 같다.

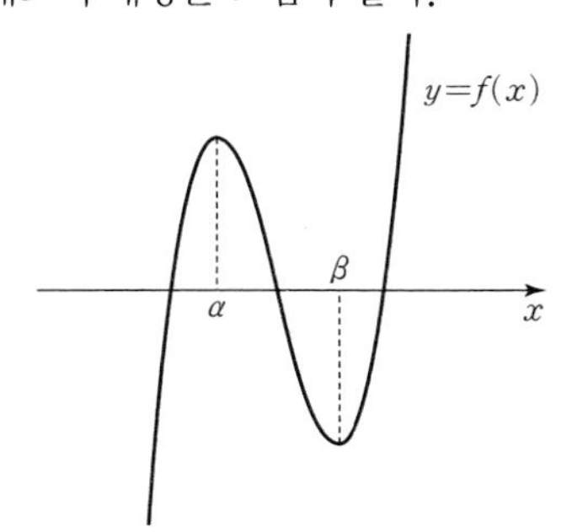

이때, $f(\alpha)\neq0$, $f(\beta)\neq0$이므로 극한값 $\lim_{x\to\alpha}g(x)$, $\lim_{x\to\beta}g(x)$가 존재하지 않는다.

즉, 함수 $g(x)$는 $x=\alpha$와 $x=\beta$에서 모두 불연속이므로 주어진 조건을 만족시키지 못한다.

(i), (ii), (iii)에 의하여

$$g(x)=\begin{cases} -\frac{1}{18} & (x=0,\ x=3) \\ \frac{x-\frac{9}{2}}{9(x-3)^2} & (x\neq0,\ x\neq3) \end{cases}$$

따라서

$k+g(5)=-\frac{1}{18}+\frac{1}{72}=-\frac{1}{24}$

답 ①

15

조건 (나)에서

$a_5=4$이고 $|a_5|=|4|=4$가 짝수이므로

조건 (가)에서

$a_6=-\frac{1}{2}a_5=-\frac{1}{2}\times4=-2$

$|a_6|=|-2|=2$가 짝수이므로

$a_7=-\frac{1}{2}a_6=-\frac{1}{2}\times(-2)=1$

$|a_7|=|1|=1$이 홀수이므로

$a_8=a_7+3=1+3=4$

한편, a_4의 값을 구해 보자.

$|a_4|$가 홀수일 때,

$a_5=a_4+3$에서 $4=a_4+3$, $a_4=1$

$|a_4|$가 짝수일 때,

$a_5=-\frac{1}{2}a_4$에서 $4=-\frac{1}{2}a_4$, $a_4=-8$

조건 (나)에서

$|a_4|<|a_8|$이므로 $a_4=1$

이와 같은 방법으로 a_1, a_2, a_3의 값을 구하면 다음 표와 같다.

a_1	a_2	a_3	a_4
10	-5	-2	1
1	4		
-8			

한편, $a_5=4$, $a_6=-2$, $a_7=1$, $a_8=4$, $\cdots$이므로

$n\geq3$인 모든 자연수 n에 대하여

$a_n=a_{n+3}$

이때, $a_{51}=-2$이므로 $a_1\times a_{51}<0$을 만족시키는 a_1의 값은 10, 1이다.

따라서 모든 a_1의 값의 합은

$10+1=11$

답 ⑤

16

부등식 $4^{x-5}\leq\left(\frac{1}{2}\right)^{x-2}$에서

$2^{2(x-5)}\leq(2^{-1})^{x-2}$

$2^{2x-10}\leq2^{-x+2}$

$2x-10\leq-x+2$

$3x\leq12$

$x\leq4$

따라서 자연수 x는 1, 2, 3, 4이고, 그 합은

$1+2+3+4=10$

답 10

17

$f'(x)=6x^2+5$이므로

$f(x)=\int(6x^2+5)dx$

$=2x^3+5x+C$ (단, C는 적분상수)

$f(0)=C=-3$

따라서 $f(x)=2x^3+5x-3$이므로

$f(2)=2\times2^3+5\times2-3$

$=23$

답 23

18

$\sum_{k=1}^{7}(a_k+1)=20$에서

$\sum_{k=1}^{7}(a_k+1)=\sum_{k=1}^{7}a_k+7$

이므로 $\sum_{k=1}^{7}a_k+7=20$

즉, $\sum_{k=1}^{7}a_k=13$

따라서

$\sum_{k=1}^{8}2a_k=2\left(\sum_{k=1}^{7}a_k+a_8\right)$

$=2(13+6)$

$=38$

답 38

19

$f'(x)=x^2+2x-3=(x+3)(x-1)$

$f'(x)=0$에서

$x=-3$ 또는 $x=1$

함수 $f(x)$의 증가와 감소를 표로 나타내면 다음과 같다.

x	$\cdots$	-3	$\cdots$	1	$\cdots$
$f'(x)$	$+$	0	$-$	0	$+$
$f(x)$	↗	$f(-3)$	↘	$f(1)$	↗

함수 $f(x)$는 $x=-3$에서 극대이고, $x=1$에서 극소이다.

이때 함수 $f(x)$의 극솟값이 $\frac{7}{3}$이므로

$f(1)=\frac{1}{3}+1-3+a=\frac{7}{3}$

$a=4$

따라서 함수 $f(x)$의 극댓값은

$f(-3)=\frac{1}{3}\times(-3)^3+(-3)^2-3\times(-3)+4$

$=13$

답 13

20

$f(x)$가 최고차항의 계수가 1인 삼차함수이고 모든 실수 x에 대하여

$xf(x)\geq0$

을 만족시키므로

$f(x)=x(x^2+ax+b)$ (a, b는 상수)

로 놓을 수 있다.

이때, $f(0)=0$이고 이차방정식 $x^2+ax+b=0$의 판별식을 D라 하면

$D=a^2-4b\leq0$ …… ㉠

이어야 한다.

한편, $\{x|f(x)=0\}=\{0, 6\}$에서

곡선 $y=f(x)$와 x축은 서로 다른 두 점 $(0, 0)$, $(6, 0)$에서만 만나므로

$f(x)=x^2(x-6)$ 또는 $f(x)=x(x-6)^2$

이다.

(i) $f(x)=x^2(x-6)$일 때

$f(x)=x(x^2-6x)$

이므로 $a=-6$, $b=0$

이때, $D=(-6)^2-4\times0=36>0$이므로 ㉠을 만족시키지 못한다.

(ii) $f(x)=x(x-6)^2$일 때

$f(x)=x(x^2-12x+36)$

이므로 $a=-12$, $b=36$

이때, $D=(-12)^2-4\times36=0$

이므로 ㉠을 만족시킨다.

(i), (ii)에 의하여

$f(x)=x(x-6)^2=x^3-12x^2+36x$

$f'(x)=3x^2-24x+36=3(x-2)(x-6)$

$f'(x)=0$에서

$x=2$ 또는 $x=6$

따라서 부등식 $f'(m)\times f'(m+2)<0$을 만족시키는 모든 정수 m의 값은

1, 5

이고 그 합은

$1+5=6$ 답 6

21

두 곡선 $y=k\log_2 x$, $y=2^{\frac{x}{k}}$은 직선 $y=x$에 대하여 대칭이므로 점 A의 좌표를 (a, a) $(a>0)$이라 하자.

곡선 $y=k\log_2 x$와 x축이 만나는 점 C의 좌표는 $(1, 0)$이므로 직선 AC의 기울기는

$\frac{a}{a-1}$

이므로 직선 AC에 수직인 직선의 기울기는

$\frac{1-a}{a}$

직선 AD의 방정식은

$y=\frac{1-a}{a}(x-a)+a$

이므로 점 D의 y좌표는 $2a-1$이다.

점 C를 지나고 직선 AD에 평행한 직선의 방정식은

$y=\frac{1-a}{a}(x-1)$

이므로 점 E의 y좌표는

$\frac{a-1}{a}$

이때, $\overline{OD}=2a-1$, $\overline{OE}=\frac{a-1}{a}$이고, $\overline{OD}=\frac{28}{3}\overline{OE}$이므로

$2a-1=\frac{28}{3}\times\frac{a-1}{a}$

$6a^2-31a+28=0$

$(a-4)(6a-7)=0$

$a=4$ 또는 $a=\frac{7}{6}$

이때 점 A의 x좌표가 점 B의 x좌표보다 크므로

$a=4$

점 A의 좌표가 $(4, 4)$이므로

$\overline{OA}=4\sqrt{2}$

또, $4=k\log_2 4$에서

$k=2$

따라서

$k\times\overline{OA}^2=2\times(4\sqrt{2})^2=64$ 답 64

22

$f'(x)=4x^3+4ax^2-8a^2x$

$=4x(x+2a)(x-a)$

(i) $a=0$일 때

$f(x)=x^4$이고

$$g(t)=\begin{cases} f(t) & (t<0) \\ 0 & (t\geq 0)\end{cases}$$

이므로 모든 실수 b에 대하여

$$\lim_{h\to 0-}\frac{g(b+h)-g(b)}{h}=\lim_{h\to 0+}\frac{g(b+h)-g(b)}{h}$$

이다. 즉, 집합 A의 원소의 개수가 1이라는 조건을 만족시키지 못한다.

(ii) $a>0$일 때

$f'(x)=0$에서

$x=-2a$ 또는 $x=0$ 또는 $x=a$

함수 $f(x)$의 증가와 감소를 표로 나타내면 다음과 같다.

x	$\cdots$	$-2a$	$\cdots$	0	$\cdots$	a	$\cdots$
$f'(x)$	$-$	0	$+$	0	$-$	0	$+$
$f(x)$	$\searrow$	$-\frac{32}{3}a^4$	$\nearrow$	0	$\searrow$	$-\frac{5}{3}a^4$	$\nearrow$

함수 $f(x)$는 $x=-2a$, $x=a$에서 극소이고 $x=0$에서 극대이다.

이때, $f(-2a)<f(a)<0$이므로

함수 $y=f(x)$의 그래프와 함수 $y=g(t)$의 그래프는 [그림 1]과 같다.

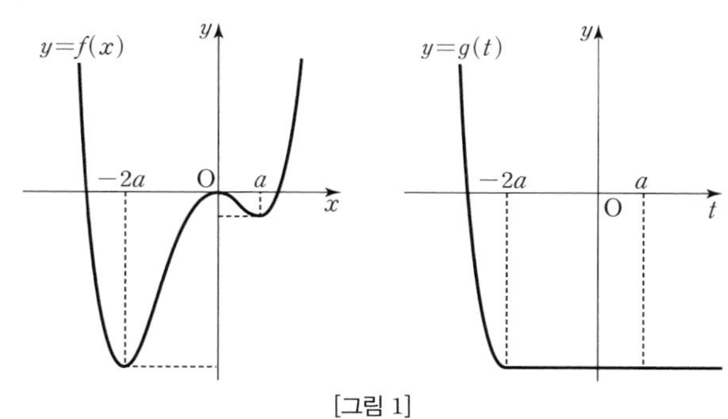

[그림 1]

이때,

$$g(t)=\begin{cases} f(t) & (t<-2a) \\ f(-2a) & (t\geq -2a)\end{cases}$$

이므로 모든 실수 b에 대하여

$$\lim_{h\to 0-}\frac{g(b+h)-g(b)}{h}=\lim_{h\to 0+}\frac{g(b+h)-g(b)}{h}$$

이다. 즉, 집합 A의 원소의 개수가 1이라는 조건을 만족시키지 못한다.

(iii) $a<0$일 때,

$f'(x)=0$에서

$x=a$ 또는 $x=0$ 또는 $x=-2a$

함수 $f(x)$의 증가와 감소를 표로 나타내면 다음과 같다.

x	$\cdots$	a	$\cdots$	0	$\cdots$	$-2a$	$\cdots$
$f'(x)$	$-$	0	$+$	0	$-$	0	$+$
$f(x)$	$\searrow$	$-\frac{5}{3}a^4$	$\nearrow$	0	$\searrow$	$-\frac{32}{3}a^4$	$\nearrow$

함수 $f(x)$는 $x=a$, $x=-2a$에서 극소이고 $x=0$에서 극대이다.

$f(-2a)<f(a)<0$이므로 사잇값의 정리에 의하여

$f(a)=f(c)$ $(0<c<-2a)$

인 상수 c가 1개 존재한다.

이때, 함수 $y=f(x)$의 그래프와 함수 $y=g(t)$의 그래프는 [그림 2]와 같다.

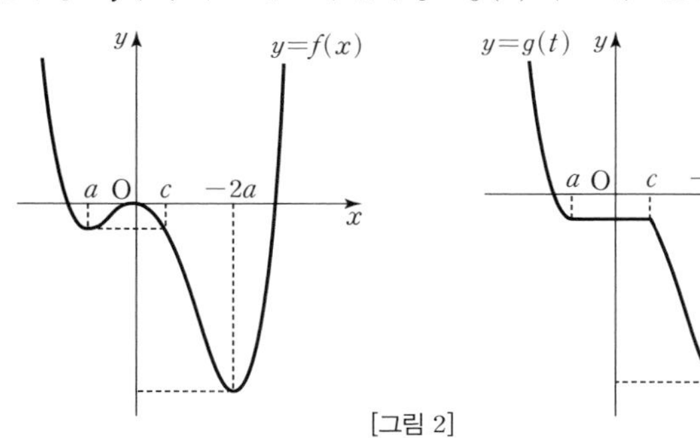

[그림 2]

이때,

$$g(t)=\begin{cases} f(t) & (t<a \text{ 또는 } c<t<-2a) \\ f(a) & (a\leq t\leq c) \\ f(-2a) & (t\geq -2a)\end{cases}$$

이다.

$$\lim_{h\to 0-}\frac{g(c+h)-g(c)}{h}=0,$$

$$\lim_{h\to 0+}\frac{g(c+h)-g(c)}{h}<0$$

이므로

$$\lim_{h\to 0-}\frac{g(c+h)-g(c)}{h}\neq\lim_{h\to 0+}\frac{g(c+h)-g(c)}{h}$$

한편, $b\neq c$인 모든 실수 b에 대하여

$$\lim_{h\to 0-}\frac{g(b+h)-g(b)}{h}=\lim_{h\to 0+}\frac{g(b+h)-g(b)}{h}$$

이다.

즉, $A=\{c\}$이므로 집합 A의 원소의 개수는 1이다.

(i), (ii), (iii)에 의하여

$a<0$,

$$g(t)=\begin{cases} f(t) & (t<a \text{ 또는 } c<t<-2a) \\ f(a) & (a\le t\le c) \\ f(-2a) & (t\ge -2a) \end{cases}$$

함수 $g(t)$의 최솟값이 -54이므로

$f(-2a)=-54$

즉, $-\frac{32}{3}a^4=-54$에서

$a^4=\frac{81}{16}$

$a<0$이므로

$a=-\frac{3}{2}$

이때, $f(x)=x^4-2x^3-9x^2$이므로

$|f(a)|=\left|f\left(-\frac{3}{2}\right)\right|=\left|-\frac{135}{16}\right|=\frac{135}{16}$

따라서 $p=16$, $q=135$이므로

$p+q=16+135=151$ 답 151

확률과 통계

23

다항식 $(x^2+2)^6$의 전개식의 일반항은

${}_6C_r\times(x^2)^{6-r}\times 2^r={}_6C_r\times 2^r\times x^{12-2r}$ $(r=0, 1, 2, \cdots, 6)$

x^4항은 $r=4$일 때이므로 x^4의 계수는

${}_6C_4\times 2^4={}_6C_2\times 2^4$

$=\frac{6\times 5}{2\times 1}\times 16$

$=240$ 답 ⑤

24

두 사건 A, B가 서로 독립이므로

$P(A\cap B)=P(A)P(B)$

$P(A\cup B)=\frac{7}{12}$에서

$P(A\cup B)=P(A)+P(B)-P(A\cap B)$

$=P(A)+P(B)-P(A)P(B)$

$=\frac{1}{3}+P(B)-\frac{1}{3}P(B)$

$=\frac{1}{3}+\frac{2}{3}P(B)$

이므로

$\frac{1}{3}+\frac{2}{3}P(B)=\frac{7}{12}$

따라서

$P(B)=\frac{3}{8}$ 답 ②

25

이 회사에서 생산한 과자 중에서 64봉지를 임의추출하여 구한 표본평균이 $\overline{x}$일 때, 이 결과를 이용하여 구한 m에 대한 신뢰도 95%의 신뢰구간은

$\overline{x}-1.96\times\frac{2}{\sqrt{64}}\le m\le \overline{x}+1.96\times\frac{2}{\sqrt{64}}$

즉, $\overline{x}-0.49\le m\le \overline{x}+0.49$

이다. 이때,

$a=\overline{x}-0.49$ …… ㉠

$110.29=\overline{x}+0.49$ …… ㉡

㉡에서

$\overline{x}=110.29-0.49=109.8$

$\overline{x}=109.8$을 ㉠에 대입하면

$a=109.8-0.49=109.31$

따라서

$\overline{x}+a=109.8+109.31=219.11$ 답 ③

26

문자 A, A, B, B, B, C가 하나씩 적혀 있는 6장의 카드를 모두 한 번씩 사용하여 일렬로 나열하는 경우의 수는

$\frac{6!}{2!\times 3!}=60$

양 끝에 놓인 카드에 적힌 두 문자가 서로 다른 사건을 X라 하면 사건 X의 여사건 X^C은 양 끝에 놓인 카드에 적힌 두 문자가 서로 같은 사건이다.

양 끝에 놓인 카드에 적힌 두 문자가 서로 같은 경우는 다음과 같다.

(i) 양 끝에 문자 A가 적힌 카드가 놓이도록 6장의 카드를 일렬로 나열하는 경우의 수는

$\frac{4!}{3!}=4$

(ii) 양 끝에 문자 B가 적힌 카드가 놓이도록 6장의 카드를 일렬로 나열하는 경우의 수는

$\frac{4!}{2!}=12$

(i), (ii)에 의하여 양 끝에 놓인 카드에 적힌 두 문자가 서로 같도록 6장의 카드를 일렬로 나열하는 경우의 수는

$4+12=16$

따라서 $P(X^C)=\frac{16}{60}=\frac{4}{15}$이므로

$P(X)=1-P(X^C)$

$=1-\frac{4}{15}$

$=\frac{11}{15}$ 답 ④

27

상자에서 임의로 한 장의 카드를 꺼낼 때 꺼낸 카드에 적혀 있는 수를 확률변수 Y라 하자.

$P(Y=1)=\frac{4}{8}=\frac{1}{2}$, $P(Y=n)=\frac{2}{8}=\frac{1}{4}$, $P(Y=2n)=\frac{2}{8}=\frac{1}{4}$

Y	1	n	$2n$	합계
$P(Y=y)$	$\frac{1}{2}$	$\frac{1}{4}$	$\frac{1}{4}$	1

$E(Y)=1\times\frac{1}{2}+n\times\frac{1}{4}+2n\times\frac{1}{4}$

$=\frac{3n+2}{4}$

이 상자에서 크기가 4인 표본을 임의추출하여 구한 표본평균을 $\overline{Y}$라 하면

$E(\overline{Y})=E(Y)=\frac{3n+2}{4}$

한편, $\overline{Y}=\frac{X}{4}$, 즉 $X=4\overline{Y}$이므로

$E(X)=E(4\overline{Y})$

$=4E(\overline{Y})$

$=4\times\frac{3n+2}{4}$

$=3n+2$

이고 $E(X)=20$이므로

$3n+2=20$

따라서

$n=6$ 답 ③

28

$f(6)=f(14)$이므로

$m_1=\frac{6+14}{2}=10$

또, 두 확률변수 X, Y의 표준편차가 같고

$f(6)=g(22)$이므로

$|m_1-6|=|m_2-22|$

즉, $|10-6|=|m_2-22|$

$m_2-22=-4$ 또는 $m_2-22=4$

$m_2=18$ 또는 $m_2=26$

(i) $m_2=18$일 때

확률변수 X는 정규분포 $N(10,\ \sigma^2)$을 따르므로

$Z=\frac{X-10}{\sigma}$으로 놓으면 확률변수 Z는 표준정규분포 $N(0,\ 1)$을 따르고

$$P(X\le 8)=P\left(\frac{X-10}{\sigma}\le\frac{8-10}{\sigma}\right)=P\left(Z\le-\frac{2}{\sigma}\right)$$

확률변수 Y는 정규분포 $N(18,\ \sigma^2)$을 따르므로

$Z=\frac{Y-18}{\sigma}$로 놓으면 확률변수 Z는 표준정규분포 $N(0,\ 1)$을 따르고

$$P(Y\le 24)=P\left(\frac{Y-18}{\sigma}\le\frac{24-18}{\sigma}\right)=P\left(Z\le\frac{6}{\sigma}\right)$$

이때,

$$P(X\le 8)+P(Y\le 24)=P\left(Z\le-\frac{2}{\sigma}\right)+P\left(Z\le\frac{6}{\sigma}\right)=P\left(Z\ge\frac{2}{\sigma}\right)+P\left(Z\le\frac{6}{\sigma}\right)>1$$

이므로 주어진 조건을 만족시키지 못한다.

(ii) $m_2=26$일 때

(i)에 의하여 $P(X\le 8)=P\left(Z\le-\frac{2}{\sigma}\right)$

확률변수 Y는 정규분포 $N(26,\ \sigma^2)$을 따르므로

$Z=\frac{Y-26}{\sigma}$으로 놓으면 확률변수 Z는 표준정규분포 $N(0,\ 1)$을 따르고

$$P(Y\le 24)=P\left(\frac{Y-26}{\sigma}\le\frac{24-26}{\sigma}\right)=P\left(Z\le-\frac{2}{\sigma}\right)$$

$P(X\le 8)+P(Y\le 24)=0.6170$에서

$$P(X\le 8)+P(Y\le 24)=P\left(Z\le-\frac{2}{\sigma}\right)+P\left(Z\le-\frac{2}{\sigma}\right)=2P\left(Z\ge\frac{2}{\sigma}\right)=2\left\{0.5-P\left(0\le Z\le\frac{2}{\sigma}\right)\right\}$$

이므로

$2\left\{0.5-P\left(0\le Z\le\frac{2}{\sigma}\right)\right\}=0.6170$

$P\left(0\le Z\le\frac{2}{\sigma}\right)=0.1915$

한편, $P(0\le Z\le 0.5)=0.1915$이므로

$\frac{2}{\sigma}=0.5$, 즉 $\sigma=4$

(i), (ii)에 의하여 $m_2=26$, $\sigma=4$

따라서

$P(20\le Y\le 24)$

$=P\left(\frac{20-26}{4}\le\frac{Y-26}{4}\le\frac{24-26}{4}\right)$

$=P(-1.5\le Z\le-0.5)$

$=P(0.5\le Z\le 1.5)$

$=P(0\le Z\le 1.5)-P(0\le Z\le 0.5)$

$=0.4332-0.1915$

$=0.2417$

답 ②

29

조건 (가)에서

$f(2)<f(4)$

이고, 조건 (나)에서

$f(2)f(4)=12$

이므로

$f(2)=2$, $f(4)=6$ 또는 $f(2)=3$, $f(4)=4$

(i) $f(2)=2$, $f(4)=6$일 때

$f(1)$의 값은 1 또는 2의 2가지 경우이다.

$f(3)$의 값은 2 또는 3 또는 4 또는 5의 4가지이다.

$f(5)=f(6)=6$

이때, 주어진 조건을 만족시키는 함수 f의 개수는

$2\times4\times1\times1=8$

(ii) $f(2)=3$, $f(4)=4$일 때

$f(1)$의 값은 1 또는 2 또는 3의 3가지이다.

$f(3)=3$

$f(5)$, $f(6)$의 값을 정하는 경우의 수는 4, 5, 6 중에서 중복을 허락하여 2개를 택하는 경우의 수와 같으므로

${}_3H_2={}_4C_2=\frac{4\times3}{2\times1}=6$

이때, 주어진 조건을 만족시키는 함수 f의 개수는

$3\times1\times6=18$

(i), (ii)에 의하여 조건을 만족시키는 함수 f의 개수는

$8+18=26$

답 26

30

주머니 B에서 꺼낸 두 공에 적혀 있는 두 수의 곱이 홀수인 사건을 X, 주사위에서 나온 눈의 수가 6의 약수인 사건을 Y라 하면 구하는 확률은 $P(Y|X)$이다.

(i) 주사위에서 나온 눈의 수가 6의 약수일 때

주사위를 한 번 던질 때 나온 눈의 수가 6의 약수일 확률은

$\frac{4}{6}=\frac{2}{3}$

주머니 A에서 임의로 1개의 공을 꺼낼 때, 꺼낸 1개의 공에 적혀 있는 수가 1일 확률은

$\frac{3}{5}$

이고, 주머니 A에서 꺼낸 1이 적혀 있는 1개의 공을 주머니 B에 넣은 후 주머니 B에서 임의로 2개의 공을 동시에 꺼낼 때, 꺼낸 2개의 공에 적힌 두 수의 곱이 홀수일 확률은

$\frac{{}_3C_2}{{}_5C_2}=\frac{3}{10}$

주머니 A에서 임의로 1개의 공을 꺼낼 때, 꺼낸 1개의 공에 적혀 있는 수가 2일 확률은

$\frac{2}{5}$

이고, 주머니 A에서 꺼낸 2가 적혀 있는 1개의 공을 주머니 B에 넣은 후 주머니 B에서 임의로 2개의 공을 동시에 꺼낼 때, 꺼낸 2개의 공에 적힌 두 수의 곱이 홀수일 확률은

$\frac{{}_2C_2}{{}_5C_2}=\frac{1}{10}$

이때,

$P(X\cap Y)=\frac{2}{3}\times\left(\frac{3}{5}\times\frac{3}{10}+\frac{2}{5}\times\frac{1}{10}\right)=\frac{11}{75}$

(ii) 주사위에서 나온 눈의 수가 6의 약수가 아닌 경우

주사위를 한 번 던질 때 나온 눈의 수가 6의 약수가 아닐 확률은

$\frac{2}{6}=\frac{1}{3}$

주머니 A에서 임의로 2개의 공을 동시에 꺼낼 때, 꺼낸 2개의 공에 적혀 있는 두 수가 각각 1, 1일 확률은

$\frac{{}_3C_2}{{}_5C_2}=\frac{3}{10}$

이고, 주머니 A에서 꺼낸 1이 적혀 있는 2개의 공을 주머니 B에 넣은 후 주머니 B에서 임의로 2개의 공을 동시에 꺼낼 때, 꺼낸 2개의 공에 적힌 두 수의 곱이 홀수일 확률은

$\frac{{}_4C_2}{{}_6C_2}=\frac{2}{5}$

주머니 A에서 임의로 2개의 공을 동시에 꺼낼 때, 꺼낸 2개의 공에 적혀 있는 두 수가 각각 1, 2일 확률은

$\frac{{}_3C_1\times{}_2C_1}{{}_5C_2}=\frac{3}{5}$

이고, 주머니 A에서 꺼낸 1이 적혀 있는 1개의 공과 2가 적혀 있는 1개의 공을 주머니 B에 넣은 후 주머니 B에서 임의로 2개의 공을 동시에 꺼낼 때, 꺼낸 2개의 공에 적힌 두 수의 곱이 홀수일 확률은

$\frac{{}_3C_2}{{}_6C_2}=\frac{1}{5}$

주머니 A에서 임의로 2개의 공을 동시에 꺼낼 때, 꺼낸 2개의 공에 적혀 있는 두 수가 각각 2, 2일 확률은

$\frac{{}_2C_2}{{}_5C_2}=\frac{1}{10}$

이고, 주머니 A에서 꺼낸 2가 적혀 있는 2개의 공을 주머니 B에 넣은 후 주머니 B에서 임의로 2개의 공을 동시에 꺼낼 때, 꺼낸 2개의 공에 적힌 두 수의 곱이 홀수일 확률은

$\frac{{}_2C_2}{{}_6C_2}=\frac{1}{15}$

이때,

$$P(X\cap Y^C)=\frac{1}{3}\times\left(\frac{3}{10}\times\frac{2}{5}+\frac{3}{5}\times\frac{1}{5}+\frac{1}{10}\times\frac{1}{15}\right)=\frac{37}{450}$$

(i), (ii)에 의하여

$$P(Y|X)=\frac{P(X\cap Y)}{P(X)}=\frac{P(X\cap Y)}{P(X\cap Y)+P(X\cap Y^C)}=\frac{\frac{11}{75}}{\frac{11}{75}+\frac{37}{450}}=\frac{66}{103}$$

따라서 $p=103$, $q=66$이므로

$p+q=103+66=169$ 답 169

미적분

23

$$\lim_{x\to0}\frac{e^{4x}-1}{\ln(2x+1)}=2\times\lim_{x\to0}\frac{e^{4x}-1}{4x}\times\lim_{x\to0}\frac{2x}{\ln(2x+1)}=2\times1\times1=2$$

답 ④

24

$\frac{dx}{dt}=4-2\cos 2t$, $\frac{dy}{dt}=-2\sin t\times e^{2\cos t-1}$

이므로

$$\frac{dy}{dx}=\frac{\frac{dy}{dt}}{\frac{dx}{dt}}=\frac{-2\sin t\times e^{2\cos t-1}}{4-2\cos 2t}=\frac{-\sin t\times e^{2\cos t-1}}{2-\cos 2t}$$

따라서 $t=\frac{\pi}{3}$일 때, $\frac{dy}{dx}$의 값은

$$\frac{-\sin\frac{\pi}{3}\times e^{2\cos\frac{\pi}{3}-1}}{2-\cos\frac{2}{3}\pi}=\frac{-\frac{\sqrt{3}}{2}\times e^0}{2-\left(-\frac{1}{2}\right)}=-\frac{\sqrt{3}}{5}$$

답 ②

25

$f(x)=\lim_{n\to\infty}\frac{\left(\frac{x}{2}\right)^{2n+1}+2x}{\left(\frac{x}{2}\right)^{2n}+1}$에서

(i) $\left|\frac{x}{2}\right|>1$, 즉 $|x|>2$일 때

$$f(x)=\lim_{n\to\infty}\frac{\left(\frac{x}{2}\right)^{2n+1}+2x}{\left(\frac{x}{2}\right)^{2n}+1}=\lim_{n\to\infty}\frac{\frac{x}{2}+4\left(\frac{2}{x}\right)^{2n-1}}{1+\left(\frac{2}{x}\right)^{2n}}=\frac{x}{2}$$

(ii) $\left|\frac{x}{2}\right|=1$, 즉 $|x|=2$일 때

$f(2)=\frac{5}{2}$, $f(-2)=-\frac{5}{2}$

(iii) $\left|\frac{x}{2}\right|<1$, 즉 $|x|<2$일 때

$$f(x)=\lim_{n\to\infty}\frac{\left(\frac{x}{2}\right)^{2n+1}+2x}{\left(\frac{x}{2}\right)^{2n}+1}=2x$$

(i), (ii), (iii)에 의하여

$$f(x)=\begin{cases}\frac{x}{2} & (|x|>2)\\ 2x & (|x|<2)\\ -\frac{5}{2} & (x=-2)\\ \frac{5}{2} & (x=2)\end{cases}$$

① $|a|>2$일 때

$f(a)=\frac{a}{2}=3$에서 $a=6$

② $|a|<2$일 때

$f(a)=2a=3$에서 $a=\frac{3}{2}$

③ $|a|=2$일 때

$f(2)=\frac{5}{2}$, $f(-2)=-\frac{5}{2}$이므로 $f(a)=3$을 만족시키는 a의 값은 존재하지 않는다.

①~③에서

$a=6$ 또는 $a=\frac{3}{2}$

따라서 모든 실수 a의 값의 합은

$6+\frac{3}{2}=\frac{15}{2}$ 답 ⑤

26

직선 $x=t$ $\left(0\le t\le\frac{e-1}{2}\right)$을 포함하고 x축에 수직인 평면으로 입체도형을 자른 단면의 넓이를 $S(t)$라 하면

$$S(t)=\frac{\{1+\ln(2t+1)\}^2}{2t+1}$$

이 입체도형의 부피를 V라 하면

$V=\int_0^{\frac{e-1}{2}} S(t)dt$

$=\int_0^{\frac{e-1}{2}} \frac{\{1+\ln(2t+1)\}^2}{2t+1}dt$

이때 $1+\ln(2t+1)=s$라 하면

$\frac{ds}{dt}=\frac{2}{2t+1}$

이고 $t=0$일 때 $s=1$, $t=\frac{e-1}{2}$일 때 $s=2$이므로

$V=\int_0^{\frac{e-1}{2}} S(t)dt$

$=\int_1^2 \frac{1}{2}s^2 ds$

$=\left[\frac{1}{6}s^3\right]_1^2$

$=\frac{7}{6}$

답 ①

27

$\sum_{k=1}^{n}(a_{k+1}-a_k)=a_n$에서

$\sum_{k=1}^{n}(a_{k+1}-a_k)$

$=(a_2-a_1)+(a_3-a_2)+(a_4-a_3)+\cdots+(a_{n+1}-a_n)$

$=a_{n+1}-a_1$

$=a_{n+1}-2$

이므로

$a_{n+1}-2=a_n$

즉, $a_{n+1}-a_n=2$

수열 $\{a_n\}$은 첫째항이 2이고 공차가 2인 등차수열이므로

$a_n=2+(n-1)\times 2=2n$

이때

$b_2=\sum_{n=1}^{\infty}\frac{1}{a_{n+1}a_n}$

$=\sum_{n=1}^{\infty}\frac{1}{(2n+2)\times 2n}$

$=\frac{1}{4}\sum_{n=1}^{\infty}\left(\frac{1}{n}-\frac{1}{n+1}\right)$

$=\frac{1}{4}\lim_{n\to\infty}\sum_{k=1}^{n}\left(\frac{1}{k}-\frac{1}{k+1}\right)$

$=\frac{1}{4}\lim_{n\to\infty}\left\{\left(1-\frac{1}{2}\right)+\left(\frac{1}{2}-\frac{1}{3}\right)+\left(\frac{1}{3}-\frac{1}{4}\right)+\cdots+\left(\frac{1}{n}-\frac{1}{n+1}\right)\right\}$

$=\frac{1}{4}\lim_{n\to\infty}\left(1-\frac{1}{n+1}\right)$

$=\frac{1}{4}$

등비수열 $\{b_n\}$의 공비를 r이라 하면

$r=\frac{b_2}{b_1}=\frac{\frac{1}{4}}{2}=\frac{1}{8}$

따라서

$\sum_{n=1}^{\infty}b_n=\frac{2}{1-\frac{1}{8}}=\frac{16}{7}$

답 ⑤

28

조건 (가)에서

$\int_{-1}^{3}\{f(x)\}^2 f'(x)dx=0$ ...... ㉠

㉠의 좌변에서 $f(x)=t$로 놓으면

$x=-1$일 때 $t=f(-1)$, $x=3$일 때 $t=f(3)$이고

$\frac{dt}{dx}=f'(x)$이므로

$\int_{f(-1)}^{f(3)} t^2 dt$

$=\left[\frac{1}{3}t^3\right]_{f(-1)}^{f(3)}$

$=\frac{1}{3}(f(3))^3-\frac{1}{3}(f(-1))^3$

$=\frac{1}{3}(f(3)-f(-1))\{(f(3))^2+f(3)f(-1)+(f(-1))^2\}$

$=0$

$f(3)=f(-1)$

이차함수 $y=f(x)$의 그래프는 직선 $x=1$에 대하여 대칭이고 조건 (나)에서

$f(0)=0$이므로 $f(2)=0$이다.

이차함수 $f(x)$의 최고차항의 계수를 p $(p\neq 0)$이라 하면

$f(x)=px(x-2)=p(x^2-2x)$

로 놓을 수 있다.

한편, $h(x)=\ln x+a$라 하자.

함수 $g(x)$가 실수 전체의 집합에서 미분가능하려면 함수 $g(x)$가 $x=2$에서 미분가능해야 한다. 즉,

$f(2)=h(2)$, $f'(2)=h'(2)$

이어야 한다.

$f(2)=h(2)$에서

$0=\ln 2+a$, 즉 $a=-\ln 2$

$f'(x)=p(2x-2)$, $h'(x)=\frac{1}{x}$이므로

$f'(2)=h'(2)$에서

$2p=\frac{1}{2}$, 즉 $p=\frac{1}{4}$

따라서 $f(x)=\frac{1}{4}x(x-2)$이므로

$f(e^a)=f(e^{-\ln 2})=f\left(\frac{1}{2}\right)$

$=-\frac{3}{16}$

답 ②

29

삼각형 AOP에서

$\angle\text{APO}=\angle\text{PAO}=\theta$

이므로

$\angle\text{AOP}=\pi-2\theta$, $\angle\text{AOQ}=\frac{1}{2}\angle\text{AOP}=\frac{\pi}{2}-\theta$

직각삼각형 OQH_1에서

$\overline{\text{OH}_1}=\cos\left(\frac{\pi}{2}-\theta\right)=\sin\theta$

이므로

$f(\theta)=\frac{1}{2}\times 1\times\sin\theta\times\sin\left(\frac{\pi}{2}-\theta\right)$

$=\frac{1}{2}\sin\theta\cos\theta$

한편, $\angle\text{BOP}=2\theta$이므로

$\angle\text{POR}=\frac{4}{3}\theta$, $\angle\text{ROB}=\frac{2}{3}\theta$

직각삼각형 ROH_2에서

$\overline{\text{RH}_2}=\sin\frac{2}{3}\theta$

직각삼각형 ROH_3에서

$\overline{\text{RH}_3}=\sin\frac{4}{3}\theta$

사각형 OH_2RH_3에서

$\angle\text{H}_2\text{RH}_3=\pi-2\theta$

$g(\theta)=\frac{1}{2}\times\sin\frac{2}{3}\theta\times\sin\frac{4}{3}\theta\times\sin(\pi-2\theta)$

$=\frac{1}{2}\sin\frac{2}{3}\theta\sin\frac{4}{3}\theta\sin 2\theta$

이때,

$$\lim_{\theta\to0+}\frac{g(\theta)}{\theta^2\times f(\theta)}$$
$$=\lim_{\theta\to0+}\frac{\frac{1}{2}\sin\frac{2}{3}\theta\sin\frac{4}{3}\theta\sin2\theta}{\theta^2\times\frac{1}{2}\sin\theta\cos\theta}$$
$$=\frac{16}{9}\lim_{\theta\to0+}\left\{\frac{\sin\frac{2}{3}\theta}{\frac{2}{3}\theta}\times\frac{\sin\frac{4}{3}\theta}{\frac{4}{3}\theta}\times\frac{\sin2\theta}{2\theta}\times\frac{\theta}{\sin\theta}\times\frac{1}{\cos\theta}\right\}$$
$$=\frac{16}{9}(1\times1\times1\times1\times1)$$
$$=\frac{16}{9}$$

따라서 $p=9$, $q=16$이므로

$p+q=9+16=25$ 답 25

30

$\int_0^x(x-t)f(t)dt=e^x-\frac{1}{2}x^2-x+a$ …… ㉠

㉠의 양변에 $x=0$을 대입하면

$0=e^0+a$

$a=-1$

㉠에서

$x\int_0^x f(t)dt-\int_0^x tf(t)dt=e^x-\frac{1}{2}x^2-x-1$ …… ㉡

㉡의 양변을 x에 대하여 미분하면

$\int_0^x f(t)dt=e^x-x-1$ …… ㉢

㉢의 양변을 x에 대하여 미분하면

$f(x)=e^x-1$

한편, $x>1$인 모든 실수 x에 대하여 $g'(x)>0$이므로 함수 $g(x)$의 역함수 $g^{-1}(x)$가 존재한다.

$g\left(\frac{f(x)+1}{ex}\right)=x$에서

$$g^{-1}(x)=\frac{f(x)+1}{ex}=\frac{e^x}{ex}=\frac{e^{x-1}}{x}$$

$\int_1^{\frac{e}{2}}\{g(x)\}^2dx$에서

$y=g(x)$, 즉 $x=g^{-1}(y)$로 놓으면

$g(1)=1$, $g\left(\frac{e}{2}\right)=2$이므로

$g^{-1}(1)=1$, $g^{-1}(2)=\frac{e}{2}$이고

$\frac{dx}{dy}=(g^{-1})'(y)$이므로

$$\int_1^2 y^2(g^{-1})'(y)dy$$
$$=\int_1^2\left\{y^2\times\frac{(y-1)e^{y-1}}{y^2}\right\}dy$$
$$=\int_1^2(y-1)e^{y-1}dy$$
$$=\Big[(y-1)e^{y-1}\Big]_1^2-\int_1^2 e^{y-1}dy$$
$$=\Big[(y-1)e^{y-1}\Big]_1^2-\Big[e^{y-1}\Big]_1^2$$
$$=e-(e-1)$$
$$=1$$

따라서 $b=1$이므로

$(a-b)^2=(-1-1)^2=4$ 답 4

기하

23

점 $A(2, 5, 3)$을 xy평면에 대하여 대칭이동한 점 B의 좌표는

$(2, 5, -3)$

따라서

$\overline{BC}=\sqrt{(4-2)^2+(7-5)^2+\{1-(-3)\}^2}$

$=2\sqrt{6}$ 답 ①

24

타원 $\frac{x^2}{a^2}+\frac{y^2}{24}=1$의 장축의 길이가 14이므로

$2a=14$에서

$a=7$

타원의 두 초점의 좌표를 $(c, 0)$, $(-c, 0)$ $(c>0)$이라 하면

$c^2=7^2-24=25$

$c>0$이므로

$c=5$

따라서 두 초점 사이의 거리는

$2c=10$ 답 ⑤

25

두 벡터 $\vec{a}+\vec{b}$와 $3\vec{a}-2\vec{b}$가 서로 수직이므로

$(\vec{a}+\vec{b})\cdot(3\vec{a}-2\vec{b})=0$

이다. 즉,

$3|\vec{a}|^2+\vec{a}\cdot\vec{b}-2|\vec{b}|^2=0$에서

$$\vec{a}\cdot\vec{b}=-3|\vec{a}|^2+2|\vec{b}|^2=-3\times2^2+2\times(\sqrt{5})^2=-2$$

이때,

$$|2\vec{a}-\vec{b}|^2=(2\vec{a}-\vec{b})\cdot(2\vec{a}-\vec{b})=4|\vec{a}|^2-4\vec{a}\cdot\vec{b}+|\vec{b}|^2=4\times2^2-4\times(-2)+(\sqrt{5})^2=29$$

따라서

$|2\vec{a}-\vec{b}|=\sqrt{29}$ 답 ②

26

포물선 $y^2=8x$의 초점 F의 좌표는 $(2, 0)$이다.

점 P의 x좌표가 2이므로 점 P의 y좌표는

$y^2=16$에서

$y>0$이므로

$y=4$

점 $P(2, 4)$에서의 포물선 $y^2=8x$의 접선의 방정식은

$4y=4(x+2)$

즉, $y=x+2$

점 $F(2, 0)$을 지나고 기울기가 1인 직선의 방정식은

$y=x-2$

직선 $y=x-2$와 포물선 $y^2=8x$의 두 교점 Q, R의 x좌표를 각각 x_1, x_2 $(x_1>x_2)$라 하면

x_1, x_2는 이차방정식 $(x-2)^2=8x$, 즉 $x^2-12x+4=0$의 서로 다른 두 실근이다.

이차방정식의 근과 계수의 관계에 의하여

$x_1+x_2=12$

한편, 포물선 $y^2=8x$의 준선은 직선 $x=-2$이므로 두 점 Q, R에서 직선 $x=-2$에 내린 수선의 발을 각각 H_1, H_2라 하면

$\overline{QH_1}=2+x_1$, $\overline{RH_2}=2+x_2$

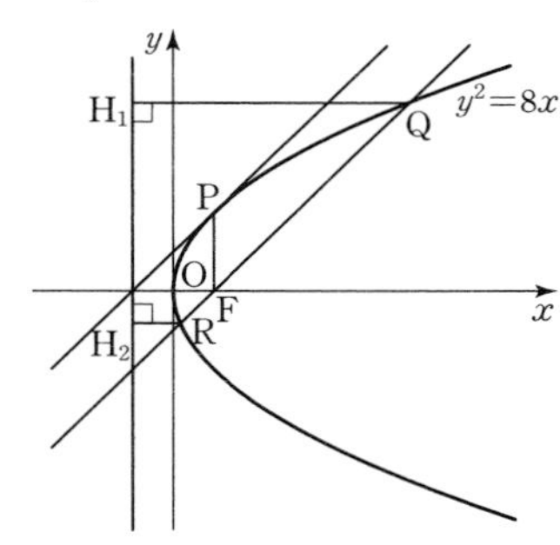

따라서

$\overline{QR}=\overline{QF}+\overline{RF}$

$=\overline{QH_1}+\overline{RH_2}$

$=(2+x_1)+(2+x_2)$

$=4+(x_1+x_2)$

$=4+12$

$=16$

답 ③

27

구 S의 중심이 $C(a, b, c)$이고, 반지름의 길이가 5이므로 구 S의 방정식은

$(x-a)^2+(y-b)^2+(z-c)^2=25$

조건 (가)에서 선분 AB의 중점의 좌표는

$(4, 0, 0)$

점 C에서 x축에 내린 수선의 발의 좌표는

$(a, 0, 0)$

이고 이 점은 선분 AB의 중점이므로

$a=4$

점 A가 구 S 위의 점이므로

$5+b^2+c^2=25$

$b^2+c^2=20$ …… ㉠

한편, 구 S와 xy평면이 만나서 생기는 도형은

$(x-4)^2+(y-b)^2=25-c^2$

조건 (나)에서 구 S와 xy평면이 만나는 도형의 넓이가 9π이므로

$25-c^2=9$

$c^2=16$

$c>0$이므로

$c=4$

$c=4$를 ㉠에 대입하면

$b^2+4^2=20$

$b^2=4$

$b>0$이므로

$b=2$

$\overline{OC}=\sqrt{4^2+2^2+4^2}=6$

이므로 직선 OC와 구 S가 만나는 두 점을 각각 Q, R (단, $\overline{OQ}<\overline{OR}$)이라 하면 점 P가 점 R일 때, 선분 OP의 길이는 최대이다.

$\overline{OR}=6+5=11$

이므로 점 R은 선분 OC를 11 : 5로 외분하는 점이다.

따라서

$\alpha=\frac{11\times4-5\times0}{11-5}=\frac{22}{3}$,

$\beta=\frac{11\times2-5\times0}{11-5}=\frac{11}{3}$,

$\gamma=\frac{11\times4-5\times0}{11-5}=\frac{22}{3}$

이므로

$\alpha+\beta+\gamma=\frac{22}{3}+\frac{11}{3}+\frac{22}{3}=\frac{55}{3}$

답 ②

28

삼각형 OPQ에서

$\overline{PQ}=\overline{OP}=\overline{OQ}=2$

이므로 삼각형 OPQ는 정삼각형이다.

$\overline{OM}=\frac{1}{2}\overline{OP}=1$

이므로 삼각형 OMQ의 넓이는

$\frac{1}{2}\times\overline{OQ}\times\overline{OM}\times\sin\frac{\pi}{3}$

$=\frac{1}{2}\times2\times1\times\frac{\sqrt{3}}{2}$

$=\frac{\sqrt{3}}{2}$

두 평면 OMQ, NRS의 이면각의 크기를 θ라 하면 두 평면 OAB, ABRS의 이면각의 크기도 θ이다.

선분 RS의 중점을 E라 하면

$\overline{ON}\perp\overline{AB}$, $\overline{EN}\perp\overline{AB}$

이므로 $\angle ONE=\theta$이다.

삼각형 OAN에서

$\overline{OA}=4$, $\overline{AN}=2$, $\angle ONA=\frac{\pi}{2}$

이므로

$\overline{ON}=\sqrt{\overline{OA}^2-\overline{AN}^2}$

$=\sqrt{4^2-2^2}$

$=2\sqrt{3}$

점 O에서 평면 ABCD에 내린 수선의 발을 H라 하면

$\overline{NH}=2$

선분 CD의 중점을 F라 하고

$\angle OFH=\alpha$라 하면

$\cos\alpha=\frac{\overline{HF}}{\overline{OF}}=\frac{2}{2\sqrt{3}}=\frac{1}{\sqrt{3}}$

삼각형 NEF에서 코사인법칙에 의하여

$\overline{NE}^2=\overline{NF}^2+\overline{FE}^2-2\times\overline{NF}\times\overline{FE}\times\cos\alpha$

$=4^2+(\sqrt{3})^2-2\times4\times\sqrt{3}\times\frac{1}{\sqrt{3}}$

$=11$

$\overline{NE}=\sqrt{11}$

삼각형 ONE에서

$\cos\theta=\frac{\overline{ON}^2+\overline{NE}^2-\overline{OE}^2}{2\times\overline{ON}\times\overline{NE}}$

$=\frac{(2\sqrt{3})^2+(\sqrt{11})^2-(\sqrt{3})^2}{2\times2\sqrt{3}\times\sqrt{11}}$

$=\frac{5}{\sqrt{33}}$

따라서 삼각형 OMQ의 평면 NRS 위로의 정사영의 넓이는

$\frac{\sqrt{3}}{2}\times\frac{5}{\sqrt{33}}=\frac{5\sqrt{11}}{22}$

답 ⑤

29

쌍곡선 C의 방정식을

$\frac{x^2}{a^2}-\frac{y^2}{b^2}=1$ (a, b는 양수)

라 하면 쌍곡선 C의 점근선 중 기울기가 양수인 직선의 방정식은

$y=\frac{b}{a}x$

조건 (가)에서

쌍곡선 C의 점근선 중 기울기가 양수인 직선의 방향벡터가 $(1, 2\sqrt{2})$이므로

$\frac{b}{a}=\frac{2\sqrt{2}}{1}$, 즉 $b=2\sqrt{2}a$

쌍곡선의 성질에 의하여

$c^2=a^2+b^2=a^2+(2\sqrt{2}a)^2=9a^2$

$a>0$, $c>0$이므로

$c=3a$

한편,

$\overline{OF}=\overline{PF}=c=3a$,

$\overline{PF'}=\overline{PF}+2a=3a+2a=5a$,

$\overline{FF'}=2c=6a$

이므로 조건 (나)에서

$3a+5a+6a=28$

$a=2$

이때, $b=4\sqrt{2}$, $c=6$이므로

쌍곡선 C의 방정식은

$\frac{x^2}{4}-\frac{y^2}{32}=1$ ...... ㉠

점 F를 중심으로 하고 원점을 지나는 원의 방정식은

$(x-6)^2+y^2=36$ ...... ㉡

점 P의 x좌표를 구해 보자.

㉠에서

$8x^2-y^2=32$

$y^2=8x^2-32$ ...... ㉢

㉢을 ㉡에 대입하면

$(x-6)^2+(8x^2-32)=36$

$9x^2-12x-32=0$

$(3x+4)(3x-8)=0$

$x>0$이므로

$x=\frac{8}{3}$

$x=\frac{8}{3}$을 ㉢에 대입하면

$y^2=8\times\left(\frac{8}{3}\right)^2-32=\frac{224}{9}$

$y>0$이므로

$y=\frac{4\sqrt{14}}{3}$

삼각형 PF'F의 넓이 S는

$S=\frac{1}{2}\times12\times\frac{4\sqrt{14}}{3}=8\sqrt{14}$

따라서

$\frac{S^2}{7}=\frac{(8\sqrt{14})^2}{7}=128$

답 128

30

조건 (가)에서

$\overrightarrow{AP}\cdot\overrightarrow{AP}=4\overrightarrow{OC}\cdot\overrightarrow{OC}$

이므로

$|\overrightarrow{AP}|^2=4|\overrightarrow{OC}|^2=16$

$|\overrightarrow{AP}|=4$이므로 점 P는 점 A를 중심으로 하고 반지름의 길이가 4인 원 위의 점이다.

또, 두 벡터 $\overrightarrow{OC}$, $\overrightarrow{AP}$가 이루는 각의 크기를 θ_1이라 하면

$\overrightarrow{OC}\cdot\overrightarrow{AP}\ge0$이므로 $0\le\theta_1\le\frac{\pi}{2}$이다.

즉, 점 P는 원 $(x-4)^2+(y-4)^2=16$ 위에 있고 $4\le x\le8$인 점이다.

조건 (나)에서

$\overrightarrow{BQ}\cdot\overrightarrow{BQ}=4\overrightarrow{OD}\cdot\overrightarrow{OD}$

이므로

$|\overrightarrow{BQ}|^2=4|\overrightarrow{OD}|^2=4$

$|\overrightarrow{BQ}|=2$이므로

점 Q는 점 B를 중심으로 하고 반지름의 길이가 2인 원 위의 점이다.

또, 두 벡터 $\overrightarrow{OD}$, $\overrightarrow{BQ}$가 이루는 각의 크기를 θ_2라 하면

$\overrightarrow{OD}\cdot\overrightarrow{BQ}\le0$이므로 $\frac{\pi}{2}\le\theta_2\le\pi$이다.

즉, 점 Q는 원 $(x+2)^2+(y-2)^2=4$ 위에 있고 $0\le y\le2$인 점이다.

$0\le\overrightarrow{OD}\cdot\overrightarrow{OP}\le8$, $-8\le\overrightarrow{OC}\cdot\overrightarrow{OQ}\le0$

따라서

$\overrightarrow{OD}\cdot\overrightarrow{OP}=8$, $\overrightarrow{OC}\cdot\overrightarrow{OQ}=-8$

일 때,

$\overrightarrow{OD}\cdot\overrightarrow{OP}-\overrightarrow{OC}\cdot\overrightarrow{OQ}$는 최대이고 최댓값은

$8-(-8)=16$

답 16

2회 EBS FINAL 수학영역

본문 20~36쪽

01 ④	02 ②	03 ③	04 ④	05 ⑤
06 ④	07 ④	08 ③	09 ①	10 ②
11 ①	12 ⑤	13 ⑤	14 ④	15 ⑤
16 120	17 4	18 200	19 33	20 28
21 28	22 97			
확률과 통계	23 ④	24 ②	25 ②	26 ④
	27 ③	28 ②	29 80	30 269
미적분	23 ②	24 ②	25 ④	26 ④
	27 ②	28 ①	29 10	30 11
기하	23 ③	24 ④	25 ③	26 ④
	27 ⑤	28 ④	29 114	30 63

01

$(2^{\frac{3}{2}})^{\frac{1}{3}}\times(2^2)^{\frac{3}{2}}=2^{\frac{1}{2}}\times2^3=8\sqrt{2}$

답 ④

02

$f(x)=2x^2-3x+4$에서 $f'(x)=4x-3$

$\lim_{h\to0}\frac{f(a+h)-f(a)}{h}=5$에서

$f'(a)=5$

따라서 $4a-3=5$이므로

$a=2$

답 ②

03

$a_n=a_1+(n-1)d$에서

$\sum_{n=1}^{4}a_n=a_1+a_2+a_3+a_4$

$=4a_1+6d$

이므로

$4a_1+6d=4a_1+8d-12$

따라서 $d=6$

답 ③

04

$\lim_{x\to-1-}f(x)=2$, $\lim_{x\to0+}f(x)=-1$, $\lim_{x\to1+}f(x)=3$이므로

$2+(-1)+3=4$

답 ④

05

함수의 곱의 미분법에 의하여

$g'(x)=4xf(x)+(2x^2-1)f'(x)$

따라서

$g'(1)=4f(1)+f'(1)=4\times3+(-1)=11$

답 ⑤

06

$\sin\left(\frac{7}{2}\pi-\theta\right)=-\cos\theta=-\frac{1}{4}$이므로

$\cos\theta=\frac{1}{4}$

$\frac{\tan^2\theta}{1-\cos^2\theta}=\frac{\tan^2\theta}{\sin^2\theta}=\frac{1}{\cos^2\theta}=16$

답 ④

07

$\int_1^x f(t)dt=x^3-2x^2+ax$의 양변에 $x=1$을 대입하면

$0=1-2+a$, $a=1$

$\int_1^x f(t)dt=x^3-2x^2+x$의 양변을 x에 대하여 미분하면

$f(x)=3x^2-4x+1$

$f(3)=27-12+1=16$

답 ④

08

$\log a^2+\log b^3=4$에서

$\log a^2b^3=4$이므로

$a^2b^3=10^4$ …… ㉠

$\log_2 a+\log_4\frac{1}{b}=2$에서

$\log_4 a^2+\log_4\frac{1}{b}=\log_4\frac{a^2}{b}=2$이므로

$\frac{a^2}{b}=4^2=2^4$이고 $a^2=2^4b$ …… ㉡

㉡을 ㉠에 대입하면

$2^4b^4=10^4$

$b^4=5^4$이고 $b>0$이므로 $b=5$

㉡에 $b=5$를 대입하면

$a^2=2^4\times5$이고 $a>0$이므로

$a=4\sqrt{5}$

따라서

$a^2+b^2=80+25=105$

답 ③

09

$\int_{-1}^{1}\{f(x)-5\}dx=\int_{-1}^{1}(3x^2-12x+7)dx$

$=2\int_0^1(3x^2+7)dx$

$=2\left[x^3+7x\right]_0^1$

$=2\times8=16$

$\int_0^2 f(x)dx-\int_a^2 f(x)dx=\int_0^2 f(x)dx+\int_2^a f(x)dx$

$=\int_0^a f(x)dx$

$=\int_0^a(3x^2-12x+12)dx$

$=\left[x^3-6x^2+12x\right]_0^a$

$=a^3-6a^2+12a$

$\int_{-1}^{1}\{f(x)-5\}dx=\int_0^2 f(x)dx-\int_a^2 f(x)dx$에서

$a^3-6a^2+12a-16=0$

$(a-4)(a^2-2a+4)=0$

모든 실수 a에 대하여 $a^2-2a+4>0$이므로 구하는 상수 a의 값은 4이다. 답 ①

10

$f(x)=2\sin\frac{\pi}{4}x+1$이라 하면 함수 $f(x)$의 주기는 $\frac{2\pi}{\frac{\pi}{4}}=8$이고 함수 $f(x)$의 그래프는 그림과 같다.

방정식 $f(x)=0$의 근을 작은 것부터 차례로 α_1, α_2, $\cdots$, α_{16}이라 하면 삼각함수의 그래프의 대칭성에 의하여

$\dfrac{\alpha_1+\alpha_2}{2}=6$, $\dfrac{\alpha_3+\alpha_4}{2}=14$, $\cdots$, $\dfrac{\alpha_{15}+\alpha_{16}}{2}=62$이므로

$$\begin{aligned}\alpha_1+\alpha_2+\cdots+\alpha_{16}&=2(6+14+\cdots+62)\\&=2\sum_{k=1}^{8}(8k-2)\\&=2\left(8\times\frac{8\times 9}{2}-2\times 8\right)\\&=2(288-16)\\&=544\end{aligned}$$

답 ②

11

두 점 P, Q의 시각 t에서의 속도를 각각 $v_1(t)$, $v_2(t)$라고 하면

$v_1(t)=x_1'(t)=3t^2-4t+4$

$v_2(t)=x_2'(t)=2t+1$

$v_1(t)=v_2(t)$에서

$3t^2-4t+4=2t+1$

$3t^2-6t+3=0$

$3(t-1)^2=0$

따라서 $t=1$일 때 두 점 P, Q의 속도가 같아진다.

$t=1$일 때 두 점 P, Q의 위치는 각각

$x_1(1)=1-2+4=3$, $x_2(1)=1+1=2$

이므로 두 점 P, Q 사이의 거리는

$|3-2|=1$

답 ①

12

수열 $\{b_n\}$의 공비를 r $(r\neq 0)$이라 하면

$b_n=8r^{n-1}$

$\displaystyle\sum_{k=1}^{n}\frac{b_{k+1}}{a_k}=n^2$에서

$n=1$일 때,

$\dfrac{b_2}{a_1}=\dfrac{8r}{4}=1$

이므로 $r=\dfrac{1}{2}$

$n=2$일 때,

$1+\dfrac{b_3}{a_2}=1+\dfrac{2}{a_2}=4$이므로 $a_2=\dfrac{2}{3}$

$n=3$일 때,

$4+\dfrac{b_4}{a_3}=4+\dfrac{1}{a_3}=9$이므로 $a_3=\dfrac{1}{5}$

$n=4$일 때,

$9+\dfrac{b_5}{a_4}=9+\dfrac{1}{2a_4}=16$이므로 $a_4=\dfrac{1}{14}$

$n=5$일 때,

$16+\dfrac{b_6}{a_5}=16+\dfrac{1}{4a_5}=25$이므로 $a_5=\dfrac{1}{36}$

따라서 $\dfrac{a_2}{a_5}=\dfrac{2}{3}\times 36=24$

답 ⑤

다른 풀이

수열 $\{b_n\}$의 공비를 r $(r\neq 0)$이라 하면

$b_n=8r^{n-1}$

$\displaystyle\sum_{k=1}^{n}\frac{b_{k+1}}{a_k}=S_n$이라 하자.

$n=1$일 때,

$\dfrac{b_2}{a_1}=\dfrac{8r}{4}=1$이므로 $r=\dfrac{1}{2}$

$S_n-S_{n-1}=n^2-(n-1)^2=2n-1$ $(n\geq 2)$

이고 $\dfrac{b_2}{a_1}=1$이므로 모든 자연수 n에 대하여

$\dfrac{b_{n+1}}{a_n}=2n-1$

따라서 $a_n=\dfrac{8\left(\frac{1}{2}\right)^n}{2n-1}=\dfrac{8}{2^n(2n-1)}$이므로

$\dfrac{a_2}{a_5}=\dfrac{\dfrac{8}{2^2(4-1)}}{\dfrac{8}{2^5(10-1)}}=2^3\times 3=24$

13

$4\displaystyle\int_0^x|f(t)|dt=|x-3|f(x)+108$의 양변에 $x=0$을 대입하면

$0=3f(0)+108$, $f(0)=-36$ …… ㉠

한편 $g(x)=|x-3|f(x)+108$이라 놓으면

$g(3)=108$

이고, 주어진 식의 좌변은 $x=3$에서 미분가능하므로 $y=g(x)$도 $x=3$에서 미분가능해야 한다.

즉 $\displaystyle\lim_{x\to 3+}\frac{g(x)-g(3)}{x-3}=\lim_{x\to 3+}\frac{(x-3)f(x)}{x-3}=f(3)$,

$\displaystyle\lim_{x\to 3-}\frac{g(x)-g(3)}{x-3}=\lim_{x\to 3-}\frac{-(x-3)f(x)}{x-3}=-f(3)$

이므로 $f(3)=-f(3)$, $f(3)=0$ …… ㉡

㉠, ㉡에서

$$\begin{aligned}f(x)&=(x-3)(ax^2+bx+12)\\&=ax^3+(b-3a)x^2+(12-3b)x-36\ (\text{단, } a, b\text{는 상수})\end{aligned}$$

로 놓으면

$f'(x)=3ax^2+2(b-3a)x+(12-3b)$

에서 상수 a, b를 구하자.

주어진 식을 x에 대하여 미분하면

$$4|f(x)|=\begin{cases}f(x)+(x-3)f'(x) & (x\geq 3)\\ -f(x)+(3-x)f'(x) & (x<3)\end{cases}\quad\cdots\cdots ㉢$$

$x=0$에서 $4|f(0)|=-f(0)+3f'(0)$이므로

$4|-36|=-(-36)+3f'(0)$

$108=3f'(0)$

$f'(0)=36$

이므로 $f'(0)=12-3b=36$, $-3b=24$, $b=-8$

즉 $f(x)=ax^3-(3a+8)x^2+36x-36$

$f'(x)=3ax^2-(6a+16)x+36$이다.

(i) ㉢의 양변에 $x=1$을 대입하면

$4|f(1)|=-f(1)+2f'(1)$

이고

$f(1)=-2a-8$, $f'(1)=-3a+20$

이므로

$$\begin{aligned}4|2a+8|&=(2a+8)+2(-3a+20)\\&=-4a+48\end{aligned}$$

$|2a+8|=-a+12$에서

$a\geq -4$이면

$2a+8=-a+12$, $3a=4$, $a=\dfrac{4}{3}$

$a<-4$이면

$-2a-8=-a+12$, $a=-20$

(ii) ㉢의 양변에 $x=2$를 대입하면

$4|f(2)|=-f(2)+f'(2)$이고

$f(2)=-4a+4$, $f'(2)=4$이므로

$4|-4a+4|=(4a-4)+4=4a$

$|-4a+4|=a$에서

$a\geq 1$이면

$4a-4=a$, $3a=4$, $a=\dfrac{4}{3}$

$a<1$이면

$-4a+4=a$, $5a=4$, $a=\frac{4}{5}$

(i), (ii)에 의하여

$a=\frac{4}{3}$

따라서 $f(x)=\frac{4}{3}x^3-12x^2+36x-36=\frac{4}{3}(x-3)^3$이므로

$f(6)=36$

답 ⑤

14

원주각의 성질에 의하여

$\angle CDB=\angle CAB$, $\angle ACD=\angle ABD$

따라서 삼각형 DCE와 삼각형 ABE는 서로 닮은 도형이다.

삼각형 DCE와 삼각형 ABE의 넓이의 비가 $4:5$이므로

삼각형 DCE와 삼각형 ABE의 닮음비는 $2:\sqrt{5}$이다. …… ㉠

한편, 삼각형 ADB와 삼각형 AEB의 외접원의 반지름의 길이가 같으므로 사인법칙에 의하여

$$\frac{\overline{AB}}{\sin(\angle ADB)}=\frac{\overline{AB}}{\sin(\angle AEB)}$$

따라서 $\sin(\angle ADB)=\sin(\angle AEB)$

그러므로 $\angle AEB=\theta$ $(0<\theta<\pi)$라 하면

$\angle ADB=\theta$ 또는 $\angle ADB=\pi-\theta$

이때, $\angle ADB+\angle DAE=\angle AEB=\theta$이므로 $\angle ADB\neq\theta$

따라서 $\angle ADB=\pi-\theta$

또한 $\angle AED=\pi-\angle AEB$이므로 $\angle ADB=\angle AED$

따라서 삼각형 ADE는 $\overline{AD}=\overline{AE}$인 이등변삼각형이다.

$\overline{DE}=x$, $\overline{CE}=y$라 하자.

㉠에서 $\overline{AE}=\frac{\sqrt{5}}{2}x$이므로

점 A에서 직선 DE에 내린 수선의 발을 H라 하면

$$\cos(\pi-\theta)=\cos(\angle AEH)=\frac{\overline{EH}}{\overline{AE}}=\frac{\frac{1}{2}x}{\frac{\sqrt{5}}{2}x}=\frac{\sqrt{5}}{5}$$

$\cos\theta=-\cos(\pi-\theta)=-\frac{\sqrt{5}}{5}$

$\sin\theta=\sqrt{1-\cos^2\theta}=\frac{2\sqrt{5}}{5}$

$\angle DEC=\angle AEB=\theta$이므로

삼각형 DCE에서 코사인법칙에 의하여

$$\overline{CD}^2=x^2+y^2-2xy\cos\theta=x^2+y^2+\frac{2\sqrt{5}}{5}xy=13 \quad \cdots\cdots ㉡$$

삼각형 DCE의 넓이가 2이므로

$\triangle DCE=\frac{1}{2}xy\sin\theta=\frac{1}{2}xy\times\frac{2\sqrt{5}}{5}=2$

$y=\frac{2\sqrt{5}}{x}$ …… ㉢

㉢을 ㉡에 대입하면

$x^2+\frac{20}{x^2}+4=13$

양변에 x^2을 곱하고 모든 항을 좌변으로 이항하면

$x^4-9x^2+20=0$

$(x^2-4)(x^2-5)=0$

x는 양수이므로

$\begin{cases}x=2\\y=\sqrt{5}\end{cases}$ 또는 $\begin{cases}x=\sqrt{5}\\y=2\end{cases}$

조건에 의하여 $x<y$이므로

$\begin{cases}x=2\\y=\sqrt{5}\end{cases}$

따라서 삼각형 ADE의 넓이는

$$\frac{1}{2}\overline{DE}\times\overline{AE}\times\sin(\angle AED)=\frac{1}{2}x\times\frac{\sqrt{5}}{2}x\times\sin(\pi-\theta)=\frac{1}{2}\times2\times\sqrt{5}\times\frac{2\sqrt{5}}{5}=2$$

답 ④

15

$x\le0$에서 함수 $y=h(x)$의 그래프가 점 $(-a, 0)$을 지나며, $h'(-a)\neq0$이므로 함수 $|h(x)|$는 $x=-a$에서 미분가능하지 않다.

조건 (가)에 의하여 함수 $h(x)$는 $x=0$에서 미분가능하다.

$f'(x)=4x^3+3ax^2=x^2(4x+3a)$이므로

$f'(x)=0$에서 $x=-\frac{3}{4}a$ 또는 $x=0$

$\int_{-2}^{0}h(x)dx=\left[\frac{1}{5}x^5+\frac{1}{4}ax^4\right]_{-2}^{0}=\frac{32}{5}-4a$

(i) $a>\frac{8}{5}$일 때

$\int_{-2}^{0}h(x)dx<0$이므로

조건 (가), (나)에서 $\int_{-2}^{2}h(x)dx=0$을 만족하려면

$g'(x)=3x\left(x+\frac{3}{4}a\right)$

이고, 함수 $y=g(x)$의 그래프가 원점을 지나야 하므로

$g(x)=x^3+\frac{9}{8}ax^2$

$$\begin{aligned}\int_{-2}^{2}h(x)dx&=\int_{-2}^{0}h(x)dx+\int_{0}^{2}h(x)dx\\&=\int_{-2}^{0}(x^4+ax^3)dx+\int_{0}^{2}\left(x^3+\frac{9}{8}ax^2\right)dx\\&=\left[\frac{1}{5}x^5+\frac{1}{4}ax^4\right]_{-2}^{0}+\left[\frac{1}{4}x^4+\frac{3}{8}ax^3\right]_{0}^{2}\\&=\left(\frac{32}{5}-4a\right)+(4+3a)\\&=-a+\frac{52}{5}\\&=0\end{aligned}$$

따라서 $a=\frac{52}{5}$

(ii) $a=\frac{8}{5}$일 때

$\int_{-2}^{0}h(x)dx=0$이므로 조건 (가), (나)에서 $\int_{-2}^{2}h(x)dx=0$을 만족시키는 함수 $g(x)$는 존재하지 않는다.

(iii) $0<a<\frac{8}{5}$일 때

$\int_{-2}^{0}h(x)dx>0$이므로 조건 (가), (나)에서

$g'(x)=-3x\left(x+\frac{3}{4}a\right)$

이고, $g(x)=-x^3-\frac{9}{8}ax^2$

$$\begin{aligned}\int_{-2}^{2}h(x)dx&=\int_{-2}^{0}h(x)dx+\int_{0}^{2}h(x)dx\\&=\int_{-2}^{0}(x^4+ax^3)dx+\int_{0}^{2}\left(-x^3-\frac{9}{8}ax^2\right)dx\\&=\left[\frac{1}{5}x^5+\frac{1}{4}ax^4\right]_{-2}^{0}-\left[\frac{1}{4}x^4+\frac{3}{8}ax^3\right]_{0}^{2}\\&=\left(\frac{32}{5}-4a\right)-(4+3a)\\&=-7a+\frac{12}{5}\\&=0\end{aligned}$$

따라서 $a=\frac{12}{35}$

(i), (ii), (iii)에 의하여 조건을 만족시키는 모든 양수 a의 값의 합은

$\frac{52}{5}+\frac{12}{35}=\frac{364+12}{35}=\frac{376}{35}$ 답 ⑤

16

$3^{2x}>3^{3x-6}$에서

$2x>3x-6$, $x<6$이므로 자연수 x는 1, 2, 3, 4, 5이다.

따라서 모든 자연수 x의 값의 곱은

$1\times2\times3\times4\times5=120$ 답 120

17

$f'(x)=-3x^2-4x+3$이므로

$f(x)=\int(-3x^2-4x+3)dx$

$\quad=-x^3-2x^2+3x+C$ (단, C는 적분상수)

$f(1)=8$이므로

$-1-2+3+C=8$

따라서 $C=8$

즉, $f(x)=-x^3-2x^2+3x+8$이므로

$f(-1)=1-2-3+8=4$ 답 4

18

$a_8-a_1=11$

$a_9-a_2=11$

$\vdots$

$a_{14}-a_7=11$

$a_{15}-a_8=11$

$\vdots$

$a_{21}-a_{14}=11$

14개의 등식을 7개씩 좌변과 우변을 각각 더하면

$(a_8+a_9+\cdots+a_{14})-(a_1+a_2+\cdots+a_7)=77$

$(a_{15}+a_{16}+\cdots+a_{21})-(a_8+a_9+\cdots+a_{14})=77$

두 등식의 양변을 각각 더하면

$(a_{15}+a_{16}+\cdots+a_{21})-(a_1+a_2+\cdots+a_7)=154$

따라서 $\sum_{k=1}^{7}a_k=46$이므로

$\sum_{k=15}^{21}a_k=154+46=200$ 답 200

19

$y=-x^3+6x^2$의 극값을 구하자.

$g(x)=-x^3+6x^2$이라 하면

$g'(x)=-3x^2+12x=-3x(x-4)=0$에서

$x=0$ 또는 $x=4$

$g(0)=0$, $g(4)=32$이므로 함수 $y=g(x)$의 그래프는 다음과 같다.

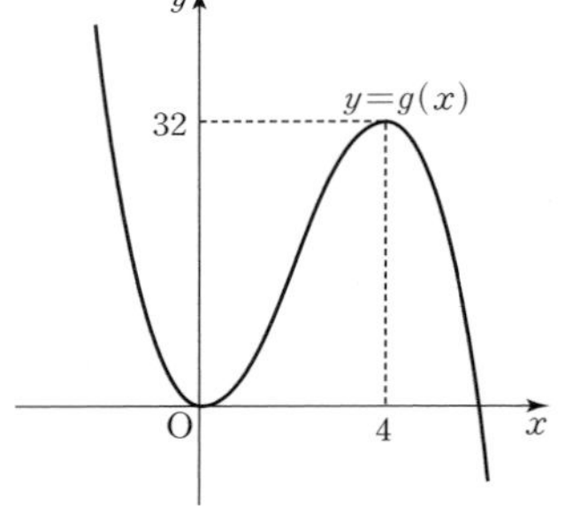

(i) $a\le0$인 경우

함수 $f(x)$의 극값은 존재하지 않으므로 조건을 만족시키지 않는다.

(ii) $a\ge4$인 경우

함수 $f(x)$의 극값은 $f(0)=0$, $f(4)=32$뿐이므로 조건을 만족시키지 않는다.

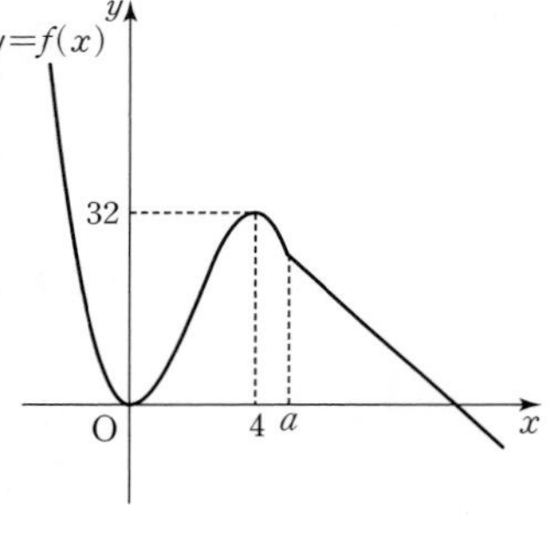

(iii) $0<a<4$인 경우

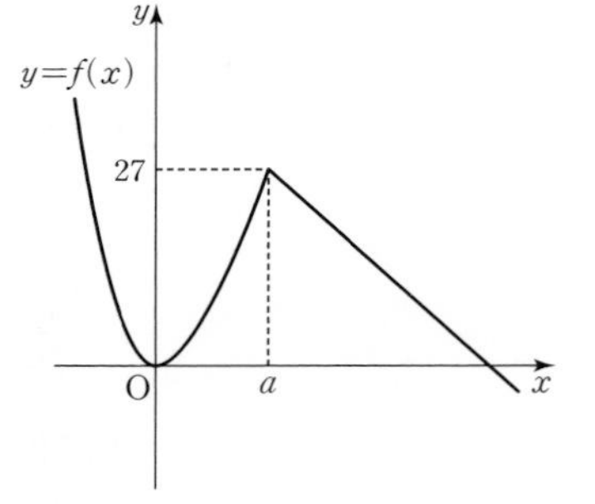

함수 $f(x)$의 극값은 $f(0)=0$, $f(a)$이므로

$f(a)=27$

$-a^3+6a^2=27$

$a^3-6a^2+27=0$

$(a-3)(a^2-3a-9)=0$

$0<a<4$이므로 $a=3$이고

$-3+b=27$, $b=30$

따라서 $a+b=33$ 답 33

20

두 교점 중 제1사분면에 있는 점을 A, 제3사분면에 있는 점을 B라 하자.

선분 AB의 중점이 원점이므로 점 A와 점 B는 원점에 대하여 대칭이다.

점 A의 x좌표를 t $(t>0)$이라 하면 점 B의 x좌표는 $-t$이다.

$\mathrm{A}(t, a^t-2)$, $\mathrm{B}(-t, a^{-t}-2)$에서

점 A와 점 B의 y좌표는 절댓값이 같고 부호가 서로 다르므로

$a^t-2=-(a^{-t}-2)$

따라서 $a^t-4+a^{-t}=0$

양변에 a^t을 곱하면

$a^{2t}-4a^t+1=0$

$a^t=X$라 하면

$X^2-4X+1=0$

$t>0$이므로 $X>1$이고 $X=2+\sqrt{3}$

즉, $a^t=2+\sqrt{3}$이므로

점 A의 좌표는

$(t, 2+\sqrt{3}-2)$ 즉, $(t, \sqrt{3})$

점 A는 직선 $y=2\sqrt{3}x$ 위의 점이므로

$t=\frac{1}{2}$

$a^t=2+\sqrt{3}$에서

$a^{\frac{1}{2}}=2+\sqrt{3}$

양변을 제곱하면

$a=(2+\sqrt{3})^2=4+4\sqrt{3}+3=7+4\sqrt{3}$

따라서 $p=7$, $q=4$이므로

$pq=28$ 답 28

21

조건 (가)에서 $g(x)$는 $(x-1)^2$을 인수로 가진다.

$g(x)=f(x)f'(x)$이므로 $f(x)$가 k의 값에 따라 $(x-1)^k$을 인수로 갖는 경우와 인수로 갖지 않는 경우를 함께 고려하여 구분해 보자. (단, $k=0, 1, 2, 3$)

(i) $f(x)$가 $x-1$을 인수로 갖지 않는 경우

$f(x)$는 $x-1$을 인수로 갖지 않으므로 $f'(x)$가 $(x-1)^2$을 인수로 가져야 한다.

따라서 $f'(x)=3(x-1)^2$이므로

$f(x)=(x-1)^3+C$ (단, C는 적분상수, $C\neq0$)이고

$g(x)=f(x)f'(x)=3(x-1)^2\{(x-1)^3+C\}$에서

$g(0)=3(-1+C)=-3$, $C=0$이므로 가정에 모순이다.

(ii) $f(x)$가 $x-1$을 인수로 갖고, $(x-1)^2$을 인수로 갖지 않는 경우

$f(x)$는 $x-1$을 인수로 가지므로 $f'(x)$가 $x-1$을 인수로 가져야 한다.

$f(x)=(x-1)h_1(x)$ (단, $h_1(1)\neq0$)로 놓으면

$f'(x)=h_1(x)+(x-1)h_1'(x)$

이때 $f'(1)\neq0$이므로 모순이다.

(iii) $f(x)$가 $(x-1)^2$을 인수로 갖고, $(x-1)^3$을 인수로 갖지 않는 경우

$f(x)$는 $(x-1)^2$을 인수로 가지므로 $f(x)$의 1이 아닌 다른 한 근을 a라 놓으면

$f(x)=(x-1)^2(x-a)$

$f'(x)=2(x-1)(x-a)+(x-1)^2$

$=(x-1)(3x-2a-1)$

$g(0)=f(0)f'(0)$

$=-a(-1)(-2a-1)=-3$

$2a^2+a-3=0$

$(2a+3)(a-1)=0$

$a=-\frac{3}{2}$

$f(x)=(x-1)^2\left(x+\frac{3}{2}\right)$, $f'(x)=(x-1)(3x+2)$

이므로

$g(x)=(x-1)^3\left(x+\frac{3}{2}\right)(3x+2)$

$g(x)=0$의 실근은

$x=1$ 또는 $x=-\frac{3}{2}$ 또는 $x=-\frac{2}{3}$

이므로 세 점 $(1, 0)$, $\left(-\frac{3}{2}, 0\right)$, $\left(-\frac{2}{3}, 0\right)$은 함수 $y=g(x)$의 그래프와 직선 $y=0$의 교점이다.

이때 $h(0)=3\geq2$이므로 조건 (나)를 만족시킨다.

(iv) $f(x)$가 $(x-1)^3$을 인수로 갖는 경우

$f(x)=(x-1)^3$, $f'(x)=3(x-1)^2$, $g(x)=3(x-1)^5$

실수 t에 대하여 $3(x-1)^5=t$의 실근의 개수는 1이므로 함수 $y=g(x)$의 그래프와 직선 $y=t$의 교점의 개수는 1이며 $h(t)\geq2$인 t가 존재하지 않으므로 조건 (나)에 모순이다.

(i)~(iv)에 의하여

$a=-\frac{3}{2}$이고 $g(x)=(x-1)^3\left(x+\frac{3}{2}\right)(3x+2)$이므로

$g(2)=\left(2+\frac{3}{2}\right)(3\times2+2)$

$=\frac{7}{2}\times8$

$=28$ 답 28

22

집합 A의 원소가 유한개이므로 수열 $\{a_n\}$은 어떤 특정한 항부터 반복되고, 반복되는 수의 개수는 많아야 3이다.

(i) 1개의 수가 반복되는 경우

$n(A)=3$이므로 a_1, a_2, a_3은 모두 다른 수이고 셋째 항부터 같은 수가 반복된다.

즉, 반복되는 수를 α라고 하면

$a_1\to a_2\to\alpha\to\alpha\to\cdots$

로 나타난다.

① α가 홀수이면 $\alpha=\frac{\alpha^2-\alpha}{2}$에서 $\alpha=3$

$a_2\neq3$이고 $a_3=\alpha=3$이 되도록 하는 a_2의 값은 6

$a_2=6$이 되도록 하는 a_1의 값은 12이다.

② α가 0 또는 짝수이면 $\alpha=\frac{1}{2}\alpha$에서 $\alpha=0$

$a_2\neq0$이고 $a_3=\alpha=0$이 되도록 하는 a_2의 값은 1

$a_2=1$이 되도록 하는 a_1의 값은 2이다.

(ii) 서로 다른 2개의 수가 반복되는 경우

반복되는 두 수를 α, β라고 하자. 즉,

$\cdots\to\alpha\to\beta\to\alpha\to\beta\to\alpha\to\cdots$

로 α와 β가 번갈아 나타난다고 하자.

① α, β가 모두 0 또는 짝수인 경우

$\alpha=\frac{1}{2}\beta$, $\beta=\frac{1}{2}\alpha$이므로 $\alpha=\beta=0$이 되어 모순이다.

② α, β 중 하나는 홀수, 다른 하나는 0 또는 짝수인 경우

α가 홀수, β가 0 또는 짝수라고 하자.

$\alpha\to\frac{\alpha^2-\alpha}{2}\to\frac{\alpha^2-\alpha}{4}\to\cdots$

에서 $\alpha=\frac{\alpha^2-\alpha}{4}$

따라서 $\alpha^2-5\alpha=0$이고 $\alpha=5$, $\beta=\frac{5^2-5}{2}=10$

$n(A)=3$이기 위해서는 $a_1\neq5$, $a_1\neq10$이고,

$a_1\to5\to10\to5\to10\to5\to\cdots$

또는

$a_1\to10\to5\to10\to5\to10\to\cdots$과 같이 나타나야 한다.

5 또는 10이 아니고 $a_1\to5$인 a_1의 값은 존재하지 않는다.

5 또는 10이 아니고 $a_1\to10$인 a_1의 값은 20이다.

③ α, β가 모두 홀수인 경우

$\alpha\to\frac{\alpha^2-\alpha}{2}\to\frac{\left(\frac{\alpha^2-\alpha}{2}\right)^2-\frac{\alpha^2-\alpha}{2}}{2}\to\cdots$

에서 $\frac{\left(\frac{\alpha^2-\alpha}{2}\right)^2-\frac{\alpha^2-\alpha}{2}}{2}=\alpha$

$\alpha^4-2\alpha^3-\alpha^2-6\alpha=0$

$\alpha(\alpha-3)(\alpha^2+\alpha+2)=0$

따라서 $\alpha=3$

이 경우, $\beta=\frac{3^2-3}{2}=3=\alpha$이므로 모순이다.

(iii) 서로 다른 3개의 수가 반복되는 경우

반복되는 세 수를 나타나는 순서대로 α, β, γ라 하자. 즉

$\cdots\to\alpha\to\beta\to\gamma\to\alpha\to\beta\to\gamma\to\alpha\to\cdots$

로 나타난다고 하자.

① 세 수가 모두 0 또는 짝수인 경우

$\alpha\to\frac{\alpha}{2}\to\frac{\alpha}{4}\to\frac{\alpha}{8}\to\cdots$에서 $\alpha=\frac{\alpha}{8}$

$\alpha=0$, $\beta=\frac{\alpha}{2}=0$, $\gamma=\frac{\beta}{2}=0$이므로 $\alpha=\beta=\gamma$가 되어 모순이다.

② α, β, γ 중 하나는 홀수, 나머지 두 수는 0 또는 짝수인 경우

α가 홀수, β와 γ가 0 또는 짝수라고 하자.

$\alpha\to\frac{\alpha^2-\alpha}{2}\to\frac{\alpha^2-\alpha}{4}\to\frac{\alpha^2-\alpha}{8}\to\cdots$

에서 $\alpha=\frac{\alpha^2-\alpha}{8}$

따라서 $\alpha^2-9\alpha=0$이고

$\alpha=9$, $\beta=\frac{9^2-9}{2}=36$, $\gamma=\frac{36}{2}=18$

$n(A)=3$이 되려면

$9\to36\to18\to9\to\cdots$ 또는

$36\to18\to9\to36\to\cdots$ 또는

$18 \to 9 \to 36 \to 18 \to \cdots$

과 같이 나타나야 하므로 $a_1=9$ 또는 $a_1=36$ 또는 $a_1=18$

③ α, β, γ 중 두 수는 홀수, 다른 하나는 0 또는 짝수인 경우

α, β가 홀수, γ가 0 또는 짝수라고 하자.

(i)에 의하여

α가 1인 경우: $1 \to 0 \to 0 \to \cdots$

α가 3인 경우: $3 \to 3 \to 3 \to \cdots$

이 되어 $\alpha \neq 1$, $\alpha \neq 3$이다.

그러므로 $\beta=\frac{\alpha^2-\alpha}{2}=\alpha\left(\frac{\alpha-1}{2}\right) \geq 2\alpha$이고, 같은 방법으로 $\gamma \geq 2\beta$이다.

또한, $\alpha=\frac{\gamma}{2}$이므로

$\alpha=\frac{\gamma}{2} \geq \beta \geq 2\alpha$에서 $\alpha=0$이 되어 α가 홀수라는 조건을 만족시키지 않는다.

따라서 이 조건을 만족하는 α, β, γ는 존재하지 않는다.

④ α, β, γ 가 모두 홀수인 경우

앞의 ③과 같은 이유로 α, β, γ는 모두 1 또는 3이 아니고

$2\alpha \leq \beta$, $2\beta \leq \gamma$, $2\gamma \leq \alpha$이다.

따라서 $\alpha \leq \frac{\beta}{2} \leq \frac{\gamma}{4} \leq \frac{\alpha}{8}$에서 $\alpha=0$이 되어 α가 홀수라는 조건을 만족시키지 않는다.

(i), (ii), (iii)에 의하여 가능한 a_1의 값의 합은

$12+2+20+9+36+18=97$ 답 97

확률과 통계

23

이항정리를 이용하면

$$\left(x^3+\frac{2}{x}\right)^7=\sum_{r=0}^{7} {}_7C_r(x^3)^{7-r}\left(\frac{2}{x}\right)^r=\sum_{r=0}^{7} {}_7C_r \times 2^r x^{21-4r}$$

이때, x^5인 항은 $21-4r=5$인 경우이므로

$r=4$

따라서 x^5의 계수는

${}_7C_4 \times 2^4=35\times16=560$ 답 ④

24

$$P(A|B)=\frac{P(A\cap B)}{P(B)}=\frac{1}{3}$$

이므로

$P(A\cap B)=\frac{1}{3}P(B)=\frac{1}{9}$, $P(B)=\frac{1}{3}$

$$\begin{aligned}P(A\cup B)&=P(A)+P(B)-P(A\cap B)\\&=P(A)+\frac{1}{3}-\frac{1}{9}\\&=\frac{1}{2}\end{aligned}$$

따라서

$P(A)=\frac{5}{18}$ 답 ②

25

확률변수 X가 정규분포 $N\left(m, \frac{1}{4}\right)$을 따르고, $P(|Z|\leq c)=0.99$를 만족할 때, 모집단에서 크기가 64인 표본의 표본평균을 $\overline{x}$라 하면 모평균 m의 신뢰도 99 %의 신뢰구간은

$\overline{x}-c\times\frac{\frac{1}{2}}{\sqrt{64}} \leq m \leq \overline{x}+c\times\frac{\frac{1}{2}}{\sqrt{64}}$이므로

$a=\overline{x}-\frac{c}{16}$이고, $b=\overline{x}+\frac{c}{16}$

따라서 $b-a=\frac{c}{8}$에서 $c=8(b-a)$이므로

$k=8$ 답 ②

26

급식 메뉴 A를 선택한 학생들의 집합을 A, 급식 메뉴 B를 선택한 학생들의 집합을 B라 하자.

$n(A\cup B)=n(A)+n(B)-n(A\cap B)$에서

$n(A\cup B)=18$, $n(A)=n(B)=11$

이므로 $n(A\cap B)=4$이고,

3명의 학생을 선택할 때, 두 메뉴 모두를 선택한 학생이 한 명도 없을 확률은

$\frac{{}_{14}C_3}{{}_{18}C_3}=\frac{91}{204}$

따라서 적어도 한 명이 두 메뉴 모두를 선택한 학생일 확률은

$1-\frac{91}{204}=\frac{113}{204}$ 답 ④

27

주머니에서 두 개씩의 공을 동시에 꺼내어 공에 적힌 수를 더한 값을 확률변수 X라 하면, 확률변수 X의 확률분포를 표로 나타내면 다음과 같다.

X	9	10	11	12	13	합계
$P(X=x)$	$\frac{1}{6}$	$\frac{1}{6}$	$\frac{1}{3}$	$\frac{1}{6}$	$\frac{1}{6}$	1

$E(X)=\frac{3}{2}+\frac{5}{3}+\frac{11}{3}+2+\frac{13}{6}=11$

$$V(X)=(9-11)^2\times\frac{1}{6}+(10-11)^2\times\frac{1}{6}+(11-11)^2\times\frac{1}{3}+(12-11)^2\times\frac{1}{6}+(13-11)^2\times\frac{1}{6}=\frac{5}{3}$$

$\sigma(X)=\frac{\sqrt{15}}{3}$

시행을 4번 반복하므로

$\sigma(\overline{X})=\frac{1}{\sqrt{4}}\times\frac{\sqrt{15}}{3}=\frac{\sqrt{15}}{6}$

따라서 $\sigma(a\overline{X}-7)=a\sigma(\overline{X})=\frac{\sqrt{15}}{6}a=\sqrt{15}$에서

$a=6$ 답 ③

28

(i) $f(1)=1$일 때

조건 (가)에 의하여 $n(Y)=1$이므로

조건 (나)를 만족시키는 함수 f는 존재하지 않는다.

(ii) $f(1)=2$일 때

$n(Y)=2$이므로 $f(1)=f(2)=2$이고,

$f(3)=f(4)=f(5)=f(6)$이 될 수 있는 값은 3 또는 4 또는 5 또는 6이므로 조건을 만족하는 함수 f의 개수는 4이다.

(iii) $f(1)=3$일 때

$n(Y)=3$이므로 집합 Y가 될 수 있는 집합은 $\{3, 4, 5\}$ 또는 $\{3, 4, 6\}$ 또는 $\{3, 5, 6\}$

집합 $Y=\{3, 4, 5\}$일 때

① $f(1)=f(2)=3$이면

$f(3)$, $f(4)$, $f(5)$, $f(6)$의 값을 정하는 경우의 수는 두 수 4, 5 중에서 중복을 허락하여 4개를 택하는 중복조합의 수에서 $f(3)=f(4)=f(5)=f(6)$일 때의 2가지 경우의 수를 빼주면 된다.

${}_2H_4={}_5C_4=5$

이므로

조건을 만족하는 함수 f의 개수는

$5-2=3$

② $f(1)=3$, $f(2)=4$이면

$f(3)=f(4)=f(5)=f(6)=5$이어야 하므로

조건을 만족하는 함수 f의 개수는 1

①, ②에서 조건을 만족하는 함수 f의 개수는 4이고, 집합 Y가 될 수 있는 집합이 3가지이므로 조건을 만족하는 함수 f의 개수는

$4\times3=12$

(iv) $f(1)\geq4$일 때

조건 (가)에 의하여 $n(Y)\geq4$이므로

조건 (나)를 만족시키는 함수 f는 존재하지 않는다.

(i)~(iv)에 의하여 조건을 만족시키는 함수 f의 개수는

$4+12=16$

답 ②

29

주어진 식 $P(X\leq3x+70)+P(Y\geq2x+90)=1$을 표준정규분포 $N(0, 1)$을 따르는 확률변수 Z로 표현하면

$P(X\leq3x+70)+P(Y\geq2x+90)$

$=P\left(Z\leq\frac{3x+70-m_1}{\sigma_1}\right)+P\left(Z\geq\frac{2x+90-m_2}{\sigma_2}\right)=1$이므로

$\frac{3x+70-m_1}{\sigma_1}=\frac{2x+90-m_2}{\sigma_2}$

$\sigma_2(3x+70-m_1)=\sigma_1(2x+90-m_2)$ …… ㉠

항등식의 성질에 의하여

$2\sigma_1=3\sigma_2$ …… ㉡

㉠을 ㉡에 대입한 후 상수항을 비교하면

$70-m_1=\frac{3}{2}(90-m_2)$

$140-2m_1=270-3m_2$

$3m_2-2m_1=130$ …… ㉢

$P(25\leq X\leq m_1)=P\left(\frac{25-m_1}{\sigma_1}\leq Z\leq0\right)=0.3413$에서

$\frac{25-m_1}{\sigma_1}=-1$이므로

$25-m_1=-\sigma_1$ …… ㉣

$P(m_1\leq X\leq70)=P\left(0\leq Z\leq\frac{70-m_1}{\sigma_1}\right)=0.4772$에서

$\frac{70-m_1}{\sigma_1}=2$이므로

$70-m_1=2\sigma_1$ …… ㉤

㉣, ㉤을 연립하여 풀면

$\sigma_1=15$, $m_1=40$ …… ㉥

㉥을 ㉡, ㉢에 각각 대입하면

$m_2=70$, $\sigma_2=10$

따라서

$m_2+\sigma_2=70+10=80$

답 80

30

주사위를 던지는 매회의 사건이 서로 독립이므로 확률의 곱셈정리에 의하여 주사위를 3회 던져서 눈이 나오는 각각의 경우에 대한 확률은

$\left(\frac{1}{6}\right)^3$

시행을 3번 반복했을 때, 전기등이 서로 같은 상태에 있을 경우에 대한 주사위 눈의 구성을 고려해 보자.

(i) 1 또는 2만 3번 나오는 경우

1 또는 2가 세 번 나와서 그 합이 6이 되어야 하므로 가능한 경우는 2가 3번 나와야 한다. 이 경우의 수는 1

(ii) 1 또는 2가 2번 나오는 경우

① 1, 1이 나오는 경우

3, 4, 5, 6 중에서 4가 나와야 한다.

주사위를 세 번 던져 1, 1, 4가 나오는 경우의 수는 3

② 1, 2가 나오는 경우

3, 4, 5, 6 중에서 5가 나와야 한다.

주사위를 세 번 던져 1, 2, 5가 나오는 경우의 수는 6

③ 2, 2가 나오는 경우

3, 4, 5, 6 중에서 6이 나와야 한다.

주사위를 세 번 던져 2, 2, 6이 나오는 경우의 수는 3

(iii) 1 또는 2가 1번 나오는 경우

① 1이 나오는 경우

3, 4, 5, 6 중에서 두 번 나와서 그 합이 7 또는 11이 되어야 한다.

주사위를 세 번 던져 1, 3, 4가 나오는 경우의 수는 6

주사위를 세 번 던져 1, 5, 6이 나오는 경우의 수는 6

② 2가 나오는 경우

3, 4, 5, 6 중에서 두 번 나와서 그 합이 8 또는 12가 되어야 한다.

주사위를 세 번 던져 2, 3, 5가 나오는 경우의 수는 6

주사위를 세 번 던져 2, 4, 4가 나오는 경우의 수는 3

주사위를 세 번 던져 2, 6, 6이 나오는 경우의 수는 3

(iv) 1 또는 2가 한 번도 나오지 않는 경우

3, 4, 5, 6 중에서 세 번 나와서 그 합이 10 또는 14 또는 18이 되어야 한다.

주사위를 세 번 던져 3, 3, 4가 나오는 경우의 수는 3

주사위를 세 번 던져 3, 5, 6이 나오는 경우의 수는 6

주사위를 세 번 던져 4, 4, 6이 나오는 경우의 수는 3

주사위를 세 번 던져 4, 5, 5가 나오는 경우의 수는 3

주사위를 세 번 던져 6, 6, 6이 나오는 경우의 수는 1

(i)~(iv)에서 구하는 경우의 수는

$1+12+24+16=53$

따라서 구하는 확률은 $\frac{53}{216}$에서 $p=216$, $q=53$이므로

$p+q=269$

답 269

미적분

23

$\lim_{x\to0}\frac{x^3}{\sin x(1-\cos x)}=\lim_{x\to0}\left\{\frac{x^3}{\sin x(1-\cos x)}\times\frac{1+\cos x}{1+\cos x}\right\}$

$=\lim_{x\to0}\frac{x^3(1+\cos x)}{\sin x(1-\cos^2 x)}$

$=\lim_{x\to0}\frac{x^3(1+\cos x)}{\sin^3 x}$

$=\lim_{x\to0}\left\{\left(\frac{x}{\sin x}\right)^3(1+\cos x)\right\}$

$=1^3\times2$

$=2$

답 ②

24

$\int_1^3(\sqrt{x}-1)\left(\frac{1}{\sqrt{x}}+1\right)dx=\int_1^3\left(1+\sqrt{x}-\frac{1}{\sqrt{x}}-1\right)dx$

$=\int_1^3\left(\sqrt{x}-\frac{1}{\sqrt{x}}\right)dx$

$=\left[\frac{2}{3}x\sqrt{x}-2\sqrt{x}\right]_1^3$

$=(2\sqrt{3}-2\sqrt{3})-\left(\frac{2}{3}-2\right)$

$=\frac{4}{3}$

답 ②

25

$\frac{2n-3}{n^2+3}\leq a_n\leq\frac{2n+1}{n^2+1}$에서

$\frac{2n^2-3n}{n^2+3}\leq na_n\leq\frac{2n^2+n}{n^2+1}$이고

$\lim_{n\to\infty}\frac{2n^2-3n}{n^2+3}=2$, $\lim_{n\to\infty}\frac{2n^2+n}{n^2+1}=2$

이므로 수열의 극한의 대소관계에 의하여

$\lim_{n\to\infty}na_n=2$

$$\lim_{n\to\infty}\frac{(3n^2+n+2)a_n}{n+3}=\lim_{n\to\infty}\frac{\left(3+\frac{1}{n}+\frac{2}{n^2}\right)na_n}{1+\frac{3}{n}}$$

$$=\frac{3\times2}{1}$$

$$=6$$

답 ④

26

$1\le t\le2$인 실수 t에 대하여 점 $(t, 0)$을 지나고 x축에 수직인 평면으로 자른 도형의 넓이를 $S(t)$라 하면

$$S(t)=\left(\frac{\sqrt{2t}}{e^{t^2}}\right)^2=\frac{2t}{e^{2t^2}}$$

구하는 부피를 V라 하면

$$V=\int_1^2 S(t)dt=\int_1^2\frac{2t}{e^{2t^2}}dt$$

이때, $2t^2=u$로 놓으면 $\frac{du}{dt}=4t$이고 $t=1$일 때 $u=2$, $t=2$일 때 $u=8$이다.

따라서

$$\int_1^2\frac{2t}{e^{2t^2}}dt=\int_2^8\frac{1}{2e^u}du$$

$$=\left[-\frac{1}{2e^u}\right]_2^8$$

$$=-\frac{1}{2e^8}+\frac{1}{2e^2}$$

$$=\frac{e^{-2}-e^{-8}}{2}$$

답 ④

27

선분 PQ의 중점의 좌표는 $\left(\frac{s+t}{2}, \frac{s^2+t^2}{2}\right)$이고, 중점이 곡선 $y=e^{x+1}$ 위에 있으므로

$$e^{\frac{s+t}{2}+1}=\frac{s^2+t^2}{2}$$

이 식의 양변을 t에 대하여 미분하면

$$\frac{1}{2}e^{\frac{s+t}{2}+1}\frac{ds}{dt}+\frac{1}{2}e^{\frac{s+t}{2}+1}=s\frac{ds}{dt}+t$$

이므로

$$\frac{ds}{dt}=\frac{-\frac{1}{2}e^{\frac{s+t}{2}+1}+t}{\frac{1}{2}e^{\frac{s+t}{2}+1}-s}\ \left(\text{단, } \frac{1}{2}e^{\frac{s+t}{2}+1}-s\ne0\right)$$

한편, 선분 PQ의 중점의 x좌표가 0이면 $\frac{s+t}{2}=0$이므로 $t=-s$이다.

그러므로 직선 PQ는 x축과 평행하고 점 $(0, e)$를 지나는 직선이다.

곡선 $y=x^2$과 직선 $y=e$의 교점의 좌표를 구하면

$(-\sqrt{e}, e)$, $(\sqrt{e}, e)$이므로

$s=-\sqrt{e}$, $t=\sqrt{e}$

따라서 선분 PQ의 중점의 x좌표가 0일 때의 $\frac{ds}{dt}$의 값은

$$\frac{ds}{dt}=\frac{-\frac{1}{2}e^{\frac{-\sqrt{e}+\sqrt{e}}{2}+1}+\sqrt{e}}{\frac{1}{2}e^{\frac{-\sqrt{e}+\sqrt{e}}{2}+1}+\sqrt{e}}$$

$$=\frac{-e+2\sqrt{e}}{e+2\sqrt{e}}$$

$$=\frac{2-\sqrt{e}}{2+\sqrt{e}}$$

답 ②

28

$g(f(x))=(x^2+10)e^x$의 양변을 미분하면

$g'(f(x))f'(x)=(x^2+2x+10)e^x$이다.

모든 실수 x에 대하여 $(x^2+2x+10)e^x>0$이므로 $f'(x)\ne0$

따라서 $f'(x)$의 부호는 일정하다.

또한

$$\frac{g'(f(x))f'(x)}{g(f(x))}=\frac{(x^2+2x+10)e^x}{(x^2+10)e^x}$$

$$=\frac{x^2+2x+10}{x^2+10}$$

에서

$\frac{g'(f(x))}{g(f(x))}=\frac{x^2+2x+10}{(x^2+10)f'(x)}$이다.

한편, $\frac{e^x}{g(f(x))}=\frac{e^x}{(x^2+10)e^x}=\frac{1}{x^2+10}$이므로

$$\frac{g'(f(x))-e^x}{g(f(x))}=\frac{x^2+2x+10}{(x^2+10)f'(x)}-\frac{1}{x^2+10}$$

$$=\frac{(x^2+2x+10)-f'(x)}{(x^2+10)f'(x)}$$

따라서 모든 실수 x에 대하여

$$x\times\frac{(x^2+2x+10)-f'(x)}{(x^2+10)f'(x)}\le0$$

이때, $(x^2+10)f'(x)$의 부호는 일정하므로 모든 실수 x에 대하여

$x\{(x^2+2x+10)-f'(x)\}\le0$ 또는 모든 실수 x에 대하여

$x\{(x^2+2x+10)-f'(x)\}\ge0$이다.

$(x^2+2x+10)-f'(x)$는 차수가 2 이하인 다항식이므로 주어진 조건을 만족하려면 $(x^2+2x+10)-f'(x)$는 x를 인수로 가지는 일차식 또는 0이어야 한다.

따라서 어떤 실수 a에 대하여 $(x^2+2x+10)-f'(x)=ax$이다.

그러면 $f'(x)=x^2+(2-a)x+10$이고 $f'(1)=15$이므로

$1+(2-a)+10=15$, $a=-2$

따라서 $f'(x)=x^2+4x+10$이고

$f'(-1)=1-4+10=7$

답 ①

29

등비수열 $\{a_n\}$의 공비를 r $(-1<r<1)$이라 하면

$\sum_{n=1}^{\infty}a_n=6$에서 $\frac{a_1}{1-r}=6$이고

$a_1=6(1-r)$ …… ㉠

수열 $\left\{\frac{1}{3^{n-1}\times a_n}\right\}$은 첫째항이 $\frac{1}{a_1}$, 공비가 $\frac{1}{3r}$인 등비수열이므로

$\sum_{n=1}^{\infty}\frac{1}{3^{n-1}\times a_n}=\frac{1}{15}$에서

$\frac{1}{a_1}\times\frac{1}{1-\frac{1}{3r}}=\frac{1}{15}$이고

$a_1\left(1-\frac{1}{3r}\right)=15$ …… ㉡

㉠을 ㉡에 대입하면

$6(1-r)\left(1-\frac{1}{3r}\right)=15$

양변에 r을 곱한 후 모든 항을 좌변으로 이항하면

$6(1-r)\left(r-\frac{1}{3}\right)-15r=0$

$2(1-r)(3r-1)-15r=0$

$-6r^2+8r-2-15r=0$

$6r^2+7r+2=0$

$(2r+1)(3r+2)=0$에서

$r=-\frac{1}{2}$ 또는 $r=-\frac{2}{3}$

㉠에서 $r=-\frac{1}{2}$이면 $a_1=9$, $r=-\frac{2}{3}$이면 $a_1=10$이다.

등비수열 $\{b_n\}$도

$\sum_{n=1}^{\infty} b_n=6$, $\sum_{n=1}^{\infty} \frac{1}{3^{n-1}\times b_n}=\frac{1}{15}$

을 만족하고, $a_1<b_1$이므로

$a_n=9\left(-\frac{1}{2}\right)^{n-1}$, $b_n=10\left(-\frac{2}{3}\right)^{n-1}$이다.

$$|a_{n+k}b_{n+l}|=9\left(\frac{1}{2}\right)^{n+k-1}\times 10\left(\frac{2}{3}\right)^{n+l-1}$$
$$=90\left(\frac{1}{2}\right)^{k}\left(\frac{2}{3}\right)^{l}\left(\frac{1}{3}\right)^{n-1}$$

이므로

$$\sum_{n=1}^{\infty}|a_{n+k}b_{n+l}|=\sum_{n=1}^{\infty}90\left(\frac{1}{2}\right)^{k}\left(\frac{2}{3}\right)^{l}\left(\frac{1}{3}\right)^{n-1}$$
$$=90\left(\frac{1}{2}\right)^{k}\left(\frac{2}{3}\right)^{l}\times\frac{1}{1-\frac{1}{3}}$$
$$=135\left(\frac{1}{2}\right)^{k}\left(\frac{2}{3}\right)^{l}$$

$135\left(\frac{1}{2}\right)^{k}\left(\frac{2}{3}\right)^{l}$이 정수이고 $135=3^3\times 5$이므로 l의 값은 0, 1, 2, 3 중 하나이다.

각 경우에 가능한 k의 값과 $\sum_{n=1}^{\infty}|a_{n+k}b_{n+l}|$의 값을 구해 보자.

(i) $l=0$이면 $135\left(\frac{1}{2}\right)^{k}$의 값이 정수가 되어야 하므로 가능한 k의 값은 0뿐이다.

(ii) $l=1$이면 $90\left(\frac{1}{2}\right)^{k}$의 값이 정수가 되어야 하므로 가능한 k의 값은 0, 1

(iii) $l=2$이면 $60\left(\frac{1}{2}\right)^{k}$의 값이 정수가 되어야 하므로 가능한 k의 값은 0, 1, 2

(iv) $l=3$이면 $40\left(\frac{1}{2}\right)^{k}$의 값이 정수가 되어야 하므로 가능한 k의 값은 0, 1, 2, 3

(i)~(iv)에 의하여 $\sum_{n=1}^{\infty}|a_{n+k}b_{n+l}|$의 값이 정수가 되도록 하는 음이 아닌 두 정수 k, l의 모든 순서쌍 (k, l)의 개수는 10이다.

답 10

30

함수 $h(x)=\sin^2 \pi x+\sin \pi x$라 하면

$$h'(x)=2\pi \sin \pi x \cos \pi x+\pi \cos \pi x$$
$$=\pi \cos \pi x(2\sin \pi x+1)$$
$$g'(x)=f'(h(x))h'(x)$$
$$=\pi f'(\sin^2 \pi x+\sin \pi x)\cos \pi x(2\sin \pi x+1)$$

이때, $\cos \pi x=0$ 또는 $\sin \pi x=-\frac{1}{2}$인 x의 값의 좌우에서

$\cos \pi x(2\sin \pi x+1)$의 부호가 바뀐다.

$\cos \pi x=0$ 또는 $\sin \pi x=-\frac{1}{2}$인 x의 값의 좌우에서 $f'(h(x))$의 부호가 바뀌는지 조사해 보자.

(i) 방정식 $f'(x)=0$의 근이 존재하지 않는 경우
$f'(h(x))$의 부호는 변하지 않는다.

(ii) $f'(x)=3(x-a)(x-b)$ (단, a, b는 상수)라고 하면 …… ㉠
$f'(h(x))=3(h(x)-a)(h(x)-b)$이다.
$h'(x)=0$인 x의 값, 즉 $\cos \pi x(2\sin \pi x+1)=0$인 x의 값에서 $h(x)$가 극값을 가지므로 이 x의 값에서 $h(x)-a$와 $h(x)-b$는 항상 극값을 가지며, 이 값들의 좌우에서 $f'(\sin^2 \pi x+\sin \pi x)$의 부호는 바뀌지 않는다.
따라서 $\cos \pi x(2\sin \pi x+1)=0$인 x의 값에서
$g'(x)=\pi f'(\sin^2 \pi x+\sin \pi x)\cos \pi x(2\sin \pi x+1)$의 부호가 바뀌므로 이 x의 값에서 함수 $g(x)$는 극값을 갖는다.
$\cos \pi x=0 \Longleftrightarrow (\sin \pi x=-1$ 또는 $\sin \pi x=1)$이므로
$\cos \pi x(2\sin \pi x+1)=0$을 만족하는 x의 값을 좌표평면 위에 나타내면 다음과 같다.

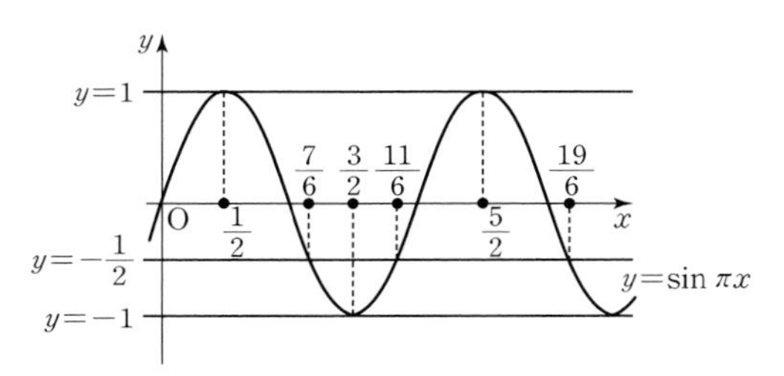

조건 (가)에서 x의 값이

$\frac{1}{6}$, $\frac{5}{6}$, $\frac{13}{6}$, $\frac{17}{6}$, …

일 때에도 함수 $g(x)$가 극값을 가지므로 방정식 $f'(\sin^2 \pi x+\sin \pi x)=0$이 이 값을 근으로 가진다.

$x=\frac{1}{6}$, $\frac{5}{6}$, $\frac{13}{6}$, $\frac{17}{6}$, …일 때, $\sin^2 \pi x+\sin \pi x=\frac{3}{4}$이므로

$f'\left(\frac{3}{4}\right)=0$

따라서 $f'(x)$는 $\left(x-\frac{3}{4}\right)$을 인수로 가지고, ㉠에서 $b=\frac{3}{4}$이라고 하면

$$f'(x)=\left(x-\frac{3}{4}\right)(3x-3a)$$

$f'(x)=3x^2-\left(\frac{9}{4}+3a\right)x+\frac{9}{4}a$에서

$f(x)=x^3-\left(\frac{9}{8}+\frac{3a}{2}\right)x^2+\frac{9}{4}ax+C$ (단, C는 적분상수)

이때, 함수 $g(x)$가 $x=t$에서 극값을 갖도록 하는 음이 아닌 t의 값 중 $\frac{1}{6}$, $\frac{1}{2}$, $\frac{5}{6}$, $\frac{7}{6}$, $\frac{3}{2}$, $\frac{11}{6}$, $\frac{13}{6}$, …이 아닌 값이 존재한다고 가정하면

$3(\sin^2 \pi x+\sin \pi x)-3a=0$의 해가 $\frac{1}{6}$, $\frac{1}{2}$, $\frac{5}{6}$, $\frac{7}{6}$, $\frac{3}{2}$, $\frac{11}{6}$, $\frac{13}{6}$, …의 이웃하는 두 수 사이에 적어도 하나씩 존재해야 한다.

그러면 $0<x<2$에서 $3(\sin^2 \pi x+\sin \pi x)-3a=0$의 해가 적어도 5개 존재하여야 하고, 이는 불가능하다.

그러므로 함수 $g(x)$가 $x=t$에서 극값을 갖도록 하는 음이 아닌 t의 값은

$\frac{1}{6}$, $\frac{1}{2}$, $\frac{5}{6}$, $\frac{7}{6}$, $\frac{3}{2}$, $\frac{11}{6}$, $\frac{13}{6}$, …뿐이다.

$x=\frac{1}{6}$, $\frac{1}{2}$, $\frac{5}{6}$, $\frac{7}{6}$, $\frac{3}{2}$, $\frac{11}{6}$, $\frac{13}{6}$, …일 때

$\sin^2 \pi x+\sin \pi x$의 값은 $\frac{3}{4}$, 2, $\frac{3}{4}$, $-\frac{1}{4}$, 0, $-\frac{1}{4}$이 반복되어 나타난다.

그러므로 $g(x)$의 극값은

$f\left(\frac{3}{4}\right)$, $f(2)$, $f\left(\frac{3}{4}\right)$, $f\left(-\frac{1}{4}\right)$, $f(0)$, $f\left(-\frac{1}{4}\right)$

로 극댓값과 극솟값이 반복되어 나타난다.

한 극값 다음에 나오는 극값은 서로 같을 수 없으므로 극댓값과 극솟값이 같은 경우는 $f(2)=f(0)$인 경우뿐이다.

따라서 $f(0)=f(2)=0$

$f(0)=0$에서 $C=0$

$f(0)=f(2)$에서

$$0=\frac{7}{2}-\frac{3}{2}a$$
$$\frac{3}{2}a=\frac{7}{2}$$
$$a=\frac{7}{3}$$

따라서 $f(x)=x^3-\frac{37}{8}x^2+\frac{21}{4}x$이고

$f(4)=64-74+21=11$

답 11

기하

23

$3(k, -3)+2(-2, 5)=(3k-4, 1)=(8, l)$

이므로

$k=4$, $l=1$

따라서

$k+l=5$

답 ③

24

초점이 점 $F(-3, 0)$이고 준선이 $x=3$인 포물선의 방정식은

$y^2=-12x$

이고 이 포물선이 점 $(a, 6)$을 지나므로

$-12a=36$

따라서 $a=-3$ 답 ④

25

$2x-y=k$라 하면 직선 $2x-y=k$와 타원 $\frac{x^2}{12}+\frac{y^2}{6}=1$이 만날 때의 k의 최댓값을 구하면 된다.

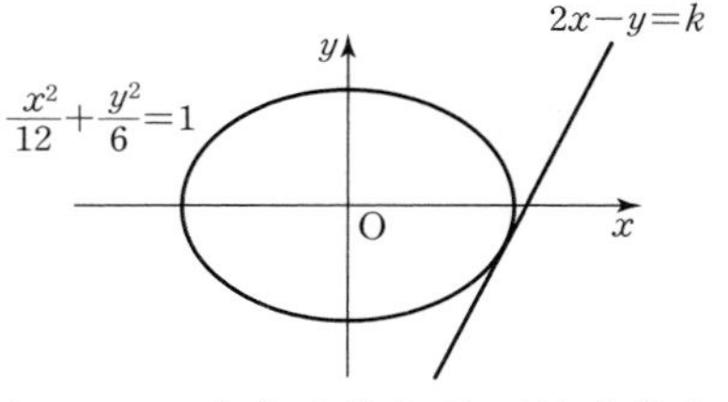

위의 그림과 같이 직선 $2x-y=k$가 타원과 제4사분면에서 접할 때, 직선 $2x-y=k$의 y절편이 최소이므로 k가 최대이다.

이때 기울기가 2인 타원의 접선의 방정식은

$y=2x-\sqrt{12\times 2^2+6}$

$y=2x-3\sqrt{6}$

따라서 $2x-y=3\sqrt{6}$이므로 k의 최댓값은 $3\sqrt{6}$이다. 답 ③

26

점 $P(a, b, c)$라 하면

선분 AP를 $1:3$으로 내분하는 점의 z좌표는 0이므로

$\frac{c-3}{1+3}=0$, $c=3$

선분 BP를 $1:3$으로 내분하는 점의 x좌표는 0이므로

$\frac{a-9}{1+3}=0$, $a=9$

선분 CP를 $1:3$으로 내분하는 점의 y좌표는 0이므로

$\frac{b+3}{1+3}=0$, $b=-3$

점 P의 좌표는 $(9, -3, 3)$이므로 선분 OP의 길이는

$\sqrt{(9-0)^2+(-3-0)^2+(3-0)^2}=3\sqrt{11}$ 답 ④

27

조건 (가)에서 $\overrightarrow{AC}\cdot\overrightarrow{CB}=0$이므로

$\overline{AC}\perp\overline{CB}$

$\overline{AC}=6$, $\overline{BC}=8$이므로 삼각형 ABC는

$\overline{AB}=\sqrt{6^2+8^2}=10$

이고 $\angle C=90°$인 직각삼각형이다.

직선 PB와 직선 AC의 교점을 E라 하면 조건 (나)에서

$2\overrightarrow{PA}+4\overrightarrow{PC}=-k\overrightarrow{PB}$

$\frac{2\overrightarrow{PA}+4\overrightarrow{PC}}{6}=-\frac{k}{6}\overrightarrow{PB}=\overrightarrow{PE}$

이므로 직선 PB와 직선 AC의 교점 E는 선분 AC를 $2:1$로 내분하는 점이다.

$\overline{CE}=\frac{1}{3}\overline{AC}=2$

따라서 $\overline{BE}=\sqrt{\overline{BC}^2+\overline{CE}^2}=\sqrt{8^2+2^2}=2\sqrt{17}$

또한 $\overrightarrow{PE}=-\frac{k}{6}\overrightarrow{PB}$, $|\overrightarrow{PE}|=\frac{k}{6}|\overrightarrow{PB}|$이므로

$|\overrightarrow{PE}|:|\overrightarrow{PB}|=k:6$

따라서

$\overline{PB}=\frac{6}{k+6}\overline{BE}=\frac{6}{k+6}\times 2\sqrt{17}=\frac{4\sqrt{17}}{3}$

$k=3$

같은 방법으로

$2\overrightarrow{PA}+3\overrightarrow{PB}=-4\overrightarrow{PC}$

$\frac{2\overrightarrow{PA}+3\overrightarrow{PB}}{5}=-\frac{4}{5}\overrightarrow{PC}=\overrightarrow{PD}$

이므로 직선 PC와 직선 AB의 교점 D는 선분 AB를 $3:2$로 내분하는 점이다.

또한 $\overrightarrow{PD}=-\frac{4}{5}\overrightarrow{PC}$, $|\overrightarrow{PD}|=\frac{4}{5}|\overrightarrow{CP}|$이므로

$|\overrightarrow{CP}|:|\overrightarrow{PD}|=5:4$

이다.

삼각형 ABC의 넓이는 $\frac{1}{2}\times 6\times 8=24$이다.

$\overline{AD}:\overline{BD}=3:2$이므로

$\triangle ACD=\frac{3}{5}\triangle ABC$이고

$\overline{CP}:\overline{DP}=5:4$이므로

$\triangle PAC=\frac{5}{9}\triangle ACD$

즉, $S_1=\triangle PAC=\frac{5}{9}\times\frac{3}{5}\times\triangle ABC=8$

$\overline{AD}:\overline{BD}=3:2$이므로

$\triangle BCD=\frac{2}{5}\triangle ABC$

이고

$\overline{CP}:\overline{DP}=5:4$이므로

$\triangle PDB=\frac{4}{9}\triangle BCD$

즉, $S_2=\triangle PDB=\frac{4}{9}\times\frac{2}{5}\times\triangle ABC=\frac{64}{15}$

따라서

$S_1-S_2=8-\frac{64}{15}=\frac{56}{15}$ 답 ⑤

28

쌍곡선 $\frac{(x-2)^2}{m^2}-\frac{y^2}{44}=1$의 두 점근선의 기울기는 $-\frac{2\sqrt{11}}{m}$ 또는 $\frac{2\sqrt{11}}{m}$이다.

(i) $p\neq\frac{2\sqrt{11}}{m}$일 때

t의 값에 따라서 직선 l_t와 쌍곡선과의 교점의 개수가 2인 경우가 존재하므로 조건을 만족시키지 않는다.

(ii) $p=\frac{2\sqrt{11}}{m}$일 때

쌍곡선의 점근선을 평행이동하면 쌍곡선과의 교점의 개수는 0 또는 1이므로 조건을 만족시킨다.

따라서 $mp=2\sqrt{11}$

한편 타원의 성질에 의하여

$c=\sqrt{a^2-80}$

또한 점 $A(a, 0)$과 $F'(-\sqrt{a^2-80}, 0)$은 쌍곡선 위의 점이므로

$\frac{(a-2)^2}{m^2}=1$ …… ㉠

$\frac{(-\sqrt{a^2-80}-2)^2}{m^2}=1$ …… ㉡

㉠, ㉡을 연립하여 풀면

$(a-2)^2=(-\sqrt{a^2-80}-2)^2$

$a^2\geq 80$이므로

$\sqrt{a^2-80}+2=a-2$

$\sqrt{a^2-80}=a-4$,

$a^2-80=a^2-8a+16$

$8a=96$

$a=12$, $c=8$, $m=10$, $p=\frac{\sqrt{11}}{5}$

$g(k)=0$일 때, 쌍곡선 $\frac{(x-2)^2}{m^2}-\frac{y^2}{44}=1$과 직선 l_k의 교점의 개수가 0이므로

직선 l_k는 쌍곡선의 점근선, 즉

$y=\frac{\sqrt{11}}{5}(x-2)$

$\sqrt{11}x-5y-2\sqrt{11}=0$

이며, 직선 $\sqrt{11}x-5y-2\sqrt{11}=0$과 점 $F'(-8, 0)$ 사이의 거리는

$\dfrac{|-8\sqrt{11}-2\sqrt{11}|}{\sqrt{(\sqrt{11})^2+(-5)^2}}=\dfrac{5\sqrt{11}}{3}$

답 ④

29

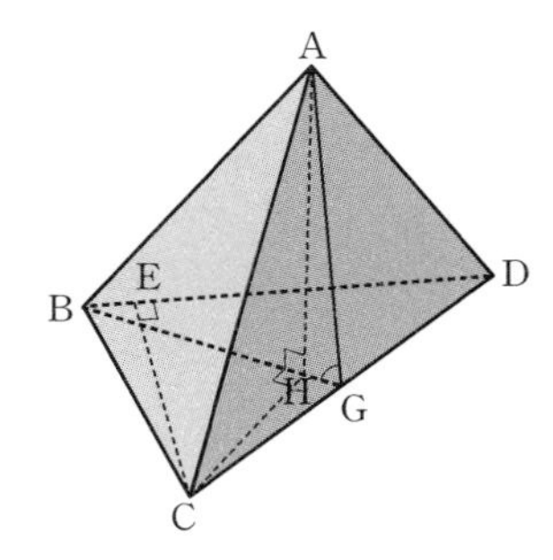

직각삼각형 BCE에 대하여

$\overline{CE}=\sqrt{\overline{BC}^2-\overline{BE}^2}=\sqrt{(5\sqrt{2})^2-1^2}=7$

직각삼각형 CDE에 대하여

$\overline{CD}=\sqrt{\overline{CE}^2+\overline{DE}^2}=\sqrt{7^2+7^2}=7\sqrt{2}$

점 A에서 평면 BCD에 내린 수선의 발을 H라 하면

$\overline{AB}=\overline{AC}=\overline{AD}$이므로 $\overline{BH}=\overline{CH}=\overline{DH}$가 되어

점 H는 삼각형 BCD의 외심이다.

$\angle CDE=45°$이므로 원주각의 성질에 의하여

$\angle CHB=2\angle CDE=90°$

이다.

$\overline{BH}=\overline{CH}=\overline{DH}=x$

라 놓으면 삼각형 BCH에 대하여 $\overline{BH}\perp\overline{CH}$이므로

$\overline{BH}^2+\overline{CH}^2=\overline{BC}^2$

$x^2+x^2=(5\sqrt{2})^2$

$2x^2=50$, $x^2=25$, $x=5$

$\overline{AH}=\sqrt{\overline{AB}^2-\overline{BH}^2}=\sqrt{9^2-5^2}=2\sqrt{14}$

점 A에서 직선 CD에 내린 수선의 발을 G라 하면

$\overline{AH}\perp$(평면 BCD), $\overline{AG}\perp\overline{CD}$

이므로 삼수선의 정리에 대하여

$\overline{CD}\perp\overline{HG}$

삼각형 CDH는 이등변삼각형이므로 $\overline{CG}=\dfrac{7}{2}\sqrt{2}$이고

$$\begin{aligned}\overline{HG}&=\sqrt{\overline{CH}^2-\overline{CG}^2}\\&=\sqrt{5^2-\left(\frac{7}{2}\sqrt{2}\right)^2}\\&=\sqrt{25-\frac{49}{2}}\\&=\frac{\sqrt{2}}{2}\end{aligned}$$

$$\begin{aligned}\overline{AG}&=\sqrt{\overline{AH}^2+\overline{HG}^2}\\&=\sqrt{(2\sqrt{14})^2+\left(\frac{\sqrt{2}}{2}\right)^2}\\&=\sqrt{56+\frac{1}{2}}\\&=\frac{\sqrt{226}}{2}\end{aligned}$$

$\theta=\angle AGH$이므로

$\cos\theta=\dfrac{\overline{HG}}{\overline{AG}}=\dfrac{1}{\sqrt{113}}$

따라서 $\cos^2\theta=\dfrac{1}{113}$이므로

$p+q=113+1=114$

답 114

30

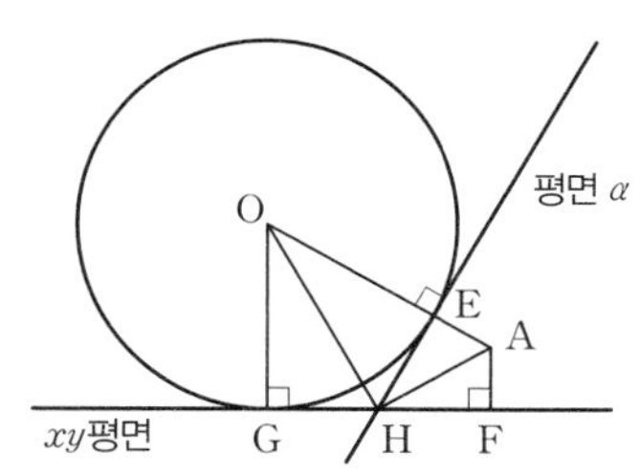

직선 FG와 평면 α의 교점을 H라 하면 단면도를 위와 같이 나타낼 수 있다.

$\overline{AE}=\overline{AF}=2$, $\angle AHE=30°$이므로 $\overline{EH}=2\sqrt{3}$이다.

$\angle OHE=60°$이므로 삼각형 AHE와 삼각형 HOE는 닮음이다.

따라서 $\overline{AE}:\overline{HE}=\overline{HE}:\overline{OE}$, 즉

$2:2\sqrt{3}=2\sqrt{3}:\overline{OE}$, $\overline{OE}=6$

이므로

$b=\overline{OG}=\overline{OE}=6$이다.

즉, 구 S의 방정식은

$(x-4)^2+(y-a)^2+(z-6)^2=36$

이다.

구 S와 z축의 교점의 좌표를 $(0, 0, k)$라 놓으면

$(-4)^2+(-a)^2+(k-6)^2=36$

$k^2-12k+16+a^2=0$

위 이차방정식의 두 근의 차가 6이어야 하므로

$\sqrt{(-12)^2-4(16+a^2)}=6$

$144-64-4a^2=36$, $4a^2=44$

$a^2=11$

a는 양수이므로

$a=\sqrt{11}$

점 D는 선분 BC의 중점이므로 $(0, 0, 6)$이고, 점 G는 $(4, \sqrt{11}, 0)$이므로

$\overline{DG}^2=4^2+(\sqrt{11})^2+(-6)^2=63$

답 63

3회 EBS FINAL 수학영역

본문 37~53쪽

01 ⑤	02 ④	03 ④	04 ⑤	05 ⑤
06 ④	07 ③	08 ③	09 ④	10 ②
11 ③	12 ③	13 ②	14 ①	15 ④
16 10	17 7	18 310	19 2	20 63
21 324	22 534			
확률과 통계	23 ②	24 ③	25 ⑤	26 ④
	27 ④	28 ①	29 355	30 393
미적분	23 ③	24 ④	25 ③	26 ⑤
	27 ②	28 ①	29 125	30 3
기하	23 ④	24 ②	25 ⑤	26 ③
	27 ⑤	28 ①	29 37	30 20

01

$\sqrt[3]{16}\times 2^{\frac{2}{3}}=2^{\frac{4}{3}}\times 2^{\frac{2}{3}}$

$=2^{\frac{4}{3}+\frac{2}{3}}$

$=2^2$

$=4$

답 ⑤

02

$f(x)=x^3-x+1$에서 $f'(x)=3x^2-1$이므로

$\lim_{x\to 2}\frac{f(x)-f(2)}{x-2}=f'(2)$

$=3\times 2^2-1$

$=11$

답 ④

03

등비수열 $\{a_n\}$의 공비를 r이라 하면

$\frac{a_5}{a_3}=r^2$

이므로

$r^2=\frac{\sqrt{6}}{3}$

따라서

$a_{11}=a_3\times r^8$

$=a_3\times(r^2)^4$

$=3\times\left(\frac{\sqrt{6}}{3}\right)^4$

$=3\times\frac{4}{9}$

$=\frac{4}{3}$

답 ④

04

함수 $f(x)$가 실수 전체의 집합에서 연속이므로 $x=1$에서도 연속이다. 즉,

$\lim_{x\to 1+}f(x)=\lim_{x\to 1-}f(x)=f(1)$

이다. 이때,

$\lim_{x\to 1+}f(x)=\lim_{x\to 1+}(x^2-2x+3)=2$

$\lim_{x\to 1-}f(x)=\lim_{x\to 1-}\{f(x+2)-k\}$

$=\lim_{x\to 3-}\{f(x)-k\}$

$=\lim_{x\to 3-}(x^2-2x+3-k)$

$=6-k$

$f(1)=2$이므로

$6-k=2$

따라서 $k=4$

답 ⑤

05

$\lim_{x\to 2}\frac{f(x)-3}{x-2}=-2$

에서 $x\longrightarrow 2$일 때 극한값이 존재하고 (분모) $\longrightarrow$ 0이므로 (분자) $\longrightarrow$ 0이다. 즉,

$\lim_{x\to 2}\{f(x)-3\}=0$

이고, $f(x)$가 다항함수이므로

$f(2)=3$

이때,

$\lim_{x\to 2}\frac{f(x)-3}{x-2}=\lim_{x\to 2}\frac{f(x)-f(2)}{x-2}=f'(2)$

이므로 $f'(2)=-2$

한편, $g(x)=(3x^2+1)f(x)$에서

$g'(x)=6xf(x)+(3x^2+1)f'(x)$

따라서

$g'(2)=12f(2)+13f'(2)$

$=12\times 3+13\times(-2)$

$=10$

답 ⑤

06

임의의 실수 θ에 대하여

$\sin^2\theta+\cos^2\theta=1$

이므로 세 점 A, B, C는 모두 중심이 원점이고 반지름의 길이가 1인 원 위에 있다. 한편,

$\cos\frac{11}{12}\pi=\cos\left(\pi-\frac{\pi}{12}\right)=-\cos\frac{\pi}{12}$,

$-\sin\frac{11}{12}\pi=-\sin\left(\pi-\frac{\pi}{12}\right)=-\sin\frac{\pi}{12}$

이므로

$C\left(-\cos\frac{\pi}{12}, -\sin\frac{\pi}{12}\right)$

즉, 두 점 A, C는 서로 원점에 대하여 대칭이다.

그러므로 삼각형 ABC는 선분 AC를 빗변으로 하는 직각삼각형이고 $\angle B=\frac{\pi}{2}$이다.

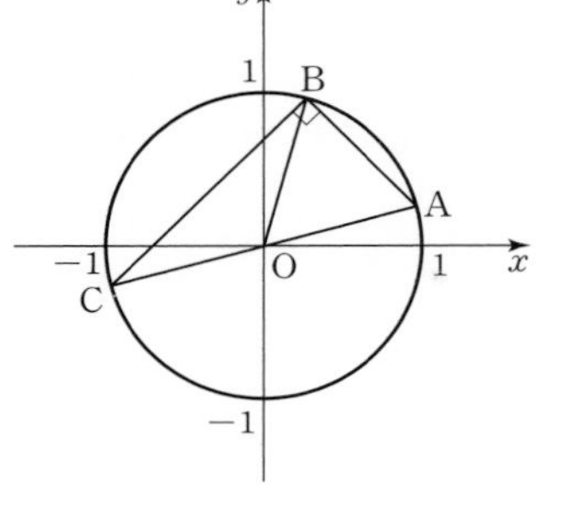

또, 원점 O에 대하여

$\angle AOB=\frac{5}{12}\pi-\frac{\pi}{12}=\frac{\pi}{3}$

이고, $\overline{OA}=\overline{OB}=1$이므로 삼각형 OAB는 한 변의 길이가 1인 정삼각형이다.

따라서

$\overline{AB}=1$,

$\overline{BC}=\overline{AC}\sin\frac{\pi}{3}$

$=2\times\frac{\sqrt{3}}{2}$

$=\sqrt{3}$

이므로 구하는 삼각형 ABC의 넓이는

$\frac{1}{2}\times\overline{AB}\times\overline{BC}=\frac{1}{2}\times 1\times\sqrt{3}$

$=\frac{\sqrt{3}}{2}$

답 ④

07

두 점 P, Q의 시각 t에서의 속도를 각각 v_1, v_2라 하면

$v_1=f'(t)=3t^2-6t$

$v_2=g'(t)=-2t+15$

$v_1=v_2$에서

$3t^2-6t=-2t+15$

$3t^2-4t-15=0$

$(3t+5)(t-3)=0$

$t>0$이므로 $t=3$

한편, 두 점 P, Q의 시각 t에서의 가속도를 각각 a_1, a_2라 하면

$a_1=6t-6$, $a_2=-2$

이므로 시각 $t=3$에서의 두 점 P, Q의 가속도 p, q는

$p=12$, $q=-2$

따라서

$p+q=10$

답 ③

08

$xy=64$에서

$\log_2 xy=\log_2 64$이므로

$\log_2 x+\log_2 y=6$ ······ ㉠

$\log_x 4=\log_8 y$에서

$\dfrac{2}{\log_2 x}=\dfrac{\log_2 y}{3}$이므로

$(\log_2 x)(\log_2 y)=6$ ······ ㉡

$\log_2 x=\alpha$, $\log_2 y=\beta$라 하면 ㉠, ㉡에서

$\alpha+\beta=6$, $\alpha\beta=6$이므로

$(\alpha-\beta)^2=(\alpha+\beta)^2-4\alpha\beta$

$=6^2-4\times 6$

$=12$

이때 $x>y$에서 $\alpha>\beta$이므로

$\alpha-\beta=2\sqrt{3}$

따라서

$\log_{\sqrt{2}} \dfrac{x}{y}=2\log_2 \dfrac{x}{y}$

$=2(\log_2 x-\log_2 y)$

$=2(\alpha-\beta)$

$=2\times 2\sqrt{3}$

$=4\sqrt{3}$

답 ③

09

$f(x)=x^4-6x^2-8x+k$라 하자.

주어진 조건을 만족시키려면 모든 실수 x에 대하여 $f(x)\ge 0$이어야 한다.

이때,

$f'(x)=4x^3-12x-8=4(x+1)^2(x-2)$

이므로 함수 $f(x)$의 증가와 감소를 조사하면 $f(x)$는 $x=2$에서 극소이면서 최소이다.

즉, $f(2)\ge 0$이어야 하므로

$f(2)=16-6\times 4-8\times 2+k$

$=k-24\ge 0$

따라서 $k\ge 24$이므로 구하는 실수 k의 최솟값은 24이다.

답 ④

10

$14^3=2744$, $15^3=3375$이므로

조건을 만족시키는 모든 자연수 x의 개수는

$\sum_{k=1}^{6}\{(2k+1)^3-(2k)^3+1\}+(3000-2744+1)$

$=\sum_{k=1}^{6}(12k^2+6k+2)+257$

$=12\times\dfrac{6\times 7\times 13}{6}+6\times\dfrac{6\times 7}{2}+2\times 6+257$

$=1092+126+12+257$

$=1487$

답 ②

11

함수 $y=a\sin\dfrac{\pi}{4}x$는 주기가

$\dfrac{2\pi}{\frac{\pi}{4}}=8$

인 주기함수이므로 $0\le x\le 8$에서 함수 $y=f(x)$의 그래프는 다음과 같다.

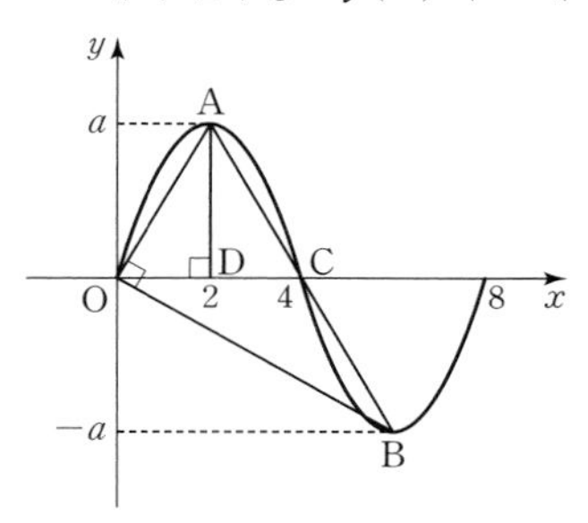

원점 O가 선분 AB를 지름으로 하는 원 위에 있으므로

$\angle AOB=\dfrac{\pi}{2}$

이고, 위 그림과 같이 좌표가 $(4, 0)$인 점을 C라 하면

$\overline{AO}=\overline{AC}=\overline{BC}$

이므로

$\overline{AO}:\overline{AB}=1:2$

이다. 즉, 삼각형 AOB는 $\angle OAB=\dfrac{\pi}{3}$인 직각삼각형이고, 삼각형 AOC는 한 변의 길이가 4인 정삼각형이다.

따라서 점 A에서 x축에 내린 수선의 발을 D라 하면

$\overline{AD}=\overline{AO}\sin\dfrac{\pi}{3}$

$=4\times\dfrac{\sqrt{3}}{2}$

$=2\sqrt{3}$

이므로

$a=2\sqrt{3}$

답 ③

12

$g(x)=3+\int_4^x \{f(t)\}^2\{f(x)-f(t)\}dt$

$=3+f(x)\int_4^x \{f(t)\}^2dt-\int_4^x \{f(t)\}^3dt$

이므로

$g'(x)=f'(x)\int_4^x \{f(t)\}^2dt+f(x)\{f(x)\}^2-\{f(x)\}^3$

$=f'(x)\int_4^x \{f(t)\}^2dt$

이때

$f'(x)=x^2-10x+16=(x-2)(x-8)$

이고, 모든 실수 t에 대하여 $\{f(t)\}^2\ge 0$이므로 $g'(x)=0$에서

$x=2$ 또는 $x=4$ 또는 $x=8$

함수 $g(x)$의 증가와 감소를 표로 나타내면 다음과 같다.

x	$\cdots$	2	$\cdots$	4	$\cdots$	8	$\cdots$
$g'(x)$	$-$	0	$+$	0	$-$	0	$+$
$g(x)$	↘	극소	↗	극대	↘	극소	↗

따라서

$k=g(4)=3$

이므로

$f(k)=f(3)$

$=\frac{1}{3}\times3^3-5\times3^2+16\times3+1$

$=13$

답 ③

13

$f(x)$는 최고차항의 계수가 1인 삼차함수이고

$f'(0)=f'(4)=0$

이므로

$f'(x)=3x(x-4)=3x^2-12x$

로 놓을 수 있다.

즉, $f(x)=x^3-6x^2+C$ (단, C는 적분상수)

이때, 함수 $y=g(x)$의 그래프는 함수 $y=f(x)$의 그래프를 $x\le0$일 때에는 점 $(0,\ f(0))$이 원점에 오도록 y축의 방향으로 $-f(0)$만큼 평행이동한 것이고, $x>0$일 때에는 점 $(-2,\ f(-2))$가 원점에 오도록 x축의 방향으로 2만큼, y축의 방향으로 $-f(-2)$만큼 평행이동한 것이다.

그런데

$f(-2)=f(4)=-32+C$

이고, 함수 $f(x)$는 $x=4$에서 극소이므로 함수 $y=g(x)$의 그래프는 $x=6$에서 x축에 접한다. 즉, 함수 $y=g(x)$의 그래프는 다음과 같다.

그러므로 함수 $y=g(x)$의 그래프와 x축으로 둘러싸인 부분의 넓이는

$\int_0^6 g(x)dx$의 값과 같고, 이것은 함수 $y=f(x)$의 그래프와 직선 $y=f(-2)$로 둘러싸인 부분의 넓이와 같다.

따라서 구하는 넓이는

$\int_0^6 g(x)dx=\int_{-2}^4 \{f(x)-f(-2)\}dx$

$=\int_{-2}^4 \{x^3-6x^2+C-(-32+C)\}dx$

$=\int_{-2}^4 (x^3-6x^2+32)dx$

$=\left[\frac{1}{4}x^4-2x^3+32x\right]_{-2}^4$

$=108$

답 ②

14

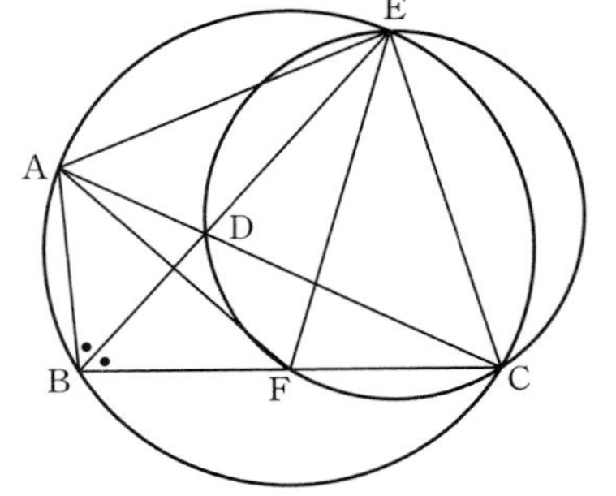

삼각형 DCE의 외접원에서 호 DF에 대한 원주각의 크기가 같으므로

$\angle DEF=\angle DCF$ ⋯⋯ ㉠

또, 삼각형 ABC의 외접원에서 호 AB에 대한 원주각의 크기가 같으므로

$\angle AEB=\angle ACB$ ⋯⋯ ㉡

㉠, ㉡에서 $\angle DCF=\angle ACB$이므로

$\angle DEF=\angle AEB$

이때 $\angle ABE=\angle FBE$이고 선분 BE는 공통이므로

$\triangle ABE\equiv\triangle FBE$

즉, $\overline{BF}=\overline{AB}=3$

한편, 삼각형 ABC에서 코사인법칙에 의하여

$\cos(\angle ABC)=\frac{3^2+6^2-7^2}{2\times3\times6}=-\frac{1}{9}$

이므로 삼각형 ABF에서 코사인법칙에 의하여

$\overline{AF}^2=3^2+3^2-2\times3\times3\times\left(-\frac{1}{9}\right)$

$=20$

따라서 구하는 선분 AF의 길이는 $2\sqrt{5}$이다.

답 ①

15

ㄱ. $g(x)=x^2+kx-2$에서

$g'(x)=2x+k$

이므로 함수 $g(x)$는 $x=-\frac{k}{2}$에서 극소이고 극솟값은

$g\left(-\frac{k}{2}\right)=\frac{k^2}{4}-\frac{k^2}{2}-2=-\frac{k^2}{4}-2<0$

이다.

그러므로 함수 $g(x)$는 음수인 극솟값을 갖는다. (참)

ㄴ. 방정식 $x^2+kx-2=0$의 두 실근이 α, β이면

$\alpha^2-2=-k\alpha$, $\beta^2-2=-k\beta$

이고, 이차방정식의 근과 계수의 관계에 의하여

$\alpha\beta=-2$

이때

$f(\alpha)=\alpha^3-2\alpha+2k$

$=\alpha(\alpha^2-2)+2k$

$=\alpha(-k\alpha)+2k$

$=k(2-\alpha^2)$

$=k\times k\alpha$

$=k^2\alpha$

이고, 마찬가지 방법으로

$f(\beta)=k^2\beta$

이므로

$f(\alpha)f(\beta)=k^4\alpha\beta=-2k^4<0$ (거짓)

ㄷ. 함수 $f(x)$는 실수 전체의 집합에서 연속이므로 방정식 $g(x)=0$의 서로 다른 두 실근이 α, β $(\alpha<\beta)$일 때, 구간 $[\alpha,\ \beta]$에서도 연속이다.

이때 ㄴ에서 $f(\alpha)f(\beta)<0$이므로 사잇값의 정리에 의하여 $f(x)=0$인 x가 구간 $(\alpha,\ \beta)$에 적어도 하나 존재한다. 즉, 방정식 $f(x)=0$은 방정식 $g(x)=0$의 두 실근 사이에서 적어도 하나의 실근을 갖는다. (참)

이상에서 옳은 것은 ㄱ, ㄷ이다.

답 ④

16

$f'(x)=4x^3-kx^2+3$에서

$f(x)=\int(4x^3-kx^2+3)dx$

$=x^4-\frac{k}{3}x^3+3x+C$ (단, C는 적분상수)

이때 $f(0)=f(3)$이므로

$C=81-9k+9+C$

따라서 $k=10$

답 10

17

$2^{x+1}=4^{2-y}$에서

$2^{x+1}=2^{4-2y}$이므로

$x+1=4-2y$, 즉 $x+2y=3$ …… ㉠

$9^{9-x}=3^y$에서

$3^{18-2x}=3^y$이므로

$18-2x=y$, 즉 $2x+y=18$ …… ㉡

㉠, ㉡에서

$3x+3y=21$

따라서

$x+y=7$ 답 7

18

자연수 n에 대하여

$a_{2n+1}=a_{2n-1}+3$
$=(a_{2n}-2)+3$
$=a_{2n}+1$

이고,

$a_{2n+2}=a_{2n+1}+2$
$=(a_{2n}+1)+2$
$=a_{2n}+3$

이므로 수열 $\{a_{2n-1}\}$은 첫째항이 $a_1=1$, 공차가 3인 등차수열이고, 수열 $\{a_{2n}\}$은 첫째항이 $a_2=a_1+2=3$, 공차가 3인 등차수열이다.

따라서

$$\sum_{n=1}^{20} a_n=\sum_{n=1}^{10} a_{2n-1}+\sum_{n=1}^{10} a_{2n}$$
$$=\frac{10(2\times1+9\times3)}{2}+\frac{10(2\times3+9\times3)}{2}$$
$$=145+165$$
$$=310$$

답 310

다른 풀이

자연수 n에 대하여

$a_{2n+1}=a_{2n-1}+3$
$=(a_{2n}-2)+3$
$=a_{2n}+1$

이고,

$a_{2n+2}=a_{2n+1}+2$
$=(a_{2n}+1)+2$
$=a_{2n}+3$

이므로 $b_n=a_{2n-1}+a_{2n}$이라 하면

$b_{n+1}=a_{2n+1}+a_{2n+2}$
$=(a_{2n-1}+3)+(a_{2n}+3)$
$=(a_{2n-1}+a_{2n})+6$
$=b_n+6$

이고,

$b_1=a_1+a_2=1+3=4$

이므로 수열 $\{b_n\}$은 첫째항이 4이고 공차가 6인 등차수열이다.

따라서

$$\sum_{n=1}^{20} a_n=\sum_{n=1}^{10} b_n$$
$$=\frac{10(2\times4+9\times6)}{2}$$
$$=310$$

19

$g(x)=f(x)-5x+3$이라 하면

$g'(x)=f'(x)-5\geq0$

이때 $g(x)$는 이차 이상의 다항함수이므로 함수 $g(x)$는 실수 전체의 집합에서 증가한다.

한편,

$g(2)=f(2)-7=7-7=0$

이므로 $x<2$일 때 $g(x)<0$, $x>2$일 때 $g(x)>0$이다.

따라서 $g(x)\leq0$의 해는 $x\leq2$이므로 주어진 부등식을 만족시키는 실수 x의 최댓값은 2이다. 답 2

20

함수 $y=2^{|x+1|}-1$의 그래프는 함수 $y=2^{|x|}$의 그래프를 x축의 방향으로 -1만큼, y축의 방향으로 -1만큼 평행이동한 것이고, 함수 $y=\log_4(x-1)$의 그래프는 함수 $y=\log_4 x$의 그래프를 x축의 방향으로 1만큼 평행이동한 것이므로 함수 $y=f(x)$의 그래프는 다음과 같다.

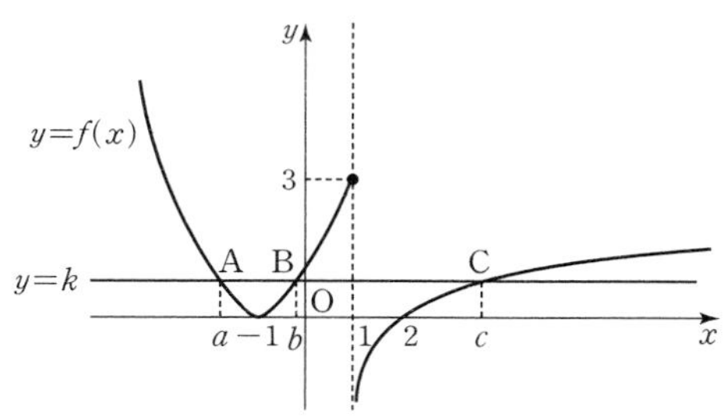

$f(1)=3$이므로 직선 $y=k$가 함수 $y=f(x)$의 그래프와 서로 다른 세 점에서 만나려면 $0<k\leq3$이어야 한다.

이때 직선 $y=k$가 함수 $y=f(x)$의 그래프와 만나는 서로 다른 세 점을 A, B, C라 하고, 세 점 A, B, C의 x좌표를 각각 a, b, c $(a<b<c)$라 하면 두 점 A, B는 직선 $x=-1$에 대하여 서로 대칭이므로

$\frac{a+b}{2}=-1$, 즉 $a+b=-2$

또,

$\log_4(c-1)=k$

이므로

$c=4^k+1$

그러므로

$g(k)=a+b+c=4^k-1$

$0<k\leq3$이므로

$4^0-1<g(k)\leq4^3-1$

즉, $0<g(k)\leq63$

따라서 $g(k)$의 값이 될 수 있는 자연수의 개수는 63이다. 답 63

21

$f(0)=f'(0)=0$이므로

$f(x)=ax^2(x-b)$ (단, a, b는 상수이고 $a>0$)

으로 놓을 수 있다.

(i) $b>0$일 때

방정식 $g(x)=-3$의 실근이 4 하나뿐이려면 함수 $y=g(x)$의 그래프가 다음과 같아야 한다.

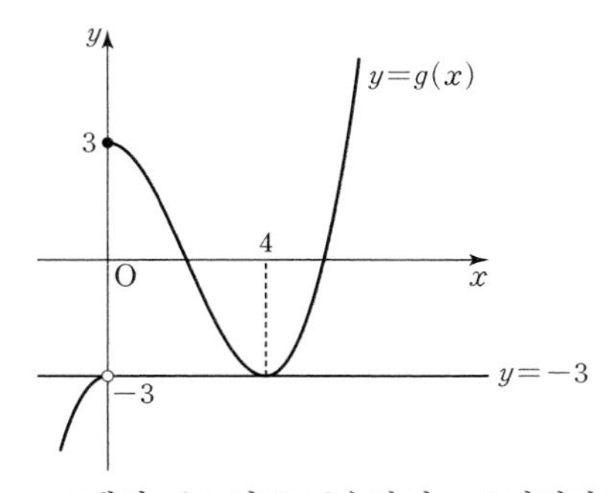

즉, 함수 $f(x)$는 $x=4$에서 극소이고 극솟값이 -6이어야 한다.

이때,

$f'(x)=2ax(x-b)+ax^2$

이므로 $f'(4)=0$에서

$8a(4-b)+16a=0$

$a>0$이므로

$4-b+2=0$

$b=6$

$f(4)=-6$에서

$16a(4-6)=-6$

$a=\frac{3}{16}$

(ii) $b=0$일 때

함수 $y=g(x)$의 그래프는 다음과 같다.

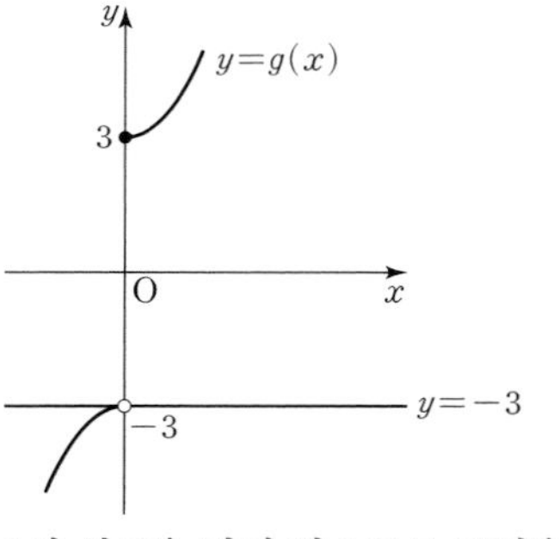

이때 방정식 $g(x)=-3$이 실근을 갖지 않으므로 조건을 만족시키지 않는다.

(iii) $b<0$일 때

함수 $y=g(x)$의 그래프는 다음과 같다.

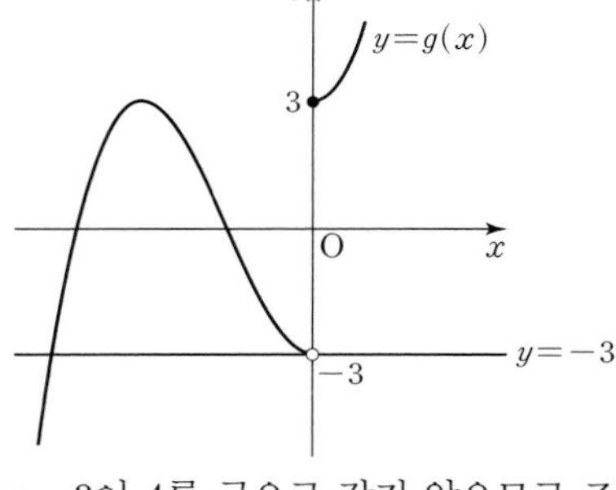

이때 방정식 $g(x)=-3$이 4를 근으로 갖지 않으므로 조건을 만족시키지 않는다.

(i), (ii), (iii)에 의하여

$a=\frac{3}{16}$, $b=6$

이므로

$f(x)=\frac{3}{16}x^2(x-6)$

따라서 함수 $y=f(x)$와 x축으로 둘러싸인 부분의 넓이가 S일 때,

$$16S=16\int_0^6 |f(x)|dx$$
$$=\int_0^6 3(6x^2-x^3)dx$$
$$=3\left[2x^3-\frac{1}{4}x^4\right]_0^6$$
$$=3(432-324)$$
$$=3\times108$$
$$=324$$

답 324

22

집합 A의 원소의 개수가 6이 되려면 어떤 항 이후로 같은 값들이 반복되어야 한다.

(i) 값이 1 또는 4인 항이 있는 경우

$a_n=1$이면 $a_{n-1}=4$, $a_{n+1}=4$이므로 1, 4가 반복된다.

이때 집합 A의 원소의 개수가 6이 되려면 a_1, a_2, a_3, a_4는 1, 4가 아닌 서로 다른 네 수이고, $a_5=4$, $a_6=1$이어야 한다.

$a_5=4$이고 $a_4\neq1$이므로 $a_4=16$이고,

$a_3=13$ 또는 $a_3=64$

$a_3=13$이면 $a_2=10$ 또는 $a_2=52$

$a_3=64$이면 $a_2=61$

$a_2=10$이면 $a_1=7$ 또는 $a_1=40$

$a_2=52$이면 $a_1=49$

$a_2=61$이면 $a_1=58$

그러므로 이 경우 조건을 만족시키는 a_1의 값은

7, 40, 49, 58

이므로 그 합은 154이다.

(ii) 값이 2인 항이 있는 경우

$a_n=2$이면 $a_{n-1}=8$, $a_{n+1}=5$, $a_{n+2}=8$이므로 2, 5, 8이 반복된다.

이때 집합 A의 원소의 개수가 6이 되려면 a_1, a_2, a_3은 2, 5, 8이 아닌 서로 다른 세 수이어야 한다.

㉠ $a_4=5$, $a_5=8$, $a_6=2$인 경우

$a_4=5$, $a_3\neq2$이므로 $a_3=20$이고

$a_2=17$ 또는 $a_2=80$

$a_2=17$이면 $a_1=14$ 또는 $a_1=68$

$a_2=80$이면 $a_1=77$

㉡ $a_4=8$, $a_5=2$, $a_6=5$인 경우

$a_4=8$, $a_3\neq5$이므로 $a_3=32$, $a_2=29$, $a_1=26$

그러므로 이 경우 조건을 만족시키는 a_1의 값은

14, 68, 77, 26

이므로 그 합은 185이다.

(iii) 값이 3인 항이 있는 경우

$a_n=3$이면 $a_{n-1}=12$, $a_{n+1}=6$, $a_{n+2}=9$, $a_{n+3}=12$이므로 3, 6, 9, 12가 반복된다.

이때 집합 A의 원소의 개수가 6이 되려면 a_1, a_2는 3, 6, 9, 12가 아닌 서로 다른 두 수이어야 한다.

㉠ $a_3=6$, $a_4=9$, $a_5=12$, $a_6=3$인 경우

$a_3=6$, $a_2\neq3$이므로 $a_2=24$이고

$a_1=21$ 또는 $a_1=96$

㉡ $a_3=9$, $a_4=12$, $a_5=3$, $a_6=6$인 경우

$a_3=9$, $a_2\neq6$이므로 $a_2=36$, $a_1=33$

㉢ $a_3=12$, $a_4=3$, $a_5=6$, $a_6=9$인 경우

$a_3=12$, $a_2\neq9$이므로 $a_2=48$, $a_1=45$

그러므로 이 경우 조건을 만족시키는 a_1의 값은

21, 96, 33, 45

이므로 그 합은 195이다.

(i), (ii), (iii)에 의하여 조건을 만족시키는 모든 a_1의 값의 합은

$154+185+195=534$

답 534

확률과 통계

23

$(x^3+a)^6$의 전개식의 일반항은 ${}_6C_r(x^3)^{6-r}a^r$ $(r=0, 1, 2, \cdots, 6)$이다.

x^9의 계수는 $r=3$일 때이므로

${}_6C_3a^3=20a^3$

즉, $20a^3=160$이므로

$a^3=8$

따라서 $a=2$

답 ②

24

$P(A|B)=P(A)$이므로 두 사건 A, B는 서로 독립이다.

즉, $P(A\cap B)=P(A)P(B)$이므로

$$P(A\cup B)=P(A)+P(B)-P(A\cap B)$$
$$=P(A)+P(B)-P(A)P(B)$$
$$=\frac{1}{3}+P(B)-\frac{1}{3}P(B)$$
$$=\frac{2}{3}P(B)+\frac{1}{3}$$
$$=\frac{8}{15}$$

따라서 $P(B)=\frac{3}{10}$이므로

$P(A\cap B)=P(A)P(B)$

$=\frac{1}{3}\times\frac{3}{10}$

$=\frac{1}{10}$

답 ③

25

모평균 m에 대한 신뢰도 95 %의 신뢰구간이 $a\le m\le b$이므로

$b-a=2\times 1.96\times\frac{5}{\sqrt{n}}$

$=\frac{19.6}{\sqrt{n}}$

$=0.98$

따라서

$\sqrt{n}=\frac{19.6}{0.98}=20$

이므로

$n=400$

답 ⑤

26

빨간 공 7개, 파란 공 3개가 들어 있는 상자에서 임의로 4개의 공을 동시에 꺼낼 때, 꺼낸 4개의 공이 모두 빨간 색일 확률은

$\frac{{}_{7}C_{4}}{{}_{10}C_{4}}=\frac{7\times6\times5\times4}{10\times9\times8\times7}$

$=\frac{1}{6}$

이므로 꺼낸 4개의 공에 파란 공이 섞여 있을 확률은

$1-\frac{1}{6}=\frac{5}{6}$

이다.

따라서 이 시행을 3번 반복할 때, 적어도 한 번은 꺼낸 4개의 공이 모두 빨간 색일 확률은 여사건의 확률에 의하여

$1-\left(\frac{5}{6}\right)^3=1-\frac{125}{216}$

$=\frac{91}{216}$

답 ④

27

주머니에서 임의로 한 장의 카드를 꺼내어 확인한 수를 확률변수 X라 할 때, 확률변수 X의 확률분포를 표로 나타내면 다음과 같다.

X	1	3	5	합계
$P(X=x)$	$\frac{1}{6}$	$\frac{1}{3}$	$\frac{1}{2}$	1

이때

$E(X)=1\times\frac{1}{6}+3\times\frac{1}{3}+5\times\frac{1}{2}$

$=\frac{11}{3}$

$E(X^2)=1^2\times\frac{1}{6}+3^2\times\frac{1}{3}+5^2\times\frac{1}{2}$

$=\frac{47}{3}$

이므로

$V(X)=E(X^2)-\{E(X)\}^2$

$=\frac{47}{3}-\left(\frac{11}{3}\right)^2$

$=\frac{20}{9}$

그러므로 크기가 3인 표본의 표본평균 $\overline{X}$에 대하여

$V(\overline{X})=\frac{V(X)}{3}$

$=\frac{1}{3}\times\frac{20}{9}$

$=\frac{20}{27}$

이때

$V(a\overline{X}+1)=a^2V(\overline{X})$

$=\frac{20}{27}a^2$

$=60$

이므로

$a^2=60\times\frac{27}{20}=81$

따라서 $a>0$이므로

$a=9$

답 ④

28

조건 (가)에서

$f(1)=1,\ f(8)=4$ 또는 $f(1)=2,\ f(8)=2$ 또는 $f(1)=4,\ f(8)=1$

(i) $f(1)=1,\ f(8)=4$일 때

조건 (나)에서

$1\le f(3)\le f(5)\le f(7),\ f(2)\le f(4)\le f(6)\le 4$

이므로 $f(3),\ f(5),\ f(7)$의 값을 정하는 경우의 수는 1, 2, 3, …, 8 중에서 중복을 허락하여 3개를 선택하는 중복조합의 수와 같고, $f(2),\ f(4),\ f(6)$의 값을 정하는 경우의 수는 1, 2, 3, 4 중에서 중복을 허락하여 3개를 선택하는 중복조합의 수와 같다.

그러므로 이 조건을 만족시키는 함수 f의 개수는

${}_{8}H_{3}\times{}_{4}H_{3}={}_{10}C_{3}\times{}_{6}C_{3}$

$=120\times20$

$=2400$

(ii) $f(1)=2,\ f(8)=2$일 때

조건 (나)에서

$2\le f(3)\le f(5)\le f(7),\ f(2)\le f(4)\le f(6)\le 2$

이므로 $f(3),\ f(5),\ f(7)$의 값을 정하는 경우의 수는 2, 3, 4, …, 8 중에서 중복을 허락하여 3개를 선택하는 중복조합의 수와 같고, $f(2),\ f(4),\ f(6)$의 값을 정하는 경우의 수는 1, 2에서 중복을 허락하여 3개를 선택하는 중복조합의 수와 같다.

그러므로 이 조건을 만족시키는 함수 f의 개수는

${}_{7}H_{3}\times{}_{2}H_{3}={}_{9}C_{3}\times{}_{4}C_{3}$

$=84\times4$

$=336$

(iii) $f(1)=4,\ f(8)=1$일 때

조건 (나)에서

$4\le f(3)\le f(5)\le f(7),\ f(2)\le f(4)\le f(6)\le 1$

이므로 $f(3),\ f(5),\ f(7)$의 값을 정하는 경우의 수는 4, 5, 6, 7, 8 중에서 중복을 허락하여 3개를 선택하는 중복조합의 수와 같고,

$f(2)=f(4)=f(6)=1$이어야 하므로 $f(2),\ f(4),\ f(6)$의 값을 정하는 경우의 수는 1이다.

그러므로 이 조건을 만족시키는 함수 f의 개수는

${}_{5}H_{3}\times1={}_{7}C_{3}=35$

(i), (ii), (iii)에 의하여 조건을 만족시키는 함수 f의 개수는

$2400+336+35=2771$

답 ①

29

$Z_1=\frac{X-m}{6}$이라 하면 확률변수 Z_1은 표준정규분포 $N(0, 1)$을 따르고

$P(X\le39)=P\left(Z_1\le\frac{39-m}{6}\right)$

$=0.9332$

이때 표준정규분포표에 의하면

$\mathrm{P}(Z\le 1.5)=0.5+\mathrm{P}(0\le Z\le 1.5)$
$=0.5+0.4332$
$=0.9332$
이므로
$\frac{39-m}{6}=1.5$, 즉 $m=30$
또, $Z_2=\frac{Y-50}{\sigma}$이라 하면 확률변수 Z_2는 표준정규분포 $\mathrm{N}(0, 1)$을 따르고
$\mathrm{P}(Y\ge 53)=\mathrm{P}\left(Z_2\ge\frac{53-50}{\sigma}\right)$
$=\mathrm{P}\left(Z_2\ge\frac{3}{\sigma}\right)$
$=0.1587$
이때 표준정규분포표에 의하면
$\mathrm{P}(Z\ge 1)=0.5-\mathrm{P}(0\le Z\le 1)$
$=0.5-0.3413$
$=0.1587$
이므로
$\frac{3}{\sigma}=1$, 즉 $\sigma=3$
한편 $Y=aX+b$이므로
$\mathrm{E}(Y)=a\mathrm{E}(X)+b$
에서
$50=30a+b$ …… ㉠
또, $\sigma(Y)=a\sigma(X)$이므로
$3=a\times 6$
$a=\frac{1}{2}$
이것을 ㉠에 대입하면
$50=30\times\frac{1}{2}+b$
$b=35$
따라서
$10(a+b)=10\left(\frac{1}{2}+35\right)=355$

답 355

30

조건 (가)에서 $a_8=a_1=1$이므로
$b_n=\frac{a_{n+1}}{a_n}$이라 하면
$\frac{a_2}{a_1}\times\frac{a_3}{a_2}\times\frac{a_4}{a_3}\times\cdots\times\frac{a_8}{a_7}=\frac{a_8}{a_1}=1$
이므로
$b_1\times b_2\times b_3\times\cdots\times b_7=1$
이때 조건 (나)에서 $b_n\in\left\{\frac{1}{3}, 1, 3\right\}$이므로
순서쌍 $(b_1, b_2, b_3, \cdots, b_7)$의 개수는 다음과 같다.
(i) 1이 1개인 경우
$\frac{1}{3}$이 3개, 3이 3개여야 하므로 이들을 순서대로 나열하는 경우의 수는
$\frac{7!}{3!\times 3!}=140$
(ii) 1이 3개인 경우
$\frac{1}{3}$이 2개, 3이 2개여야 하므로 이들을 순서대로 나열하는 경우의 수는
$\frac{7!}{3!\times 2!\times 2!}=210$
(iii) 1이 5개인 경우
$\frac{1}{3}$이 1개, 3이 1개여야 하므로 이들을 순서대로 나열하는 경우의 수는
$\frac{7!}{5!}=42$
(iv) 1이 7개인 경우 1가지
(i)~(iv)에 의하여 구하는 서로 다른 순서쌍 $(a_2, a_3, a_4, a_5, a_6, a_7)$의 개수는 순서쌍 $(b_1, b_2, b_3, \cdots, b_7)$의 개수와 같으므로 개수는
$140+210+42+1=393$

답 393

미적분

23

$\tan 4x-\sin 4x=\tan 4x\left(1-\frac{\sin 4x}{\tan 4x}\right)$
$=\tan 4x(1-\cos 4x)$
$=\tan 4x\times\frac{1-\cos^2 4x}{1+\cos 4x}$
$=\tan 4x\times\sin^2 4x\times\frac{1}{1+\cos 4x}$
따라서
$\lim_{x\to 0}\frac{\tan 4x-\sin 4x}{x^3}=\lim_{x\to 0}\left(\frac{\tan 4x}{x}\times\frac{\sin^2 4x}{x^2}\times\frac{1}{1+\cos 4x}\right)$
$=4\times 4^2\times\frac{1}{2}$
$=32$

답 ③

24

$\ln x=t$로 놓으면 $x=1$일 때 $t=0$, $x=e^2$일 때 $t=2$이고,
$\frac{1}{x}=\frac{dt}{dx}$이므로
$\int_1^{e^2}\frac{(\ln x)^3}{x}dx=\int_0^2 t^3dt$
$=\left[\frac{1}{4}t^4\right]_0^2$
$=4$

답 ④

25

급수 $\sum_{n=1}^{\infty}\left(\frac{a_n}{n^2}-5\right)$가 수렴하므로
$\lim_{n\to\infty}\left(\frac{a_n}{n^2}-5\right)=0$
이때
$\lim_{n\to\infty}\frac{a_n}{n^2}=\lim_{n\to\infty}\left\{\left(\frac{a_n}{n^2}-5\right)+5\right\}$
$=0+5$
$=5$
따라서
$\lim_{n\to\infty}\frac{\sqrt{n^2+3a_n}-n}{n}=\lim_{n\to\infty}\left(\sqrt{1+3\times\frac{a_n}{n^2}}-1\right)$
$=\sqrt{1+3\times 5}-1$
$=3$

답 ③

26

$-1\le t\le 1$인 실수 t에 대하여 직선 $x=t$를 포함하고 x축에 수직인 단면의 넓이를 $S(t)$라 하면
$S(t)=\{\sqrt{e^t(4-t^2)}\}^2$
$=e^t(4-t^2)$
따라서 구하는 입체도형의 부피는
$\int_{-1}^1 e^t(4-t^2)dt=\left[e^t(4-t^2)\right]_{-1}^1-\int_{-1}^1 e^t(-2t)dt$
$=(3e-3e^{-1})+\int_{-1}^1 2te^tdt$
$=(3e-3e^{-1})+\left[2te^t\right]_{-1}^1-\int_{-1}^1 2e^tdt$
$=(3e-3e^{-1})+(2e+2e^{-1})-\left[2e^t\right]_{-1}^1$
$=(5e-e^{-1})-(2e-2e^{-1})$
$=3e+e^{-1}$

답 ⑤

27

곡선 $y=f(x)$ 위의 점 $(1, f(1))$에서의 접선의 방정식이 $y=3x-1$이므로

$f(1)=2$, $f'(1)=3$

이때, $f(5x)=h(x)$라 하면

$h'(x)=5f'(5x)$

이고

$$g'(2)=\frac{1}{h'(g(2))}$$

이때 $g(2)=k$라 하면

$h(k)=2$, 즉 $f(5k)=2$이므로

$k=\frac{1}{5}$

따라서

$$\begin{aligned}h'(g(2))&=h'\left(\frac{1}{5}\right)\\&=5f'(1)\\&=5\times3\\&=15\end{aligned}$$

이므로

$g'(2)=\frac{1}{15}$

답 ②

28

$f(x)=\frac{1}{2}(\ln x)^2$

에서

$f'(x)=\frac{\ln x}{x}$

이므로 곡선 $y=f(x)$ 위의 점 $\left(\frac{1}{e}, \frac{1}{2}\right)$에서의 접선 l의 기울기는

$f'\left(\frac{1}{e}\right)=-e$

점 A의 x좌표를 k라 하면 점 A에서의 접선이 직선 l과 서로 수직이므로

$f'(k)=\frac{1}{e}$

즉, $\frac{\ln k}{k}=\frac{1}{e}$ …… ㉠

한편, $g(x)=\frac{\ln x}{x}$라 하면

$g'(x)=\frac{1-\ln x}{x^2}$

이므로 함수 $g(x)$의 증가와 감소를 조사하면 함수 $g(x)$는 $x=e$에서 극대이면서 최대이다.

이때 $g(e)=\frac{1}{e}$이므로 ㉠을 만족시키는 실수 k의 값은 e뿐이다.

또, 함수 $f(x)$는 $x=1$일 때 극솟값 0을 갖고 $0<x<1$일 때 감소, $x>1$일 때 증가하므로 함수 $y=f(x)$의 그래프는 다음과 같다.

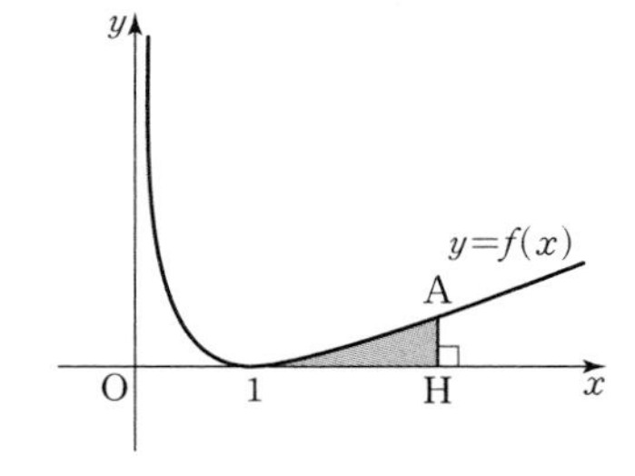

따라서 구하는 넓이는

$$\begin{aligned}\int_1^e f(x)dx&=\int_1^e \frac{1}{2}(\ln x)^2dx\\&=\left[\frac{1}{2}x(\ln x)^2\right]_1^e-\int_1^e \ln x\,dx\\&=\frac{e}{2}-\left[x\ln x-x\right]_1^e\\&=\frac{e}{2}-(e-e)+(0-1)\\&=\frac{e}{2}-1\end{aligned}$$

답 ①

29

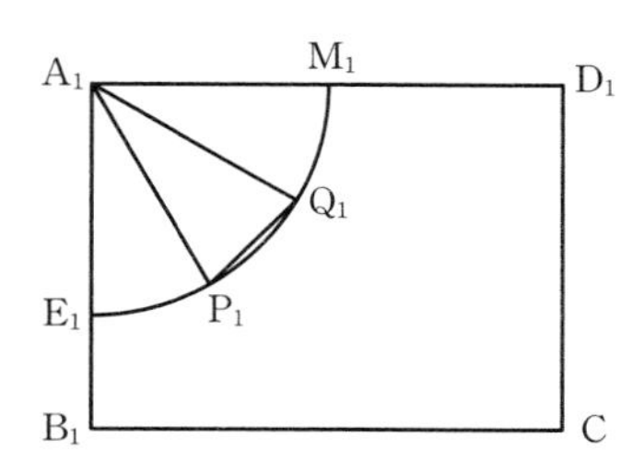

삼각형 $A_1P_1Q_1$에서

$\overline{A_1P_1}=\overline{A_1Q_1}=8$, $\angle P_1A_1Q_1=\frac{\pi}{6}$

이므로 코사인법칙에 의하여

$$\begin{aligned}\overline{P_1Q_1}^2&=8^2+8^2-2\times8\times8\times\frac{\sqrt{3}}{2}\\&=128-64\sqrt{3}\end{aligned}$$

그러므로 선분 P_1Q_1을 한 변으로 하는 정삼각형의 넓이는

$S_1=\frac{\sqrt{3}}{4}(128-64\sqrt{3})=32\sqrt{3}-48$

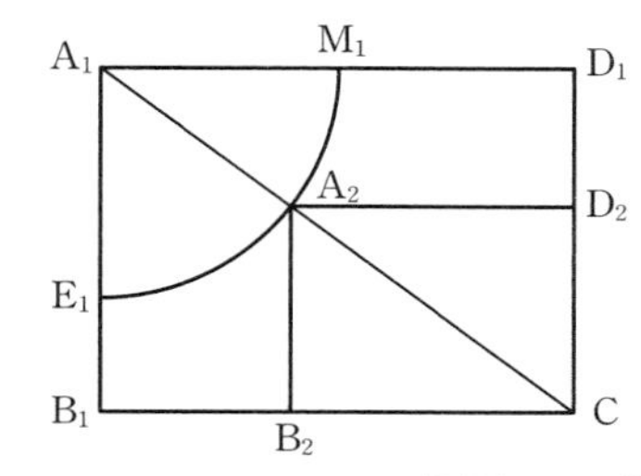

한편, 세 점 A_1, A_2, C는 한 직선 위에 있고 $\overline{A_1C}=20$, $\overline{A_1A_2}=8$이므로

$\overline{A_2C}=12$

그러므로 직사각형 $A_1B_1CD_1$과 직사각형 $A_2B_2CD_2$의 닮음비는

$20:12=5:3$

이다.

즉, 수열 $\{S_n\}$은 첫째항이 $32\sqrt{3}-48$이고 공비가 $\frac{9}{25}$인 등비수열이므로

$$\begin{aligned}\sum_{n=1}^{\infty}S_n&=\frac{32\sqrt{3}-48}{1-\frac{9}{25}}\\&=\frac{25}{16}(32\sqrt{3}-48)\\&=50\sqrt{3}-75\end{aligned}$$

따라서 $p=50$, $q=-75$이므로

$p-q=50-(-75)=125$

답 125

30

$$f'(x)=\begin{cases}(k-x)e^{-x} & (x\geq0)\\(k-x)e^{x} & (x<0)\end{cases}$$

이므로

$$f(x)=\begin{cases}(x-k+1)e^{-x}+C_1 & (\text{단, } C_1\text{은 적분상수})\ (x\geq0)\\(k+1-x)e^{x}+C_2 & (\text{단, } C_2\text{는 적분상수})\ (x<0)\end{cases}$$

실수 전체의 집합에서 미분가능한 함수 $f(x)$는 $x=0$에서 연속이어야 하므로

$-k+1+C_1=k+1+C_2$

즉, $C_1-C_2=2k$

한편, $x\geq0$일 때 함수 $f(x)$의 증가와 감소를 조사하면 $f(x)$는 $x=k$에서 극대이고

$\lim_{x\to\infty}f(x)=C_1$

이다. 또, $x<0$일 때 $f'(x)>0$이므로 함수 $f(x)$는 증가하고

$\lim_{x\to-\infty}f(x)=C_2$

이다. 그러므로 함수 $y=f(x)$의 그래프의 개형은 다음과 같다.

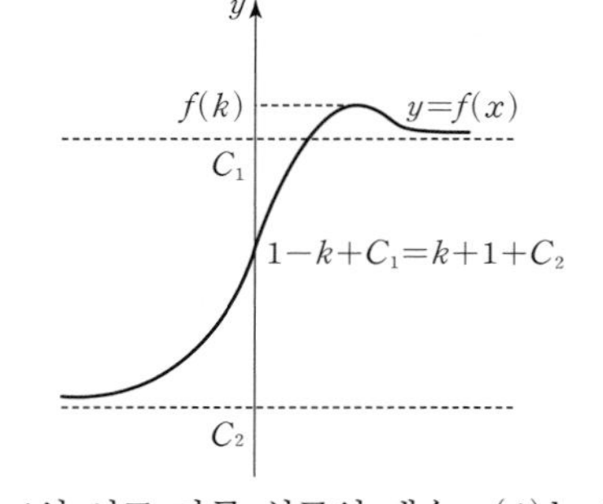

이때, 방정식 $f(x)=t$의 서로 다른 실근의 개수 $g(t)$는 곡선 $y=f(x)$와 직선 $y=t$가 만나는 점의 개수와 같으므로

$$g(t)=\begin{cases} 0 & (t>f(k),\ t\le C_2) \\ 1 & (t=f(k),\ C_2<t\le C_1) \\ 2 & (C_1<t<f(k)) \end{cases}$$ 이므로

이다. 즉, 함수 $g(t)$는 $t=f(k)$, $t=C_1$, $t=C_2$에서만 불연속이고

$\lim_{t\to f(k)+} g(t)=0$, $\lim_{t\to f(k)-} g(t)=2$,

$\lim_{t\to C_1+} g(t)=2$, $\lim_{t\to C_1-} g(t)=1$,

$\lim_{t\to C_2+} g(t)=1$, $\lim_{t\to C_2-} g(t)=0$,

이므로 $\lim_{t\to a+} g(t)>\lim_{t\to a-} g(t)$를 만족시키는 실수 a의 값은 C_1, C_2이다.

이때 $C_1-C_2=2k>0$이므로 주어진 조건에 의하여

$C_1=7$, $C_2=-1$

이고

$k=\frac{7-(-1)}{2}=4$

그러므로

$$f(x)=\begin{cases} (x-3)e^{-x}+7 & (x\ge 0) \\ (5-x)e^{x}-1 & (x<0) \end{cases}$$

따라서 함수 $f(x)$의 극댓값은

$f(4)=e^{-4}+7$

이므로

$p+q=(-4)+7=3$ 답 3

기하

23

$\vec{a}=(1,\ 1-k)$, $\vec{b}=(k,\ 2)$에 대하여

$\vec{a}\cdot\vec{b}=1\times k+(1-k)\times 2$

$\quad=-k+2$

이므로

$-k+2=-2$

따라서

$k=4$ 답 ④

24

포물선의 정의에 의하여 점 $(a,\ 9)$와 점 $(2,\ 3)$ 사이의 거리가 점 $(a,\ 9)$와 직선 $x=-4$ 사이의 거리와 같으므로

$\sqrt{(a-2)^2+(9-3)^2}=|a-(-4)|$

$(a-2)^2+36=(a+4)^2$

$a^2-4a+40=a^2+8a+16$

$12a=24$

따라서

$a=2$ 답 ②

25

두 점 A, B에서 xy평면에 내린 수선의 발을 각각 A′, B′이라 하면

A′(6, −1, 0), B′(3, 2, 0)

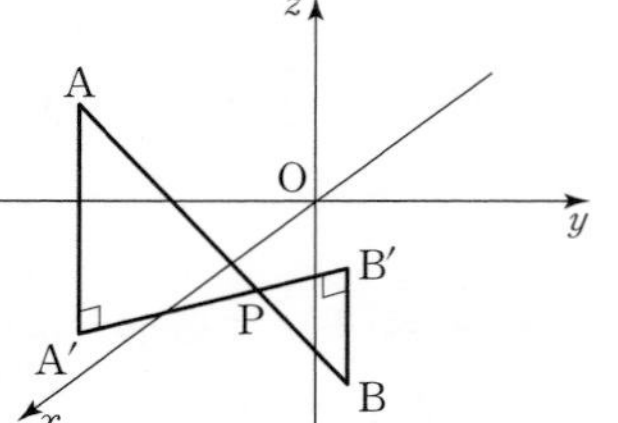

선분 AB와 선분 A′B′의 교점이 점 P이고, 삼각형 AA′P와 삼각형 BB′P가 서로 닮음이다.

이때, $\overline{AA'}:\overline{BB'}=2:1$이므로 점 P는 선분 AB를 $2:1$로 내분하는 점이다.

따라서

$a=\frac{2\times 3+1\times 6}{2+1}=4$, $b=\frac{2\times 2+1\times(-1)}{2+1}=1$

이므로

$a+b=4+1=5$ 답 ⑤

26

타원 $\frac{x^2}{9}+\frac{y^2}{5}=1$ 위의 점 A$(a,\ b)$에서의 접선의 방정식은

$\frac{ax}{9}+\frac{by}{5}=1$

이고, 이 직선의 기울기가 $-\frac{5a}{9b}$이므로 이 직선과 수직인 직선의 기울기는 $\frac{9b}{5a}$이다.

그러므로 직선 AB의 방정식은

$y-b=\frac{9b}{5a}(x-a)$

즉, $y=\frac{9b}{5a}x-\frac{4}{5}b$이므로 두 점 B, C의 좌표는 각각

B$\left(\frac{4}{9}a,\ 0\right)$, C$\left(0,\ -\frac{4}{5}b\right)$

이다. 이때 삼각형 OBC의 넓이가 $\frac{16}{27}$이므로

$\frac{1}{2}\times\frac{4}{9}a\times\frac{4}{5}b=\frac{16}{27}$

따라서

$ab=\frac{10}{3}$ 답 ③

27

구 S의 중심을 O라 하면

$\overline{OC}=1$, $\overline{OE}=2$

이므로 직각삼각형 COE에서

$\overline{CE}=\sqrt{2^2-1^2}=\sqrt{3}$

점 P에서 선분 DE에 내린 수선의 발을 H라 하면 삼각형 PDE의 넓이가 $\sqrt{6}$이므로

$\frac{1}{2}\times\overline{DE}\times\overline{PH}=\sqrt{6}$

즉, $\frac{1}{2}\times 2\sqrt{3}\times\overline{PH}=\sqrt{6}$이므로

$\overline{PH}=\sqrt{2}$

한편 직선 DE를 포함하고 직선 AB에 수직인 평면이 구 S와 만나서 생기는 원의 중심이 C이므로

$\overline{CP}=\overline{CE}=\sqrt{3}$

이고, $\overline{AC}=3$, $\angle ACP=\frac{\pi}{2}$이므로

$\overline{AP}=\sqrt{3^2+(\sqrt{3})^2}=2\sqrt{3}$

이때 선분 AP의 평면 ABD 위로의 정사영이 선분 AH이므로

$\theta=\angle \mathrm{PAH}$

이고 삼각형 PAH는 $\angle \mathrm{H}=\frac{\pi}{2}$인 직각삼각형이므로

$\sin\theta=\frac{\overline{\mathrm{PH}}}{\overline{\mathrm{AP}}}$

$=\frac{\sqrt{2}}{2\sqrt{3}}$

$=\frac{\sqrt{6}}{6}$

따라서

$\cos\theta=\sqrt{1-\sin^2\theta}$

$=\sqrt{1-\frac{1}{6}}$

$=\sqrt{\frac{5}{6}}$

$=\frac{\sqrt{30}}{6}$

답 ⑤

28

점 O에서 평면 ABCD에 내린 수선의 발을 H라 하면 점 H는 선분 PQ 위에 있고, 삼각형 OPQ의 넓이가 12, $\overline{\mathrm{PQ}}=6$이므로

$\frac{1}{2}\times6\times\overline{\mathrm{OH}}=12$

$\overline{\mathrm{OH}}=4$

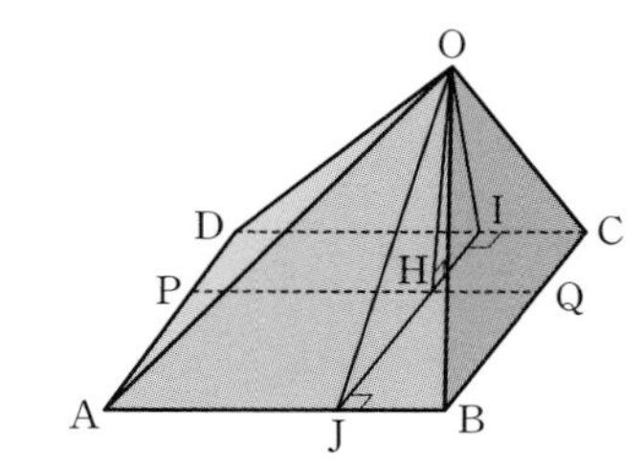

점 H에서 직선 CD에 내린 수선의 발을 I라 하면

$\overline{\mathrm{OH}}\perp$(평면 ABCD), $\overline{\mathrm{HI}}\perp\overline{\mathrm{CD}}$

이므로 삼수선의 정리에 의하여

$\overline{\mathrm{OI}}\perp\overline{\mathrm{CD}}$,

즉 $\overline{\mathrm{OI}}\perp\overline{\mathrm{AB}}$ …… ㉠

이때 직각삼각형 OHI에서

$\overline{\mathrm{OH}}=4$, $\overline{\mathrm{HI}}=2$

이므로

$\overline{\mathrm{OI}}=\sqrt{4^2+2^2}=2\sqrt{5}$

또, 점 H에서 직선 AB에 내린 수선의 발을 J라 하면

$\overline{\mathrm{OH}}\perp$(평면 ABCD), $\overline{\mathrm{HJ}}\perp\overline{\mathrm{AB}}$

이므로 삼수선의 정리에 의하여

$\overline{\mathrm{OJ}}\perp\overline{\mathrm{AB}}$ …… ㉡

이때 직각삼각형 OHJ에서

$\overline{\mathrm{OH}}=4$, $\overline{\mathrm{HJ}}=4$

이므로

$\overline{\mathrm{OJ}}=\sqrt{4^2+4^2}=4\sqrt{2}$

즉, 삼각형 OIJ에서

$\overline{\mathrm{OI}}=2\sqrt{5}$, $\overline{\mathrm{OJ}}=4\sqrt{2}$, $\overline{\mathrm{IJ}}=6$

이므로 코사인법칙에 의하여 $\theta=\angle \mathrm{IOJ}$라 하면

$\cos\theta=\frac{(2\sqrt{5})^2+(4\sqrt{2})^2-6^2}{2\times2\sqrt{5}\times4\sqrt{2}}$

$=\frac{1}{\sqrt{10}}$

한편 점 O를 지나고 직선 AB에 평행한 직선을 l이라 하면 ㉠, ㉡에서

$\overline{\mathrm{OI}}\perp l$, $\overline{\mathrm{OJ}}\perp l$

이므로 두 평면 OAB, OCD가 이루는 이면각의 크기가 θ이다.

따라서 삼각형 OCD의 평면 OAB 위로의 정사영의 넓이는

(삼각형 OCD의 넓이)$\times\cos\theta=\frac{1}{2}\times6\times2\sqrt{5}\times\frac{1}{\sqrt{10}}$

$=3\sqrt{2}$

답 ①

29

점 F의 x좌표를 c라 하면

$c^2=9+7=16$

이므로 $c=4$

즉, $\overline{\mathrm{FF'}}=8$

이때 $\overline{\mathrm{PF}}=k$라 하면 쌍곡선의 정의에 의하여

$\overline{\mathrm{PF'}}=k+6$

이고, $\angle \mathrm{FPF'}=\frac{\pi}{3}$이므로 삼각형 PF′F에서 코사인법칙에 의하여

$k^2+(k+6)^2-2k(k+6)\cos\frac{\pi}{3}=8^2$

$k^2+6k-28=0$

$k>0$이므로

$k=-3+\sqrt{3^2+28}=-3+\sqrt{37}$

따라서 $\overline{\mathrm{PQ}}=k+6=3+\sqrt{37}$이므로

$(\overline{\mathrm{PQ}}-3)^2=37$

답 37

30

선분 BC를 1 : 2로 내분하는 점이 원점 O에 오고, 점 B의 좌표가 $(-2, 0)$, 점 A의 좌표가 $(-2, 4)$가 되도록 직사각형 ABCD를 좌표평면 위에 놓자.

점 O가 선분 BC를 1 : 2로 내분하는 점이므로

$\frac{2\overrightarrow{\mathrm{XB}}+\overrightarrow{\mathrm{XC}}}{2+1}=\overrightarrow{\mathrm{XO}}$

즉, $|2\overrightarrow{\mathrm{XB}}+\overrightarrow{\mathrm{XC}}|=3|\overrightarrow{\mathrm{XO}}|$

이때, $|\overrightarrow{\mathrm{XB}}-\overrightarrow{\mathrm{XC}}|=|\overrightarrow{\mathrm{CB}}|=6$이므로

$|2\overrightarrow{\mathrm{XB}}+\overrightarrow{\mathrm{XC}}|=|\overrightarrow{\mathrm{XB}}-\overrightarrow{\mathrm{XC}}|$

에서

$3|\overrightarrow{\mathrm{XO}}|=6$

즉, $|\overrightarrow{\mathrm{XO}}|=2$이므로 점 X가 나타내는 도형 S는 원점 O를 중심으로 하고 반지름의 길이가 2인 원이다.

또, 선분 CD를 3 : 1로 내분하는 점을 O′이라 하면

$\frac{\overrightarrow{\mathrm{YC}}+3\overrightarrow{\mathrm{YD}}}{1+3}=\overrightarrow{\mathrm{YO'}}$

즉, $|\overrightarrow{\mathrm{YC}}+3\overrightarrow{\mathrm{YD}}|=4|\overrightarrow{\mathrm{YO'}}|$

이때, $|\overrightarrow{\mathrm{YC}}-\overrightarrow{\mathrm{YD}}|=|\overrightarrow{\mathrm{DC}}|=4$이므로

$|\overrightarrow{\mathrm{YC}}+3\overrightarrow{\mathrm{YD}}|=|\overrightarrow{\mathrm{YC}}-\overrightarrow{\mathrm{YD}}|$

에서

$4|\overrightarrow{\mathrm{YO'}}|=4$

즉, $|\overrightarrow{\mathrm{YO'}}|=1$이므로 점 Y가 나타내는 도형 T는 점 O′을 중심으로 하고 반지름의 길이가 1인 원이다.

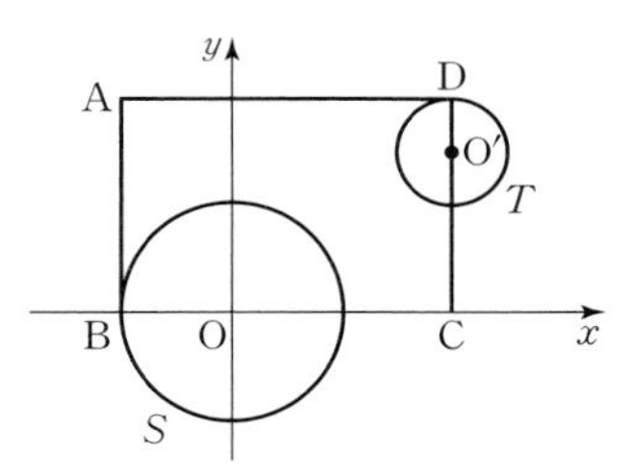

이때 세 점 C, D, O′의 좌표가 각각 C(4, 0), D(4, 4), O′(4, 3)이므로

$6\overrightarrow{\mathrm{CP}}+4\overrightarrow{\mathrm{AQ}}=6(\overrightarrow{\mathrm{OP}}-\overrightarrow{\mathrm{OC}})+4(\overrightarrow{\mathrm{O'Q}}-\overrightarrow{\mathrm{O'A}})$

$=6\overrightarrow{\mathrm{OP}}+4\overrightarrow{\mathrm{O'Q}}-6\overrightarrow{\mathrm{OC}}-4\overrightarrow{\mathrm{O'A}}$

$=6\overrightarrow{\mathrm{OP}}+4\overrightarrow{\mathrm{O'Q}}-6\overrightarrow{\mathrm{OC}}-4(\overrightarrow{\mathrm{OA}}-\overrightarrow{\mathrm{OO'}})$

$=6\overrightarrow{\mathrm{OP}}+4\overrightarrow{\mathrm{O'Q}}-6\overrightarrow{\mathrm{OC}}-4\overrightarrow{\mathrm{OA}}+4\overrightarrow{\mathrm{OO'}}$

$=6\overrightarrow{\mathrm{OP}}+4\overrightarrow{\mathrm{O'Q}}-6(4, 0)-4(-2, 4)+4(4, 3)$

$=6\overrightarrow{\mathrm{OP}}+4\overrightarrow{\mathrm{O'Q}}+(0, -4)$

따라서 $|6\overrightarrow{\mathrm{CP}}+4\overrightarrow{\mathrm{AQ}}|$의 값은 세 벡터

$\overrightarrow{\mathrm{OP}}$, $\overrightarrow{\mathrm{O'Q}}$, $(0, -4)$

가 모두 같은 방향일 때 최대가 되고 이때 최댓값은

$M=6|\overrightarrow{\mathrm{OP}}|+4|\overrightarrow{\mathrm{O'Q}}|+|(0, -4)|$

$=6\times2+4\times1+4$

$=20$

답 20

4회 EBS FINAL 수학영역

본문 54~70쪽

01 ②	02 ③	03 ②	04 ②	05 ⑤
06 ④	07 ③	08 ⑤	09 ②	10 ②
11 ④	12 ③	13 ⑤	14 ①	15 ③
16 6	17 5	18 6	19 157	20 62
21 470	22 72			

확률과 통계	23 ③	24 ⑤	25 ④	26 ②
	27 ②	28 ①	29 413	30 50
미적분	23 ②	24 ①	25 ②	26 ④
	27 ①	28 ①	29 6	30 34
기하	23 ①	24 ④	25 ①	26 ④
	27 ①	28 ③	29 16	30 216

01

$(3^{\sqrt{2}+1})^{1-\sqrt{2}}=\frac{1}{(3^{\sqrt{2}+1})^{\sqrt{2}-1}}$

$=\frac{1}{3}$

답 ②

02

$f(x)=2x^3-x^2+9$에서 $f'(x)=6x^2-2x$

$\lim_{h\to 0}\frac{f(2+h)-f(2)}{h}=f'(2)$이므로

$f'(2)=6\times 2^2-4=20$

답 ③

03

함수 $f(x)=\begin{cases}-2x+1 & (x<a)\\ x^2-6x+5 & (x\geq a)\end{cases}$가 실수 전체의 집합에서 연속이므로 $x=a$에서 연속이다.

$f(a)=\lim_{x\to a+}f(x)=\lim_{x\to a+}(x^2-6x+5)=a^2-6a+5$

$\lim_{x\to a-}f(x)=\lim_{x\to a-}(-2x+1)=-2a+1$

에서

$f(a)=\lim_{x\to a+}f(x)=\lim_{x\to a-}f(x)$이므로

$a^2-6a+5=-2a+1$

$a^2-4a+4=0$

$(a-2)^2=0$

따라서

$a=2$

답 ②

04

$\tan\theta-\frac{2}{\tan\theta}=1$의 양변에 $\tan\theta$를 각각 곱하면

$\tan^2\theta-2=\tan\theta$

$\tan^2\theta-\tan\theta-2=0$

$(\tan\theta+1)(\tan\theta-2)=0$

$\pi<\theta<\frac{3}{2}\pi$이므로 $\tan\theta=2$이고, $\sin\theta<0$, $\cos\theta<0$이므로

$\sin\theta=-\frac{2\sqrt{5}}{5}$, $\cos\theta=-\frac{\sqrt{5}}{5}$

따라서

$\sin\theta-\cos\theta=-\frac{2\sqrt{5}}{5}+\frac{\sqrt{5}}{5}$

$=-\frac{\sqrt{5}}{5}$

답 ②

05

$f(x)=\int f'(x)dx=\int(3x^2-4x+a)dx$

$=x^3-2x^2+ax+C$ (단, C는 적분상수)

$f(0)=3$이므로 $C=3$

$f(1)=5$이므로

$f(1)=1-2+a+3=5$

$a=3$

그러므로 $f(x)=x^3-2x^2+3x+3$이다.

따라서

$f(2)=8-8+6+3=9$

답 ⑤

06

등비수열 $\{a_n\}$의 공비를 r이라 하면

$a_1=4$이고 $\frac{S_7-S_4}{S_4-a_1}=27$이므로

$\frac{S_7-S_4}{S_4-a_1}=\frac{a_5+a_6+a_7}{a_2+a_3+a_4}$

$=\frac{(a_2+a_3+a_4)r^3}{a_2+a_3+a_4}$

$=r^3$

$r^3=27$에서 $r=3$이므로

$a_3=4r^2=4\times 9=36$

답 ④

07

$f(x)=-2x^3+6x^2+a$에서

$f'(x)=-6x^2+12x=-6x(x-2)$

$f'(x)=0$인 x의 값은 $x=0$ 또는 $x=2$이므로 함수 $f(x)$의 증가와 감소를 표로 나타내면 다음과 같다.

x	$\cdots$	0	$\cdots$	2	$\cdots$
$f'(x)$	$-$	0	$+$	0	$-$
$f(x)$	↘	극소	↗	극대	↘

함수 $f(x)$는 $x=2$일 때 극댓값 11을 가지므로

$f(2)=-16+24+a=11$

$a=3$

따라서 함수 $f(x)$는 $x=0$에서 극솟값을 가지므로

$f(0)=3$

답 ③

08

$h(x)=f'(x)-2g'(x)$에서 다항함수 $h(x)$는 차수가 2 이하인 다항함수이고, $h'(x)$는 차수가 1 이하인 다항함수이다.

$h(x)=\int\{f(x)+2g(x)\}dx$의 양변을 x에 대하여 미분하면

$h'(x)=f(x)+2g(x)$ …… ㉠

이고 함수 $f(x)+2g(x)$가 차수가 1 이하인 다항함수이므로 삼차함수 $g(x)$는 다음과 같다.

$g(x)=-x^3-\frac{1}{2}x^2+ax+b$ (단, a, b는 상수) …… ㉡

㉡을 $h(x)=f'(x)-2g'(x)$에 대입하면

$h(x)=f'(x)-2g'(x)$
$=6x^2+2x-2-2(-3x^2-x+a)$
$=12x^2+4x-2-2a$
이고
$h'(x)=24x+4$ …… ㉢
㉢을 ㉠에 대입하면
$24x+4=(2a-2)x+2b-1$
이 식은 x에 대한 항등식이므로
$a=13$, $b=\frac{5}{2}$
그러므로 $g(x)=-x^3-\frac{1}{2}x^2+13x+\frac{5}{2}$, $h(x)=12x^2+4x-28$이다.
$g(1)+h(1)=\left(-1-\frac{1}{2}+13+\frac{5}{2}\right)+(12+4-28)$
$=14-12$
$=2$

답 ⑤

09

$\lim_{x\to3}\frac{f(x)-f(-1)}{x-3}=4a$에서 $x\to3$일 때 (분모) $\to0$이고 극한값이 존재하므로 (분자) $\to0$이다.
$\lim_{x\to3}\{f(x)-f(-1)\}=f(3)-f(-1)=0$이므로
$f(3)=f(-1)$
이차함수 $f(x)$가 최솟값을 가지므로 함수 $f(x)$의 최고차항의 계수를 k라 하면 $k>0$이다.
이때 $f(3)=f(-1)$이므로 이차함수 $f(x)$는 $x=1$에서 최솟값 2를 가지므로
$f(x)=k(x-1)^2+2$
라 둘 수 있다.
이때, $f'(x)=2k(x-1)$이므로
$\lim_{x\to3}\frac{f(x)-f(-1)}{x-3}=f'(3)=4k$
$4k=4a$
$k=a$이고 $k>0$이므로 $a>0$
즉, $f(x)=a(x-1)^2+2$
$\lim_{x\to2}\frac{f(x+2)}{f(x-4)}=\lim_{x\to2}\frac{a(x+1)^2+2}{a(x-5)^2+2}$
$=\frac{9a+2}{9a+2}$
$=1$
이므로 $3a=1$에서 $a=\frac{1}{3}$
따라서 $f(x)=\frac{1}{3}(x-1)^2+2$이므로
$f(4)=3+2=5$

답 ②

10

$x\ge-k+1$이면 $g(x)=\log_5(x+k)$이고
$f(g(x))=5^{\log_5(x+k)}-k=x$이다.
$-k<x<-k+1$이면 $g(x)=-\log_5(x+k)$이고
$f(g(x))=5^{-\log_5(x+k)}-k=\frac{1}{x+k}-k$이다.
그러므로 $f(g(x))=\begin{cases} x & (x\ge-k+1) \\ \frac{1}{x+k}-k & (-k<x<-k+1)\end{cases}$이다.
$\frac{1}{x+k}-k=k+1$이면 $x=\frac{1}{2k+1}-k$이므로
선분 AB의 길이 $h(k)$는
$h(k)=k+1-\left(\frac{1}{2k+1}-k\right)$
$=2k+1-\frac{1}{2k+1}$
$=\frac{4k^2+4k}{2k+1}$
따라서 $h(k)=2$이면
$\frac{4k^2+4k}{2k+1}=2$
$4k^2=2$
이때 k는 양의 실수이므로
$k=\frac{\sqrt{2}}{2}$

답 ②

11

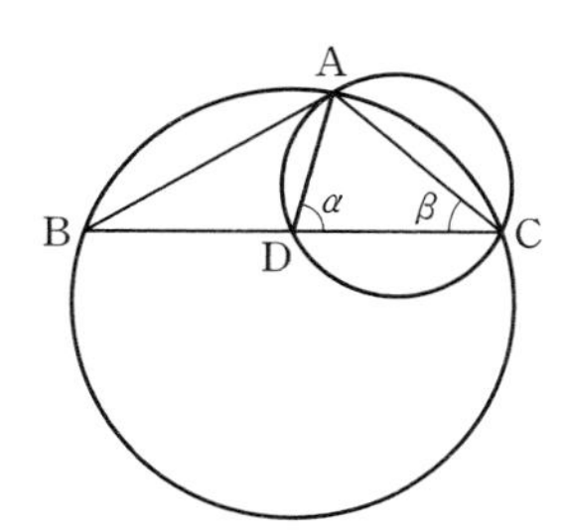

$\angle ADC=\alpha$라 하자.
$\sin\alpha=\frac{2\sqrt{2}}{3}$이므로 $\cos\alpha=\frac{1}{3}$
$\overline{AD}=x\ (x>1)$라 하면 삼각형 ADC에서 코사인법칙에 의하여
$(2\sqrt{6})^2=5^2+x^2-2\times5\times x\times\cos\alpha$
$x^2-\frac{10}{3}x+1=0$
$3x^2-10x+3=0$
$(3x-1)(x-3)=0$
$x=3\ (x>1)$
$\angle ACD=\beta$라 하면 삼각형 ADC에서 코사인법칙에 의하여
$\cos\beta=\frac{\overline{CD}^2+\overline{CA}^2-\overline{AD}^2}{2\times\overline{CD}\times\overline{CA}}$
$=\frac{5^2+(2\sqrt{6})^2-3^2}{2\times5\times2\sqrt{6}}$
$=\frac{40}{20\sqrt{6}}=\frac{\sqrt{6}}{3}$
$\sin\beta=\frac{\sqrt{3}}{3}$
삼각형 ADC의 외접원의 반지름의 길이를 r이라 하면
$2r=\frac{\overline{AC}}{\sin(\angle ADC)}=2\sqrt{6}\times\frac{3}{2\sqrt{2}}=3\sqrt{3}$
$r=\frac{3}{2}\sqrt{3}$
삼각형 ABC의 외접원의 반지름의 길이를 R이라 하면
$S_1:S_2=11:3$
$R:r=\sqrt{11}:\sqrt{3}$
$R:\frac{3}{2}\sqrt{3}=\sqrt{11}:\sqrt{3}$
$R=\frac{3}{2}\sqrt{11}$
삼각형 ABC에서 사인법칙에 의하여
$\frac{\overline{AB}}{\sin\beta}=2R=3\sqrt{11}$
$\overline{AB}=3\sqrt{11}\times\frac{\sqrt{3}}{3}=\sqrt{33}$
$\angle ACB=\angle ACD=\beta$이며 $\overline{BC}=y$라 하면 삼각형 ABC에서 코사인법칙에 의하여
$(\sqrt{33})^2=y^2+(2\sqrt{6})^2-2\times y\times2\sqrt{6}\times\cos\beta$
$y^2-8y-9=0$
$(y+1)(y-9)=0$
$y=9\ (y>0)$
따라서 삼각형 ABC의 넓이 S는
$S=\frac{1}{2}\times\overline{AC}\times\overline{BC}\times\sin\beta$
$=\frac{1}{2}\times2\sqrt{6}\times9\times\frac{\sqrt{3}}{3}$
$=9\sqrt{2}$

답 ④

12

a_4가 홀수라 하면 $a_5=1$에서 $a_4=0$이므로 조건에 맞지 않는다.
a_4가 짝수라 하면 $a_4=2$이다.
$a_4=2$이면 $a_3=1$ 또는 $a_3=4$이다.
(i) $a_3=1$일 때
$a_2=2$이고 $a_1=1$ 또는 $a_1=4$이다.
(ii) $a_3=4$일 때
$a_2=7$ 또는 $a_2=8$이므로
① $a_2=7$일 때
$a_1=63$ 또는 $a_1=14$이다.
② $a_2=8$일 때
$a_1=127$ 또는 $a_1=16$이다.
(i), (ii)에 의하여 모든 a_1의 값의 합은
$1+4+63+14+127+16=225$

답 ③

13

점 P의 시각 t에서의 속도를 $v(t)$라 하면
$x(t)=t^3+at^2+bt$에서
$v(t)=x'(t)=3t^2+2at+b$
점 P가 운동 방향을 바꾸는 시각 t_1, t_2는 $3t^2+2at+b=0$의 두 양의 실근이다.
이차방정식 $3t^2+2at+b=0$의 근과 계수의 관계에 의하여
$t_1+t_2=-\frac{2a}{3}$, $t_1t_2=\frac{b}{3}$
$t_2-t_1=4$이므로
$(t_2-t_1)^2=(t_1+t_2)^2-4t_1t_2$
$16=\frac{4a^2}{9}-\frac{4b}{3}$
$a^2=3b+36$ …… ㉠
한편, 시각 $t=1$일 때 점 P의 위치가 25이므로
$1+a+b=25$
즉, $a+b=24$, $b=24-a$ …… ㉡
㉡을 ㉠에 대입하면
$a^2=72-3a+36$
$a^2+3a-108=0$
$(a+12)(a-9)=0$
$t_1+t_2=-\frac{2a}{3}$이므로
$-\frac{2a}{3}>0$, 즉 $a<0$
그러므로 $a=-12$
$a=-12$일 때, $b=36$이므로
$v(t)=3t^2-24t+36=0$
$3(t-2)(t-6)=0$
$t=2$ 또는 $t=6$
따라서 시각 $t=2$에서 $t=6$까지 점 P가 움직인 거리는
$$\int_2^6 |v(t)|dt=\int_2^6(-v(t))dt=\left[-t^3+12t^2-36t\right]_2^6$$
$$=-(6^3-2^3)+12(6^2-2^2)-36(6-2)$$
$$=-208+12\times32-36\times4$$
$$=-208+384-144$$
$$=32$$

답 ⑤

14

수열 $\{S_n\}$이 최솟값을 가지므로 $d>0$이다.
조건 (가)에서 S_k, S_{k+1}, S_{k+2}가 이 순서대로 다음과 같은 값을 가질 수 있다.

(i) -7, -6, -5인 경우

n	…	k	$k+1$	$k+2$	…
a_n	…		1	1	…
S_n	…	-7	-6	-5	…

$S_{k+1}=S_k+a_{k+1}$에서 $a_{k+1}=1$
$S_{k+2}=S_{k+1}+a_{k+2}$에서 $a_{k+2}=1$
$d=a_{k+2}-a_{k+1}=1-1=0$
이므로 조건 (나)를 만족시키지 않는다.

(ii) -7, -5, -6인 경우

n	…	k	$k+1$	$k+2$	…
a_n	…		2	-1	…
S_n	…	-7	-5	-6	…

$S_{k+1}=S_k+a_{k+1}$에서 $a_{k+1}=2$
$S_{k+2}=S_{k+1}+a_{k+2}$에서 $a_{k+2}=-1$
$d=a_{k+2}-a_{k+1}=-1-2=-3<0$
이므로 조건 (나)를 만족시키지 않는다.

(iii) -6, -7, -5인 경우

n	…	k	$k+1$	$k+2$	…
a_n	…	-4	-1	2	…
S_n	…	-6	-7	-5	…

$S_{k+1}=S_k+a_{k+1}$에서 $a_{k+1}=-1$
$S_{k+2}=S_{k+1}+a_{k+2}$에서 $a_{k+2}=2$
$d=a_{k+2}-a_{k+1}=2-(-1)=3$
$a_k=a_1+3(k-1)=-4$에서
$a_1=-1-3k$
$S_k=\frac{k(a_1+a_k)}{2}=\frac{k(a_1-4)}{2}=\frac{k(-5-3k)}{2}=-6$에서
$3k^2+5k-12=0$
$(k+3)(3k-4)=0$
$k=-3$ 또는 $k=\frac{4}{3}$
그러므로 조건을 만족시키는 수열 $\{a_n\}$은 존재하지 않는다.

(iv) -6, -5, -7인 경우

n	…	k	$k+1$	$k+2$	…
a_n	…		1	-2	…
S_n	…	-6	-5	-7	…

$S_{k+1}=S_k+a_{k+1}$에서 $a_{k+1}=1$
$S_{k+2}=S_{k+1}+a_{k+2}$에서 $a_{k+2}=-2$
$d=a_{k+2}-a_{k+1}=-2-1=-3<0$
이므로 조건 (나)를 만족시키지 않는다.

(v) -5, -6, -7인 경우

n	…	k	$k+1$	$k+2$	…
a_n	…		-1	-1	…
S_n	…	-5	-6	-7	…

$S_{k+1}=S_k+a_{k+1}$에서 $a_{k+1}=-1$
$S_{k+2}=S_{k+1}+a_{k+2}$에서 $a_{k+2}=-1$
$d=a_{k+2}-a_{k+1}=-1-1=0$
이므로 조건 (나)를 만족시키지 않는다.

(vi) -5, -7, -6인 경우

n	…	k	$k+1$	$k+2$	…
a_n	…	-5	-2	1	…
S_n	…	-5	-7	-6	…

$S_{k+1}=S_k+a_{k+1}$에서 $a_{k+1}=-2$
$S_{k+2}=S_{k+1}+a_{k+2}$에서 $a_{k+2}=1$
$d=a_{k+2}-a_{k+1}=1-(-2)=3$
$a_k=a_1+3(k-1)=-5$에서 $a_1=-3k-2$
$S_k=\frac{k(a_1+a_k)}{2}=\frac{k(a_1-5)}{2}=\frac{k(-3k-7)}{2}=-5$에서

$3k^2+7k-10=0$

$(3k+10)(k-1)=0$

$k=-\frac{10}{3}$ 또는 $k=1$

$a_1=S_1=-5$이고 $d=3$이다.

(i)~(vi)에 의하여 $a_n=3n-8$이므로

$a_5=3\times5-8=7$

답 ①

15

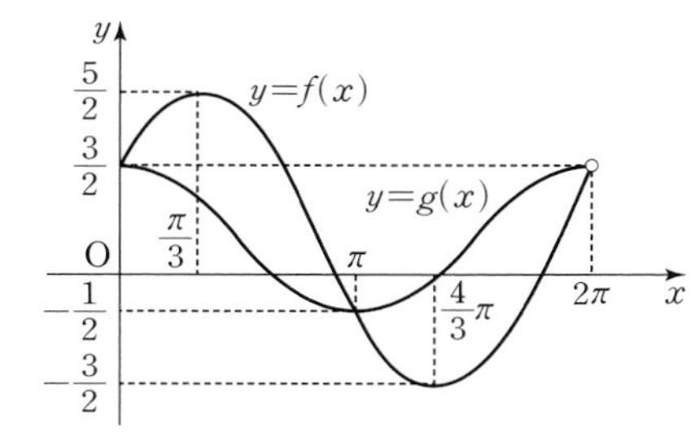

$0\le x<2\pi$에서 함수 $f(x)=2\sin\left(x+\frac{\pi}{6}\right)+\frac{1}{2}$의 그래프는 함수 $y=2\sin x$의 그래프를 x축의 방향으로 $-\frac{\pi}{6}$ 만큼, y축의 방향으로 $\frac{1}{2}$만큼 평행이동한 그래프이고 함수 $g(x)=\cos x+\frac{1}{2}$의 그래프는 함수 $y=\cos x$의 그래프를 y축의 방향으로 $\frac{1}{2}$만큼 평행이동한 그래프이다.

$0\le x<2\pi$에서

$f(x)\ge g(x)$의 해는 $0\le x\le\pi$

$f(x)<g(x)$의 해는 $\pi<x<2\pi$

따라서 함수 $h(x)$는

$$h(x)=\begin{cases} f(x) & (0\le x\le\pi) \\ g(x) & (\pi<x<2\pi) \end{cases}$$

이고 두 함수 $y=h(x)$의 그래프와 $y=|h(x)|$의 그래프는 그림과 같다.

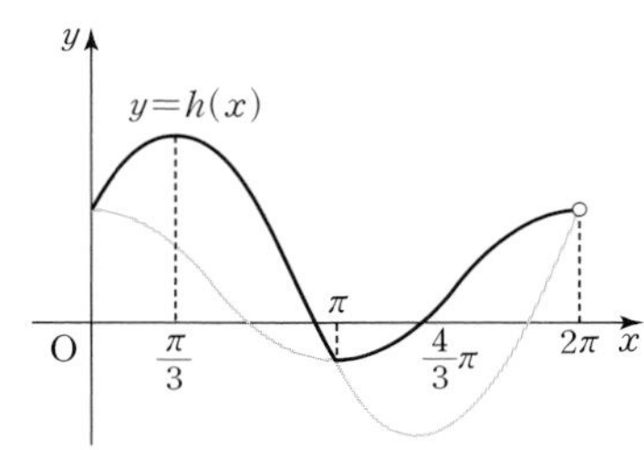

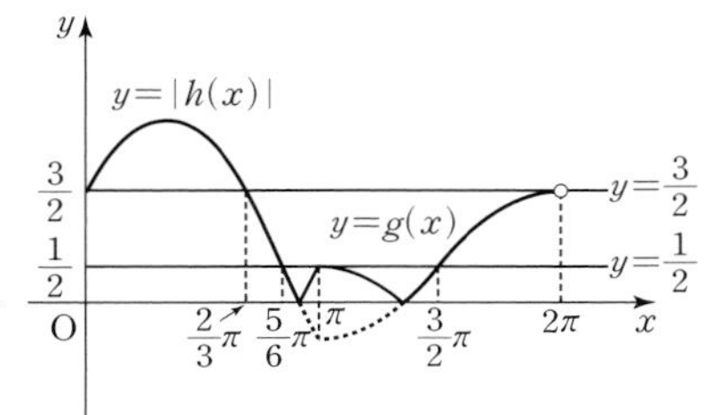

$4|h(x)|^2-8|h(x)|+3=(2|h(x)|-1)(2|h(x)|-3)$

이므로 방정식

$4|h(x)|^2-8|h(x)|+3=0$

의 실근은 함수 $y=|h(x)|$의 그래프가 두 직선 $y=\frac{1}{2}$, $y=\frac{3}{2}$과 만나는 점의 x좌표와 같다.

$|h(x)|=\frac{1}{2}$일 때, $x=\frac{5}{6}\pi$ 또는 $x=\pi$ 또는 $x=\frac{3}{2}\pi$

$|h(x)|=\frac{3}{2}$일 때, $x=0$ 또는 $x=\frac{2}{3}\pi$

따라서 방정식 $4|h(x)|^2-8|h(x)|+3=0$의 서로 다른 모든 실근의 합은

$0+\frac{2}{3}\pi+\frac{5}{6}\pi+\pi+\frac{3}{2}\pi=4\pi$

답 ③

16

$f(x)=(x^3-x)(x^2+2x)$에서

$f'(x)=(3x^2-1)(x^2+2x)+(x^3-x)(2x+2)$

따라서

$f'(1)=2\times3+0\times4=6$

답 6

17

$\frac{16}{4^x}=\frac{2^4}{(2^2)^x}=\frac{2^4}{2^{2x}}=2^{4-2x}$이므로

$2^{x^2}\le\frac{16}{4^x}$

$2^{x^2}\le2^{4-2x}$

밑 2가 1보다 크므로

$x^2\le4-2x$

$x^2+2x-4\le0$

$(x+1+\sqrt{5})(x+1-\sqrt{5})\le0$

에서 $-1-\sqrt{5}\le x\le-1+\sqrt{5}$

$-3.\times\times\times\le x\le1.\times\times\times$

따라서 주어진 부등식을 만족시키는 모든 정수 x의 값은

3, -2, -1, 0, 1

이므로 그 개수는 5이다.

답 5

18

$\log_4(\log_2 n)$에서 $\log_2 n>0$이므로 $n>1$

$$\frac{1}{2}+\log_2\sqrt{n}+\log_4(\log_2 n)=\log_2\sqrt{2n}+\log_4(\log_2 n)$$
$$=\log_4 2n+\log_4(\log_2 n)$$
$$=\log_4\{2n(\log_2 n)\}$$

의 값이 자연수이므로 자연수 k에 대하여

$\log_4\{2n(\log_2 n)\}=k$

라 하면

$2n\times\log_2 n=4^k$ …… ㉠

$\log_2 n=\frac{q}{p}$ (p와 q는 서로소인 자연수)라 하자.

$n=2^{\frac{q}{p}}$이고 2 이상의 자연수이어야 하므로 $p=1$, 즉 $n=2^q$이다.

그러므로 ㉠에서

$2^{q+1}\times q=4^k$ …… ㉡

이때 $q=2^l$ (l은 0 이상의 정수) 꼴이어야 하므로 $l=0, 1, 2, \cdots$를 차례로 대입하면 ㉡은

$q=2^0$일 때,

$2^{1+1}\times1=4^1$이고 $n=2^{2^0}=2^1=2$이다.

$q=2^1$일 때,

$2^{2+1}\times2^1=2^4=4^2$이고 $n=2^{2^1}=2^2=4$이다.

$q=2^2$일 때,

$2^{4+1}\times2^2=2^7\ne4^k$이므로 n은 존재하지 않는다.

$q=2^3$일 때,

$2^{8+1}\times2^3=2^{12}=4^6$이지만 n의 값이 100보다 크다.

$q=2^4$일 때,

$2^{16+1}\times2^4=2^{21}\ne4^k$이므로 n은 존재하지 않는다.

$q=2^5$일 때,

$2^{32+1}\times2^5=2^{38}=4^{19}$이지만 n의 값이 100보다 크다.

⋮

따라서 100 이하의 모든 자연수 n의 값은 2, 4이므로 그 합은

$2+4=6$

답 6

19

조건 (가)에서 $g(1)+g(17)=5$이므로

$g(1)=2$, $g(17)=3$ 또는 $g(1)=3$, $g(17)=2$

조건 (나)에서 $g(1)=2$, $g(17)=3$이다.

최고차항의 계수가 1인 사차함수 $y=f(x)$의 그래프는 직선 $y=2x+1$과 두 점에서 접하고, 직선 $y=2x+17$과는 한 점에서 접하고 접점을 제외한 서로 다른 두 점에서 만나야 한다.

$f'(0)=f'(a)=f'(b)=2$이므로 곡선 $y=f(x)$와 직선 $y=2x+1$이 접하는 두 접점의 x좌표는 0, b이고, 곡선 $y=f(x)$와 직선 $y=2x+17$이 접하는 접점의 x좌표는 a이다.
즉, 함수 $y=f(x)$의 그래프와 두 직선 $y=2x+1$, $y=2x+17$은 다음 그림과 같다.

최고차항의 계수가 1인 사차함수 $y=f(x)$의 그래프와 직선 $y=2x+1$이 접하는 두 접점의 x좌표가 0, b이므로
$f(x)-(2x+1)=x^2(x-b)^2$
이다. 즉, $f(x)=x^2(x-b)^2+2x+1$이므로
$f'(x)=2x(x-b)^2+2x^2(x-b)+2$
이고 $f'(a)=2$에서
$2a(a-b)^2+2a^2(a-b)+2=2$
$a(a-b)^2+a^2(a-b)=0$
$0<a<b$이므로
$(a-b)+a=0$
$b=2a$ ...... ㉠
함수 $y=f(x)$의 그래프 위의 점 $(a,\ f(a))$에서의 접선의 방정식이 $y=2x+17$이므로 $f(a)=2a+17$에서
$a^2(a-b)^2+2a+1=2a+17$
$a^2(a-b)^2=16$ ...... ㉡
㉠을 ㉡에 대입하면
$a^4=16$
$a=-2$ 또는 $a=2$
$a>0$이므로 $a=2$
㉡에서 $b=4$이고 $a+b=6$
따라서 $f(x)=x^2(x-4)^2+2x+1$이므로
$f(6)=6^2\times 2^2+12+1$
$=144+13$
$=157$

답 157

20

$\left|\sin\left(x+\frac{5}{6}\pi\right)-\frac{1}{2}\right|=\frac{n}{6}$에서
$\sin\left(x+\frac{5}{6}\pi\right)=\frac{n+3}{6}$ 또는 $\sin\left(x+\frac{5}{6}\pi\right)=\frac{-n+3}{6}$이다.

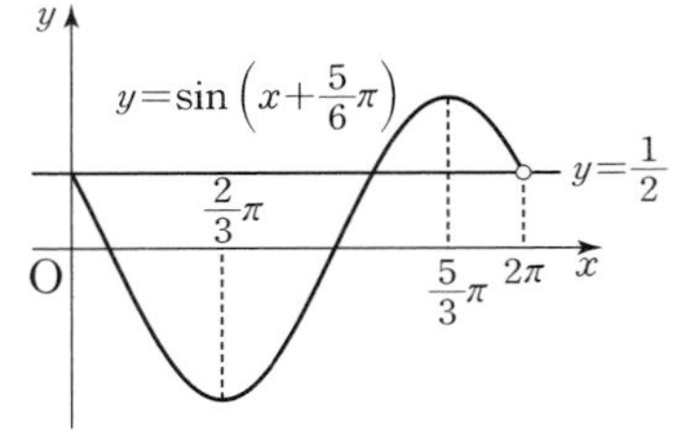

(i) $n=1$일 때
$\sin\left(x+\frac{5}{6}\pi\right)=\frac{2}{3}$ 또는 $\sin\left(x+\frac{5}{6}\pi\right)=\frac{1}{3}$이므로
$\sin\left(x+\frac{5}{6}\pi\right)=\frac{2}{3}$의 두 근을 x_1, x_2라 하면
$x_1+x_2=2\times\frac{5}{3}\pi=\frac{10}{3}\pi$
또한 $\sin\left(x+\frac{5}{6}\pi\right)=\frac{1}{3}$의 두 근을 x_3, x_4라 하면
$x_3+x_4=2\times\frac{2}{3}\pi=\frac{4}{3}\pi$
그러므로 $f(1)=\frac{14}{3}\pi$

(ii) $n=2$일 때
$\sin\left(x+\frac{5}{6}\pi\right)=\frac{5}{6}$ 또는 $\sin\left(x+\frac{5}{6}\pi\right)=\frac{1}{6}$이므로
$f(2)=f(1)=\frac{14}{3}\pi$이다.

(iii) $n=3$일 때
$\sin\left(x+\frac{5}{6}\pi\right)=1$ 또는 $\sin\left(x+\frac{5}{6}\pi\right)=0$이므로
$\sin\left(x+\frac{5}{6}\pi\right)=1$에서 $x=\frac{5}{3}\pi$
$\sin\left(x+\frac{5}{6}\pi\right)=0$의 두 근을 x_1, x_2라 하면
$x_1+x_2=2\times\frac{2}{3}\pi=\frac{4}{3}\pi$
그러므로 $f(3)=\frac{5}{3}\pi+\frac{4}{3}\pi=3\pi$이다.

(iv) $n=4$일 때
$\sin\left(x+\frac{5}{6}\pi\right)=\frac{7}{6}$ 또는 $\sin\left(x+\frac{5}{6}\pi\right)=-\frac{1}{6}$이므로
$\sin\left(x+\frac{5}{6}\pi\right)=-\frac{1}{6}$의 두 근을 x_1, x_2라 하면
$x_1+x_2=2\times\frac{2}{3}\pi=\frac{4}{3}\pi$
그러므로 $f(4)=\frac{4}{3}\pi$이다.
같은 방법으로 $5\le n\le 8$인 자연수 n에 대하여 $f(n)=\frac{4}{3}\pi$이다.

(v) $n=9$일 때
$\sin\left(x+\frac{5}{6}\pi\right)=2$ 또는 $\sin\left(x+\frac{5}{6}\pi\right)=-1$이므로
$\sin\left(x+\frac{5}{6}\pi\right)=-1$에서 $x=\frac{2}{3}\pi$
그러므로 $f(9)=\frac{2}{3}\pi$

(vi) $n\ge 10$일 때
$\frac{n+3}{6}>2$, $\frac{-n+3}{6}<-1$이므로 방정식 $\left|\sin\left(x+\frac{5}{6}\pi\right)-\frac{1}{2}\right|=\frac{n}{6}$의 해는 존재하지 않는다.

(i)~(vi)에 의하여
$f(1)+f(2)+\cdots+f(10)=2\times\frac{14\pi}{3}+3\pi+5\times\frac{4\pi}{3}+\frac{2\pi}{3}=\frac{59}{3}\pi$
따라서 $p=3$, $q=59$이므로
$p+q=62$

답 62

21

$\sum_{k=1}^{n}(a_{2k-1}-b_k)=(a_1+a_3+\cdots+a_{2n-1})-\sum_{k=1}^{n}b_k$
$\sum_{k=1}^{n}(a_{2k}-b_k)=(a_2+a_4+\cdots+a_{2n})-\sum_{k=1}^{n}b_k$
이고 수열 $\{a_n\}$의 첫째항부터 제n항까지의 합을 S_n이라 하면
$S_{2n}-2\sum_{k=1}^{n}b_k=(3n^2-2n)+(-2n^2+9n)$
$=n^2+7n$
이고 $S_{2n}=n^2+7n+2\sum_{k=1}^{n}b_k$이다.
$S_{50}-S_{30}=a_{31}+a_{32}+\cdots+a_{50}$
$=\left\{(25^2+7\times 25)+2\sum_{k=1}^{25}b_k\right\}-\left\{(15^2+7\times 15)+2\sum_{k=1}^{15}b_k\right\}$
$=\left(800+2\sum_{k=1}^{25}b_k\right)-\left(330+2\sum_{k=1}^{15}b_k\right)$
$=470+2(b_{16}+b_{17}+\cdots+b_{25})$
수열 $\{b_n\}$은 $|b_{16}|=|b_{25}|$인 등차수열이고 공차가 0이 아니므로
$b_{16}=-b_{25}$
그러므로
$b_{16}+b_{17}+\cdots+b_{25}=\frac{10(b_{16}+b_{25})}{2}=0$

따라서

$a_{31}+a_{32}+\cdots+a_{50}=470$

답 470

22

$f(0)=0$이므로 함수 $f(x)=x^3+ax^2+bx$ (단, a, b는 상수)라 하자.

$f'(x)=3x^2+2ax+b$에서

$f'(0)=b$, $f'(1)=3+2a+b$

$f'(0)+f'(1)=1$이므로

$3+2a+2b=1$

$a=-1-b$

이고 $f(x)=x^3-(1+b)x^2+bx$이다.

즉, $f(x)=x(x-1)(x-b)$

함수 $g(x)$는 실수 전체의 집합에서 미분가능하므로 실수 전체의 집합에서 연속이다.

함수 $g(x)$가 $x=k$에서 연속이므로

$g(k)=\lim_{x\to k-}g(x)=\lim_{x\to k+}g(x)$

이다.

$g(k)=\lim_{x\to k+}g(x)=\lim_{x\to k+}\{|f(x)|+f(x)\}$

$\lim_{x\to k-}g(x)=\lim_{x\to k-}f(x)=f(k)$

그러므로

$f(k)=\lim_{x\to k+}\{|f(x)|+f(x)\}$

$f(x)+|f(x)|=\begin{cases}2f(x) & (f(x)\ge 0)\\ 0 & (f(x)<0)\end{cases}$

이므로 $f(k)=2f(k)$ 또는 $f(k)=0$이다.

$f(k)=0$이므로 실수 k는 방정식 $f(x)=0$의 한 근이다.

즉, $k=0$ 또는 $k=1$ 또는 $k=b$

함수 $g(x)=\begin{cases}f(x) & (x<k)\\ 2f(x) & (x\ge k,\ f(x)\ge 0)\\ 0 & (x\ge k,\ f(x)<0)\end{cases}$

이고, 실수 전체의 집합에서 미분가능하므로

$g'(x)=\begin{cases}f'(x) & (x<k)\\ 2f'(x) & (x>k,\ f(x)>0)\\ 0 & (x>k,\ f(x)<0)\end{cases}$

함수 $g(x)$가 $x=k$에서 미분가능하므로

$\lim_{x\to k-}g'(x)=\lim_{x\to k+}g'(x)$

이다.

$\lim_{x\to k-}g'(x)=f'(k)$

$\lim_{x\to k+}g'(x)=2f'(k)$ 또는 $\lim_{x\to k+}g'(x)=0$

$f'(k)=2f'(k)$ 또는 $f'(k)=0$

즉, $f'(k)=0$이므로 실수 k는 방정식 $f'(x)=0$의 한 근이다.

k가 두 방정식 $f(x)=0$과 $f'(x)=0$의 근이므로 함수 $f(x)$는 $(x-k)^2$을 인수로 갖는다.

$f(x)=x(x-1)(x-b)$이므로 $b=0$ 또는 $b=1$이다.

따라서 $b=k=0$ 또는 $b=k=1$

(i) $b=k=0$일 때

$f(x)=x^2(x-1)$이므로

$g(x)=\begin{cases}f(x) & (x<0)\\ 0 & (0\le x<1)\\ 2f(x) & (x>1)\end{cases}$이고

$g'(x)=\begin{cases}f'(x) & (x<0)\\ 0 & (0<x<1)\\ 2f'(x) & (x>1)\end{cases}$이다.

$f'(x)=2x(x-1)+x^2=x(3x-2)$이고

$\lim_{x\to 1-}g'(x)=\lim_{x\to 1-}0=0$

$\lim_{x\to 1+}g'(x)=\lim_{x\to 1+}2f'(x)=2$

이므로 $\lim_{x\to 1-}g'(x)\ne\lim_{x\to 1+}g'(x)$

함수 $g(x)$가 $x=1$에서 미분가능하지 않다.

(ii) $b=k=1$일 때

$f(x)=x(x-1)^2$이므로

$g(x)=\begin{cases}f(x) & (x<1)\\ 2f(x) & (x\ge 1)\end{cases}$이고

$g'(x)=\begin{cases}f'(x) & (x<1)\\ 2f'(x) & (x>1)\end{cases}$이다.

$f'(x)=(x-1)^2+2x(x-1)=(x-1)(3x-1)$

$\lim_{x\to 1-}g'(x)=f'(1)=0=2f'(1)=\lim_{x\to 1+}g'(x)$

이므로 함수 $g(x)$는 실수 전체의 집합에서 미분가능하다.

(i), (ii)에 의하여 $f(x)=x(x-1)^2$이고 $k=1$이다.

따라서

$g(4k)=g(4)$

$=2f(4)$

$=2\times 4\times(4-1)^2$

$=72$

답 72

확률과 통계

23

$\left(x^2-\frac{2}{x}\right)^7$의 전개식의 일반항은

${}_7C_r(x^2)^{7-r}\left(-\frac{2}{x}\right)^r={}_7C_r\times(-2)^r\times x^{14-2r}\times x^{-r}$

$={}_7C_r\times(-2)^r\times x^{14-3r}$ (단, $r=0, 1, 2, \cdots, 7$)

그러므로 x^8항은 $14-3r=8$, 즉 $r=2$일 때이므로 구하는 x^8의 계수는

${}_7C_2\times(-2)^2=\frac{7\times 6}{2\times 1}\times 4=84$

답 ③

24

$P(B|A)=P(B|A^C)$에서

$\frac{P(A\cap B)}{P(A)}=\frac{P(A^C\cap B)}{P(A^C)}$

$\frac{P(A\cap B)}{P(A)}=\frac{P(A^C\cap B)}{1-P(A)}$

$\frac{\frac{3}{10}}{\frac{2}{5}}=\frac{P(B-A)}{1-\frac{2}{5}}$

따라서

$P(B-A)=\frac{3}{4}\times\frac{3}{5}=\frac{9}{20}$

답 ⑤

25

조건 (가)에서 함수 $y=f(x)$의 그래프는 직선 $x=5$에 대하여 대칭이므로 정규분포를 따르는 확률변수 X의 평균은 5이다.

조건 (나)에서

$V(X)=\sigma(X)=\sqrt{V(X)}$

이므로

$V(X)=\sigma(X)=1$

이다. $g(x)=f(x+a)$이므로 함수 $y=g(x)$의 그래프는 함수 $y=f(x)$의 그래프를 x축의 방향으로 $-a$만큼 평행이동시킨 그래프이다.

확률변수 Y는 평균이 $5-a$이므로

$E(Y)=5-a$

$E(Y)=V(X)$

$5-a=1$

따라서

$a=4$

답 ④

26

두 학생 P와 Q가 이웃하여 앉는 사건을 A라 하자.

P와 Q를 묶어서 생각하고, 두 사람이 자리를 바꿀 수 있으므로

$$\mathrm{P}(A)=\frac{(7-1)!\times 2!}{(8-1)!}=\frac{2}{7}$$

세 학생 Q, R, S끼리 이웃하여 앉는 사건을 B라 하자.

사건 $A\cap B$가 일어날 확률은

PQRS 또는 PQSR 또는 RSQP 또는 SRQP

와 같이 네 가지 순서로 앉는 방법은 4가지이고 각각의 경우에 나머지 4명이 자리에 앉는 경우의 수는 $4!$가지이므로

$$\mathrm{P}(A\cap B)=\frac{4\times 4!}{(8-1)!}=\frac{2}{105}$$

이다. 따라서

$$\mathrm{P}(B|A)=\frac{\mathrm{P}(A\cap B)}{\mathrm{P}(A)}=\frac{\frac{2}{105}}{\frac{2}{7}}=\frac{1}{15}$$

답 ②

27

이 회사가 생산하는 제품 1개의 무게를 확률변수 X라 하면 X는 정규분포 $\mathrm{N}(m,\ 6^2)$을 따른다. 크기가 9인 표본을 임의로 추출하여 구한 표본평균 $\overline{X}$에 대하여

$$\mathrm{E}(\overline{X})=m,\ \mathrm{V}(\overline{X})=\frac{6^2}{9}=2^2$$

이므로 $\overline{X}$는 정규분포 $\mathrm{N}(m,\ 2^2)$을 따른다.

확률변수 $Z=\dfrac{\overline{X}-m}{2}$은 표준정규분포 $\mathrm{N}(0,\ 1)$을 따르고 표본평균이 200 이상일 확률이 0.9938이므로

$$\mathrm{P}(\overline{X}\ge 200)=\mathrm{P}\left(Z\ge\frac{200-m}{2}\right)=0.9938$$

주어진 표준정규분포표에서

$$\begin{aligned}\mathrm{P}(Z\ge -2.5)&=0.5+\mathrm{P}(0\le Z\le 2.5)\\&=0.5+0.4938\\&=0.9938\end{aligned}$$

$\dfrac{200-m}{2}=-2.5$이므로

$m=205$

$$\mathrm{P}(\overline{X}\le a)=\mathrm{P}\left(Z\le\frac{a-205}{2}\right)=0.9938$$

이므로

$$\mathrm{P}\left(Z\le\frac{a-205}{2}\right)=0.5+\mathrm{P}\left(0\le Z\le\frac{a-205}{2}\right)$$

따라서 $\dfrac{a-205}{2}=2.5$에서

$a=210$

답 ②

28

방정식 $a+b+c+d=9$를 만족시키는 음이 아닌 정수 $a,\ b,\ c,\ d$의 순서쌍 $(a,\ b,\ c,\ d)$의 개수는 서로 다른 4개에서 9개를 택하는 중복조합의 수와 같으므로

$${}_4\mathrm{H}_9={}_{12}\mathrm{C}_9={}_{12}\mathrm{C}_3=\frac{12\times 11\times 10}{3\times 2\times 1}=220$$

$(a-3)(b-3)(c-3)(d-3)\ne 0$

이므로 $a,\ b,\ c,\ d$는 모두 3이 아니다.

$a,\ b,\ c,\ d$ 중 3이 있는 경우는 다음과 같다.

(i) $a,\ b,\ c,\ d$ 중 한 개의 값만 3인 경우

⑴ $a=3$인 경우

$b+c+d=6$이고 $b\ne 3,\ c\ne 3,\ d\ne 3$인 순서쌍 $(b,\ c,\ d)$의 개수를 구해 보자.

방정식 $b+c+d=6$을 만족시키는 음이 아닌 정수 $b,\ c,\ d$의 순서쌍 $(b,\ c,\ d)$의 개수는 서로 다른 3개에서 6개를 택하는 중복조합의 수와 같으므로

$${}_3\mathrm{H}_6={}_8\mathrm{C}_6={}_8\mathrm{C}_2=\frac{8\times 7}{2\times 1}=28$$

① $b,\ c,\ d$ 중 한 개의 값만 3인 경우

$b,\ c,\ d$ 중 그 값이 3이 되는 한 개를 제외한 나머지 두 개의 값의 합은 3이므로 순서쌍 $(b,\ c,\ d)$는

$(3,\ 1,\ 2),\ (3,\ 2,\ 1),\ (1,\ 3,\ 2),\ (2,\ 3,\ 1),\ (1,\ 2,\ 3),\ (2,\ 1,\ 3)$

의 여섯 개다.

② $b,\ c,\ d$ 중 두 개의 값만 3인 경우

$b,\ c,\ d$ 중 그 값이 3이 되는 두 개를 제외한 나머지 한 개의 값은 0이므로 순서쌍 $(b,\ c,\ d)$는 $(0,\ 3,\ 3),\ (3,\ 0,\ 3),\ (3,\ 3,\ 0)$의 세 개다.

따라서 $a=3$일 때, $b+c+d=6$이고 $b\ne 3,\ c\ne 3,\ d\ne 3$인 순서쌍 $(b,\ c,\ d)$의 개수는

$28-6-3=19$

이다.

⑵ $b=3$ 또는 $c=3$ 또는 $d=3$인 경우

⑴의 경우와 같은 방법으로 각각의 순서쌍의 개수는 19이다.

그러므로 $a,\ b,\ c,\ d$ 중 한 개의 값만 3인 경우의 순서쌍의 개수는

$19\times 4=76$

(ii) $a,\ b,\ c,\ d$ 중 두 개의 값만 3인 경우

$a,\ b,\ c,\ d$ 중 값이 3이 되는 두 개를 택하는 경우의 수는

${}_4\mathrm{C}_2=6$

$a,\ b,\ c,\ d$ 중 그 값이 3이 되는 두 개를 제외한 나머지 두 개가 모두 3이 아니면서 값의 합이 3이 되는 순서쌍은 $(1,\ 2),\ (2,\ 1)$로 개수는 2이다.

그러므로 $a,\ b,\ c,\ d$ 중 두 개가 3인 경우의 순서쌍의 개수는

$6\times 2=12$

(iii) $a,\ b,\ c,\ d$ 중 세 개의 값만 3인 경우

$a,\ b,\ c,\ d$ 중 값이 3이 되는 세 개를 택하는 경우의 수는

${}_4\mathrm{C}_3=4$

$a,\ b,\ c,\ d$ 중 그 값이 3이 되는 세 개를 제외한 나머지 한 개의 값은 0이므로 순서쌍의 개수는 1이다.

그러므로 $a,\ b,\ c,\ d$ 중 세 개의 값만 3인 경우의 순서쌍의 개수는

$4\times 1=4$

(i), (ii), (iii)에 의하여 $a+b+c+d=9$

를 만족시키면서 $a,\ b,\ c,\ d$ 중 3이 있는 경우의 수는

$76+12+4=92$

따라서 구하는 순서쌍의 개수는

$220-92=128$

답 ①

29

나온 눈의 수가 2 이하이면 주머니 A에서 한 개의 공을 꺼내 주머니 B에 넣고 눈의 수가 3 이상이면 주머니 A에서 두 개의 공을 꺼내 주머니 B에 넣으므로 한 번의 시행에서 주머니 B에 한 개의 공이 들어 있을 확률은

$\dfrac{2}{6}=\dfrac{1}{3}$

주머니 B에 두 개의 공이 들어 있을 확률은

$\dfrac{4}{6}=\dfrac{2}{3}$

이다. 주머니 B에 들어 있는 공의 개수가 처음으로 6보다 크거나 같을 때, 주사위를 던진 횟수가 확률변수 X이므로

(i) $X=4$인 사건은

주머니 B에 들어 있는 공의 개수가 처음으로 6 이상이 될 때 주사위를 4회 던진 사건이다. 이는 세 번째 시행까지 주머니 B에 들어 있는 공의 개수가 4이

고 네 번째 시행에서 주머니 B에 공 두 개를 넣는 경우와 세 번째 시행까지 주머니 B에 들어 있는 공의 개수가 5이고 네 번째 시행에서는 주머니 B에 공을 한 개 또는 두 개를 넣어도 되는 경우로 나눌 수 있다.

1 또는 2를 세 번 더하여 4 또는 5가 되는 경우는

$1+1+2=4$, $1+2+2=5$

이므로

$$\begin{aligned} \mathrm{P}(X=4) &= {}_3\mathrm{C}_2\left(\frac{1}{3}\right)^2\left(\frac{2}{3}\right)^1\times\frac{2}{3}+{}_3\mathrm{C}_1\left(\frac{1}{3}\right)^1\left(\frac{2}{3}\right)^2\times\left(\frac{1}{3}+\frac{2}{3}\right) \\ &= \frac{4}{27}+\frac{12}{27} \\ &= \frac{16}{27} \end{aligned}$$

(ii) $X=5$인 사건은

네 번째 시행까지 주머니 B에 들어 있는 공의 개수가 4이고 다섯 번째 시행에서 주머니 B에 공 두 개를 넣는 경우와 네 번째 시행까지 주머니 B에 들어 있는 공의 개수가 5이고 다섯 번째 시행에서는 주머니 B에 공을 한 개 또는 두 개를 넣어도 되는 경우로 나눌 수 있다.

1 또는 2를 네 번 더하여 4 또는 5가 되는 경우는

$1+1+1+1=4$, $1+1+1+2=5$

이므로

$$\begin{aligned} \mathrm{P}(X=5) &= {}_4\mathrm{C}_4\left(\frac{1}{3}\right)^4\left(\frac{2}{3}\right)^0\times\frac{2}{3}+{}_4\mathrm{C}_3\left(\frac{1}{3}\right)^3\left(\frac{2}{3}\right)^1\times\left(\frac{1}{3}+\frac{2}{3}\right) \\ &= \frac{2}{243}+\frac{24}{243} \\ &= \frac{26}{243} \end{aligned}$$

(i), (ii)에 의하여

$$\begin{aligned} \mathrm{P}(4\le X\le 5) &= \mathrm{P}(X=4)+\mathrm{P}(X=5) \\ &= \frac{16}{27}+\frac{26}{243} \\ &= \frac{16\times 9+26}{243} \\ &= \frac{170}{243} \end{aligned}$$

따라서 $p=243$, $q=170$이므로

$p+q=413$

답 413

30

$\{f(1)f(2)f(3)-2\}\{f(1)f(2)f(3)-3\}=0$에서

$f(1)f(2)f(3)=2$ 또는 $f(1)f(2)f(3)=3$이다.

$3=1\times1\times3$이고 $2=1\times1\times2$이므로 $f(1)$, $f(2)$, $f(3)$의 값에 따라 다음과 같이 경우를 나눌 수 있다.

(i) $f(1)$, $f(2)$, $f(3)$이 1, 1, 3의 값을 갖는 경우

㉠ $f(1)=1$, $f(2)=1$, $f(3)=3$인 경우

$f(1)=1$, $f(3)=3$이므로 $f(4)$는 4를 제외한 4가지의 값을 가질 수 있고, 그 각각에 대하여 $f(5)$는 5를 제외한 4가지의 값을 가질 수 있으므로 곱의 법칙에 의하여 경우의 수는

$4\times4=16$

㉡ $f(1)=1$, $f(2)=3$, $f(3)=1$인 경우

$f(1)=1$이므로 $f(4)=4$이고 $f(5)$는 5를 제외한 4가지의 값을 갖거나 $f(5)=5$이고 $f(4)$는 4를 제외한 4가지의 값을 가질 수 있으므로 합의 법칙에 의하여 경우의 수는

$4+4=8$

㉢ $f(1)=3$, $f(2)=1$, $f(3)=1$인 경우

$f(4)=4$, $f(5)=5$이어야 하므로 경우의 수는

1

(ii) $f(1)$, $f(2)$, $f(3)$이 1, 1, 2의 값을 갖는 경우

㉠ $f(1)=1$, $f(2)=1$, $f(3)=2$인 경우

$f(1)=1$이므로 $f(4)=4$이고 $f(5)$는 5를 제외한 4가지의 값을 갖거나 $f(5)=5$이고 $f(4)$는 4를 제외한 4가지의 값을 가질 수 있으므로 합의 법칙에 의하여 경우의 수는

$4+4=8$

㉡ $f(1)=1$, $f(2)=2$, $f(3)=1$인 경우

$f(1)=1$, $f(2)=2$이므로 $f(4)$는 4를 제외한 4가지의 값을 가질 수 있고, 그 각각에 대하여 $f(5)$는 5를 제외한 4가지의 값을 가질 수 있으므로 곱의 법칙에 의하여 경우의 수는

$4\times4=16$

㉢ $f(1)=2$, $f(2)=1$, $f(3)=1$인 경우

$f(4)=4$, $f(5)=5$이어야 하므로 경우의 수는

1

(i), (ii)에 의하여 구하는 함수 f의 개수는

$16+8+1+8+16+1=50$

답 50

미적분

23

$x=-t$라 하면 $x\longrightarrow-\infty$일 때 $t\longrightarrow\infty$이므로

$$\begin{aligned} \lim_{x\to-\infty}\frac{3^x+2^x}{3^x-2^x} &= \lim_{t\to\infty}\frac{3^{-t}+2^{-t}}{3^{-t}-2^{-t}} \\ &= \lim_{t\to\infty}\frac{\left(\frac{1}{3}\right)^t+\left(\frac{1}{2}\right)^t}{\left(\frac{1}{3}\right)^t-\left(\frac{1}{2}\right)^t} \\ &= \lim_{t\to\infty}\frac{\left(\frac{2}{3}\right)^t+1}{\left(\frac{2}{3}\right)^t-1} \\ &= \frac{0+1}{0-1} \\ &= -1 \end{aligned}$$

답 ②

24

$y^3-3y^2+5y-2x=0$의 양변을 x에 대하여 미분하면

$$\frac{d}{dx}(y^3)-\frac{d}{dx}(3y^2)+\frac{d}{dx}(5y)-\frac{d}{dx}(2x)=0 \quad \cdots\cdots ㉠$$

합성함수의 미분법에 의하여

$$\frac{d}{dx}(y^3)=\frac{d}{dy}(y^3)\frac{dy}{dx}=3y^2\frac{dy}{dx}$$

$$\frac{d}{dx}(3y^2)=\frac{d}{dy}(3y^2)\frac{dy}{dx}=6y\frac{dy}{dx}$$

$$\frac{d}{dx}(5y)=\frac{d}{dy}(5y)\frac{dy}{dx}=5\frac{dy}{dx}$$

이므로 ㉠은

$$3y^2\frac{dy}{dx}-6y\frac{dy}{dx}+5\frac{dy}{dx}-2=0$$

$$(3y^2-6y+5)\frac{dy}{dx}=2$$

즉, $\displaystyle\frac{dy}{dx}=\frac{2}{3y^2-6y+5}=\frac{2}{3(y-1)^2+2}$

접선의 기울기는 $y=1$일 때, 최댓값이 1이므로

$k=1$

$y^3-3y^2+5y-2x=0$

$y=1$일 때, $1-3+5-2x=0$이므로

$x=\frac{3}{2}$

따라서 접선의 기울기는 점 $\left(\frac{3}{2},\ 1\right)$에서 최댓값 1을 가지므로

$a+b+k=\frac{3}{2}+1+1=\frac{7}{2}$

답 ①

25

부등식 $3-\sqrt{10-x}\le g(x)\le 1+\sqrt{x-6}$의 각 변에 $x=6$을 대입하면

$1\le g(6)\le 1$에서

$g(6)=1$, 즉 $f(1)=6$

부등식 $3-\sqrt{10-x}\le g(x)\le 1+\sqrt{x-6}$의 각 변에 $x=10$을 대입하면

$3\le g(10)\le 3$에서

$g(10)=3$, 즉 $f(3)=10$

$f(1)=2a+b=6$, $f(3)=6a+b=10$

이므로

$a=1$, $b=4$

$f(x)=2x+4+\frac{1}{\pi}\sin(\pi x)$이고

$\int_0^a f(f(x))dx+\int_{3b}^{4b} g(g(x))dx=\int_0^1 f(f(x))dx+\int_{12}^{16} g(g(x))dx$이다.

$f'(x)=2+\cos\pi x>0$이므로 함수 $f(x)$는 증가하는 함수이고

함수 $f(f(x))$도 증가하는 함수이다. 또한 함수 $f(x)$의 역함수가 $g(x)$이므로

함수 $f(f(x))$의 역함수는 $g(g(x))$이다.

$f(f(0))=12$, $g(g(12))=0$

$f(f(1))=16$, $g(g(16))=1$

이므로 $\int_0^1 f(f(x))dx+\int_{12}^{16} g(g(x))dx$의 값은 가로의 길이가 1, 세로의 길이가 16인 직사각형의 넓이와 같으므로

$\int_0^1 f(f(x))dx+\int_{12}^{16} g(g(x))dx=16$ 답 ②

26

$h(x)=e^{-3}-e^{g(x)}$에서

$h'(x)=-e^{g(x)}\times g'(x)$

$h(x)\times h'(x)=(e^{-3}-e^{g(x)})\times(-e^{g(x)})\times g'(x)=0$

의 실근은 $g(x)=-3$ 또는 $g'(x)=0$을 만족시키는 실수 x의 값이다.

$g'(x)=2x-5$이므로 $g'(x)=0$의 해는 $x=\frac{5}{2}$이다.

$n(A)=1$이므로 방정식 $g(x)=-3$이 $x=\frac{5}{2}$를 중근으로 가지거나 실근을 가지지 않아야 한다.

방정식 $g(x)=-3$이 $x=\frac{5}{2}$를 중근으로 가지면

$\left(x-\frac{5}{2}\right)^2=g(x)+3$

$\left(x-\frac{5}{2}\right)^2=x^2-5x+k+3$

$x^2-5x+\frac{25}{4}=x^2-5x+k+3$

$\frac{25}{4}=k+3$

$k=-3+\frac{25}{4}=\frac{13}{4}$ …… ㉠

방정식 $g(x)=-3$이 실근을 가지지 않으면 이차방정식 $x^2-5x+k+3=0$의 판별식을 D라 할 때

$D=25-4(k+3)=-4k+13<0$

$k>\frac{13}{4}$ …… ㉡

㉠, ㉡에서 $k\ge\frac{13}{4}$

따라서 정수 k의 최솟값은 4이다. 답 ④

27

$$\lim_{n\to\infty}\frac{a^{n-1}b+ab^{n-1}}{a^{n-1}b^{-1}+a^{-1}b^{n-1}}=\lim_{n\to\infty}\frac{a^nb^2+a^2b^n}{a^n+b^n}$$

$$=\lim_{n\to\infty}\frac{\left(\frac{a}{b}\right)^n b^2+a^2}{\left(\frac{a}{b}\right)^n+1}$$

$$=a^2$$

a^2이 10 이하의 자연수이므로

$a=2$ 또는 $a=3$

조건 (나)에서 수열 $\left\{\left(\frac{b-3}{a^2+2}\right)^n\right\}$이 수렴하므로

$-1<\frac{b-3}{a^2+2}\le 1$

$-a^2+1<b\le a^2+5$

(i) $a=2$인 경우

$-3<b\le 9$

$b>2$이므로 자연수 b의 값은 3, 4, …, 9

(ii) $a=3$인 경우

$-8<b\le 14$

$b>3$이므로 자연수 b의 값은 4, 5, …, 14

$\sum_{n=1}^{\infty}\left(\frac{a}{b}\right)^{n-1}=\frac{1}{1-\frac{a}{b}}$의 값은 $\frac{a}{b}$의 값이 최소일 때, 최솟값을 가지고 $\frac{a}{b}$의 값이 최대일 때, 최댓값을 갖는다.

$\frac{a}{b}=\frac{3}{14}$일 때,

$\sum_{n=1}^{\infty}\left(\frac{a}{b}\right)^{n-1}=\frac{1}{1-\frac{3}{14}}=\frac{14}{11}$

$\frac{a}{b}=\frac{3}{4}$일 때,

$\sum_{n=1}^{\infty}\left(\frac{a}{b}\right)^{n-1}=\frac{1}{1-\frac{3}{4}}=4$

따라서 $\sum_{n=1}^{\infty}\left(\frac{a}{b}\right)^{n-1}$의 최솟값과 최댓값의 합은

$\frac{14}{11}+4=\frac{58}{11}$ 답 ①

28

함수 $f(x)$가 $x=0$에서 연속이므로 $f(0)=\lim_{x\to 0}f(x)$이다.

$$\lim_{x\to 0}f(x)=\lim_{x\to 0}\frac{e^{x^2+ax}-1}{x}$$

$$=\lim_{x\to 0}\left(\frac{e^{x^2+ax}-1}{x^2+ax}\times\frac{x^2+ax}{x}\right)$$

$$=\lim_{x\to 0}\frac{e^{x^2+ax}-1}{x^2+ax}\times\lim_{x\to 0}(x+a)$$

$$=a$$

$f(0)=2$

이므로 $a=2$이다.

$x>0$에서 $f(x)=\frac{e^{x^2+2x}-1}{x}$이므로

$$f'(x)=\frac{\{(2x+2)e^{x^2+2x}\}x-(e^{x^2+2x}-1)\times 1}{x^2}$$

$$=\frac{(2x^2+2x-1)e^{x^2+2x}+1}{x^2}$$

이다. $h(x)=(2x^2+2x-1)e^{x^2+2x}+1$이라 하면

$h'(x)=(4x+2)e^{x^2+2x}+(2x^2+2x-1)(2x+2)e^{x^2+2x}$

$=(4x^3+8x^2+6x)e^{x^2+2x}$

$x>0$에서 $h'(x)>0$이고 $h(0)=0$이므로 $x>0$에서 $h(x)>0$이다.

그러므로 $f'(x)=\frac{(2x^2+2x-1)e^{x^2+2x}+1}{x^2}>0$이다.

$0<x<t$일 때 $f(x)<f(t)$, 즉

$\frac{e^{x^2+2x}-1}{x}<f(t)$

$t<x<1$일 때 $f(x)>f(t)$, 즉

$\frac{e^{x^2+2x}-1}{x}>f(t)$

$g(t)=\int_0^1 |xf(t)-e^{x^2+2x}+1|dx$라 하면

$$g(t)=\int_0^t \{xf(t)-e^{x^2+2x}+1\}dx+\int_t^1 \{e^{x^2+2x}-1-xf(t)\}dx$$

$$=f(t)\times\int_0^t xdx-\int_0^t e^{x^2+2x}dx+\int_0^t 1dx$$

$$+\int_t^1 e^{x^2+2x}dx-\int_t^1 1dx-f(t)\int_t^1 xdx$$

$$=f(t)\times\frac{1}{2}t^2-\int_0^t e^{x^2+2x}dx+t-\int_1^t e^{x^2+2x}dx-(1-t)-f(t)\left(\frac{1}{2}-\frac{1}{2}t^2\right)$$

$$=f(t)\times t^2-\frac{1}{2}f(t)+2t-1-\int_0^t e^{x^2+2x}dx-\int_1^t e^{x^2+2x}dx$$

$$g'(t)=f'(t)\times t^2+f(t)\times 2t-\frac{1}{2}f'(t)+2-e^{t^2+2t}-e^{t^2+2t}$$

$$=f'(t)\times t^2+\frac{e^{t^2+2t}-1}{t}\times 2t-\frac{1}{2}f'(t)+2-2e^{t^2+2t}$$

$$=f'(t)\times t^2-\frac{1}{2}f'(t)$$

$$=\left(t^2-\frac{1}{2}\right)f'(t)$$

그러므로 $t=\frac{\sqrt{2}}{2}$일 때 극소이며 최소이다.

따라서 $k=\frac{\sqrt{2}}{2}$

답 ①

29

함수 $f(x)$가 $x=1$에서 극솟값 -4를 가지므로

$f(1)=-4,\ f'(1)=0$

이다.

$f(1)=-4$에서

$f(1)=\frac{3\times 0+a\times 0+b}{1}=b,\ b=-4$

$f(x)=\frac{3(\ln x)^2+a\ln x+b}{x}$에서

$$f'(x)=\frac{\left\{6(\ln x)\frac{1}{x}+\frac{a}{x}\right\}x-\{3(\ln x)^2+a\ln x+b\}\times 1}{x^2}$$

$$=\frac{-3(\ln x)^2+(6-a)\ln x+a-b}{x^2}$$

에서

$f'(1)=a-b=0,\ a=-4$

즉, $f(x)=\frac{3(\ln x)^2-4\ln x-4}{x}$이다.

$$f'(x)=\frac{-3(\ln x)^2+10\ln x}{x^2}$$

$$=\frac{-3\ln x\left(\ln x-\frac{10}{3}\right)}{x^2}$$

$x>0$에서 함수 $f(x)$의 증가와 감소를 표로 나타내면 아래와 같다.

x	(0)	$\cdots$	1	$\cdots$	$e^{\frac{10}{3}}$	$\cdots$
$f'(x)$		$-$	0	$+$	0	$-$
$f(x)$		↘	극소	↗	극대	↘

함수 $f(x)=\frac{3(\ln x)^2-4\ln x-4}{x}$의 그래프는 구간 $(0,\ 1)$에서 감소하고 구간 $\left[1,\ e^{\frac{10}{3}}\right]$에서 증가하므로 구간 $\left[k,\ e^{\frac{10}{3}}\right]$에서 함수 $f(x)$의 역함수가 존재하도록 하는 실수 k의 최솟값 $m=1$이다.

$$f(x)=\frac{3(\ln x)^2-4\ln x-4}{x}$$

$$=\frac{(3\ln x+2)(\ln x-2)}{x}=0$$

구간 $\left[1,\ e^{\frac{10}{3}}\right]$에서 $f(e^2)=0$이므로 $g(0)=e^2$이다.

$$f'(e^2)=\frac{-3\times 2\left(2-\frac{10}{3}\right)}{e^4}=\frac{8}{e^4}$$

이므로

$$g'(m-1)=g'(0)=\frac{1}{f'(e^2)}=\frac{e^4}{8}$$

따라서

$$\frac{48\times g'(m-1)}{e^4}=\frac{48}{e^4}\times\frac{e^4}{8}=6$$

답 6

30

직선 $x=t$와 두 직선 $y=x,\ y=-x$가 만나는 점을 각각 $P_1,\ P_2$라 하자.

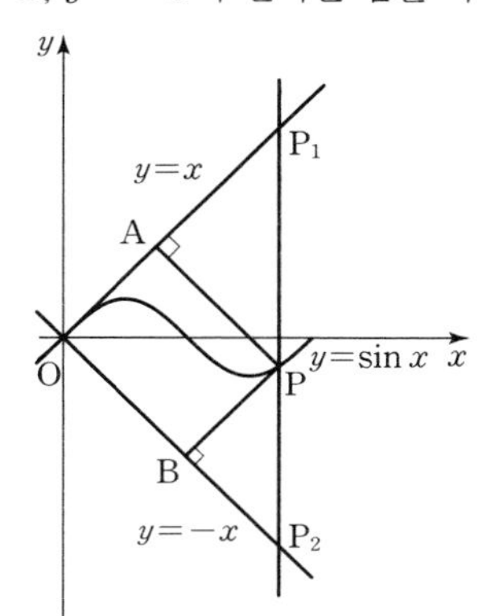

삼각형 P_1AP는 빗변의 길이가 $\{t-f(t)\}$이고 $\overline{AP}=\overline{AP_1}$인 직각삼각형이다.
삼각형 PBP_2는 빗변의 길이가 $\{f(t)-(-t)\}$이고 $\overline{BP}=\overline{BP_2}$인 직각삼각형이다.

함수 $g(t)$는 곡선 $y=f(x)$와 두 직선 $y=x,\ x=t$로 둘러싸인 부분의 넓이에서 삼각형 P_1AP의 넓이를 뺀 것과 같으므로

$$g(t)=\int_0^t \{x-f(x)\}dx-\frac{1}{2}\left[\frac{1}{\sqrt{2}}\{t-f(t)\}\right]^2$$

함수 $h(t)$는 곡선 $y=f(x)$와 두 직선 $y=-x,\ x=t$로 둘러싸인 부분의 넓이에서 삼각형 PBP_2의 넓이를 뺀 것과 같으므로

$$h(t)=\int_0^t \{f(x)-(-x)\}dx-\frac{1}{2}\left[\frac{1}{\sqrt{2}}\{f(t)-(-t)\}\right]^2$$

이다. 그러므로

$$h(t)-g(t)=\int_0^t 2f(x)dx+\frac{1}{4}[\{t-f(t)\}^2-\{t+f(t)\}^2]$$

$$=\int_0^t 2f(x)dx-tf(t)$$

이다.

$$h'(t)-g'(t)=2f(t)-f(t)-tf'(t)$$

$$=f(t)-tf'(t)$$

$$=\sin t-t\cos t$$

이므로

$$h'\left(\frac{5}{3}\pi\right)-g'\left(\frac{5}{3}\pi\right)=\sin\left(\frac{5}{3}\pi\right)-\frac{5}{3}\pi\cos\left(\frac{5}{3}\pi\right)$$

$$=-\frac{\sqrt{3}}{2}-\frac{5}{3}\pi\times\frac{1}{2}$$

$$=\frac{-3\sqrt{3}-5\pi}{6}$$

따라서 $a=-3,\ b=-5$이므로

$a^2+b^2=9+25=34$

답 34

기하

23

$$\overline{AB}=\sqrt{\{3-(-t)\}^2+(t-1-2)^2+(6-3)^2}$$

$$=\sqrt{2t^2+27}$$

따라서 $t=0$일 때, 선분 AB의 길이의 최솟값은 $3\sqrt{3}$이다.

답 ①

24

중심이 원점이고 두 초점이 x축 위에 있는 쌍곡선 C의 방정식을

$\frac{x^2}{a^2}-\frac{y^2}{b^2}=1$ $(a>0,\ b>0)$

이라 하면 쌍곡선 C의 두 초점의 좌표는

$(\sqrt{a^2+b^2},\ 0)$, $(-\sqrt{a^2+b^2},\ 0)$

쌍곡선 C를 x축의 방향으로 m만큼, y축의 방향으로 n만큼 평행이동하면 쌍곡선 C'과 일치하므로 쌍곡선 C'의 두 초점의 좌표는

$(m+\sqrt{a^2+b^2},\ n)$, $(m-\sqrt{a^2+b^2},\ n)$

$p+q+r+s=2(m+n)=m-n$

에서

$m=-3n$ …… ㉠

한편, 쌍곡선 C'의 중심의 좌표는 $(m,\ n)$이고 점 $(m,\ n)$이 직선 $y=2$ 위에 있으므로

$n=2$ …… ㉡

㉠, ㉡에서

$m=-6,\ n=2$

따라서

$m+n=-6+2=-4$

답 ④

25

그림과 같이 직선 AD를 x축, 포물선의 꼭짓점이 원점이 되도록 y축을 정하고 정육각형의 한 변의 길이를 $2a$ $(a>0)$라 하자.

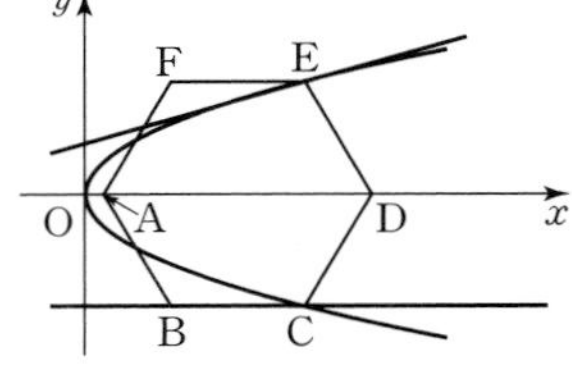

포물선의 방정식을 $y^2=4px$ $(p>0)$이라 하면 $\mathrm{A}(p,\ 0)$이고 $\mathrm{E}(p+3a,\ \sqrt{3}a)$이다.

점 E가 포물선 위의 점이므로

$(\sqrt{3}a)^2=4p(p+3a)$

$4p^2+12pa-3a^2=0$

$4\left(\frac{p}{a}\right)^2+12\left(\frac{p}{a}\right)-3=0$

$\frac{p}{a}=\frac{-3\pm2\sqrt{3}}{2}$

$a>0,\ p>0$이므로

$\frac{p}{a}=\frac{-3+2\sqrt{3}}{2}$

점 E에서의 포물선의 접선의 방정식은

$\sqrt{3}ay=2p(x+p+3a)$

따라서

$$\begin{aligned}\tan\theta&=\frac{2p}{\sqrt{3}a}\\&=\frac{2}{\sqrt{3}}\times\frac{p}{a}\\&=\frac{2}{\sqrt{3}}\times\frac{-3+2\sqrt{3}}{2}\\&=\frac{-3\sqrt{3}+6}{3}\\&=2-\sqrt{3}\end{aligned}$$

답 ①

26

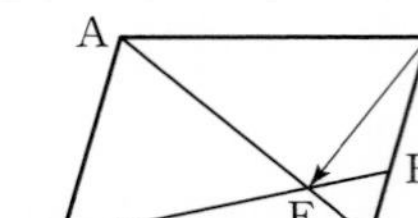

두 삼각형 FAB, FCE가 닮은 삼각형이고 변 CD를 1 : 2로 내분하는 점이 E이므로

$\overline{\mathrm{CF}}:\overline{\mathrm{AF}}=1:3$

$$\begin{aligned}\overrightarrow{\mathrm{DF}}&=\overrightarrow{\mathrm{DC}}+\overrightarrow{\mathrm{CF}}\\&=\overrightarrow{\mathrm{DC}}+\frac{1}{4}\overrightarrow{\mathrm{CA}}\\&=\overrightarrow{\mathrm{DC}}+\frac{1}{4}(\overrightarrow{\mathrm{CB}}-\overrightarrow{\mathrm{AB}})\\&=\overrightarrow{\mathrm{DC}}+\frac{1}{4}(\overrightarrow{\mathrm{CB}}-\overrightarrow{\mathrm{DC}})\\&=\frac{3}{4}\overrightarrow{\mathrm{DC}}+\frac{1}{4}\overrightarrow{\mathrm{CB}}\end{aligned}$$

따라서 $m=\frac{3}{4}$, $n=\frac{1}{4}$이므로

$m-n=\frac{3}{4}-\frac{1}{4}=\frac{1}{2}$

답 ④

27

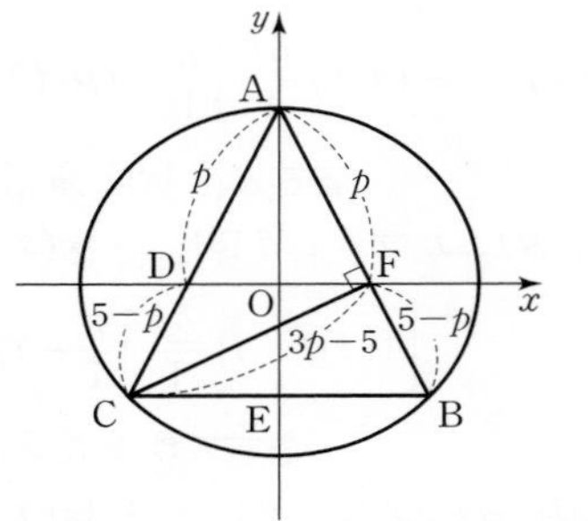

점 $\mathrm{F}(c,\ 0)$ $(c>0)$이라 하고, 직선 AC가 x축과 만나는 점을 D, 직선 BC가 y축과 만나는 점을 E라 하자.

타원의 대칭성에 의하여 삼각형 ABC는 이등변삼각형이고 점 E는 선분 BC의 중점이고, 점 D는 타원의 초점이다.

$\overline{\mathrm{AF}}=p$라 하면

$\overline{\mathrm{BF}}=5-p,\ \overline{\mathrm{AD}}=p,\ \overline{\mathrm{CD}}=5-p$

$\overline{\mathrm{DA}}+\overline{\mathrm{FA}}=2p=\overline{\mathrm{DC}}+\overline{\mathrm{FC}}$

에서

$\overline{\mathrm{FC}}=2p-(5-p)=3p-5$

삼각형 ACF에서 피타고라스 정리에 의하여

$5^2=p^2+(3p-5)^2$

$10p^2-30p=0$

$p(p-3)=0$

$p=3$ $(p>0)$이고 $\overline{\mathrm{DA}}+\overline{\mathrm{FA}}=2p=2a$에서 $a=3$이다.

삼각형 FCB에서 피타고라스 정리에 의하여

$\overline{\mathrm{CB}}^2=\overline{\mathrm{CF}}^2+\overline{\mathrm{FB}}^2=4^2+2^2=20$

$\overline{\mathrm{CB}}=2\sqrt{5},\ \overline{\mathrm{EB}}=\sqrt{5}$

두 삼각형 AOF와 AEB는 닮은 삼각형이고 닮음비가 3 : 5이므로

$\overline{\mathrm{OF}}=\frac{3}{5}\overline{\mathrm{EB}},\ c=\frac{3}{5}\sqrt{5}$

$b^2=a^2-c^2=9-\frac{9}{5}=\frac{36}{5}$이므로

$b=\frac{6}{\sqrt{5}}$

따라서

$ab=3\times\frac{6}{\sqrt{5}}=\frac{18}{5}\sqrt{5}$

답 ①

28

$\vec{p}=(x, y)$라 하면

$\vec{p}-\vec{a}=(x+2, y-3)$

$\vec{b}-\vec{c}=(1, -1)$

$\vec{p}-\vec{a}=k(\vec{b}-\vec{c})$ $(k\neq0)$이므로

$(x+2, y-3)=k(1, -1)$

$x+2=k, y-3=-k$

$x=k-2, y=-k+3$ ······ ㉠

$\vec{p}-\vec{c}=(x, y+1)$이므로

$|\vec{p}-\vec{c}|^2=4$에서

$x^2+(y+1)^2=4$

$(k-2)^2+(-k+4)^2=4$

$2k^2-12k+20=4$

$k^2-6k+8=0$

$(k-2)(k-4)=0$

즉, $k=2$ 또는 $k=4$

㉠에서

$x=0, y=1$ 또는 $x=2, y=-1$

$\vec{p}=(0, 1)$ 또는 $\vec{p}=(2, -1)$

이므로 $\vec{p}+\vec{b}=(1, -1)$ 또는 $\vec{p}+\vec{b}=(3, -3)$

이고 $|\vec{p}+\vec{b}|=\sqrt{2}$ 또는 $|\vec{p}+\vec{b}|=3\sqrt{2}$

따라서 $|\vec{p}+\vec{b}|$의 최댓값은 $3\sqrt{2}$이다.

답 ③

29

선분 BQ의 중점을 E, 점 E를 중심으로 하고 점 P를 지나는 반원을 C, 반원 C를 포함하는 평면을 α, 점 A에서 평면 α에 내린 수선의 발을 F라 하면 선분 EF와 반원 C가 만나는 점이 선분 AC의 길이를 최소가 되게 하는 점 C의 위치이다. 선분 MP의 중점을 H라 하면 사각형 AHPF는 한 변의 길이가 $\sqrt{2}$인 정사각형이다.

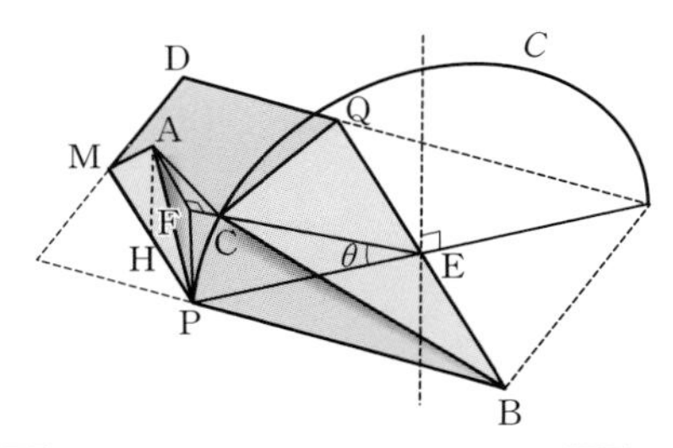

$\overline{PE}=2\sqrt{2}$, $\overline{FP}=\overline{AH}=\sqrt{2}$이므로 삼각형 FPE에서 $\overline{EF}=\sqrt{10}$이다.

$\angle FEP=\theta$라 하면

$\sin\theta=\frac{\overline{FP}}{\overline{EF}}=\frac{\sqrt{2}}{\sqrt{10}}=\frac{1}{\sqrt{5}}$

직선 BQ를 지나고 평면 PBQ에 수직인 직선으로 이루어진 평면은 평면 APM과 평행하므로 두 평면 APM과 BCQ가 이루는 각의 크기는 $\frac{\pi}{2}-\theta$이고

$\cos\left(\frac{\pi}{2}-\theta\right)=\sin\theta=\frac{1}{\sqrt{5}}$

삼각형 APM의 넓이는

$\frac{1}{2}\times\overline{MP}\times\overline{AH}=\frac{1}{2}\times2\sqrt{2}\times\sqrt{2}=2$

삼각형 APM의 평면 BCQ 위로의 정사영의 넓이 k는

$k=2\times\frac{1}{\sqrt{5}}=\frac{2}{\sqrt{5}}$

따라서

$20k^2=16$

답 16

30

조건 (가)에서

$\overrightarrow{MA}\cdot\overrightarrow{MC}+2\overrightarrow{MB}\cdot\overrightarrow{MD}=2\overrightarrow{MA}\cdot\overrightarrow{MD}+\overrightarrow{MB}\cdot\overrightarrow{MC}$

$\overrightarrow{MA}\cdot\overrightarrow{MC}-\overrightarrow{MB}\cdot\overrightarrow{MC}=2(\overrightarrow{MA}\cdot\overrightarrow{MD}-\overrightarrow{MB}\cdot\overrightarrow{MD})$

$\overrightarrow{MC}\cdot(\overrightarrow{MA}-\overrightarrow{MB})=2\overrightarrow{MD}\cdot(\overrightarrow{MA}-\overrightarrow{MB})$

$\overrightarrow{MC}\cdot\overrightarrow{BA}=2\overrightarrow{MD}\cdot\overrightarrow{BA}$

$\overrightarrow{BA}\cdot(\overrightarrow{MC}-2\overrightarrow{MD})=0$

에서 $2\overrightarrow{MD}=\overrightarrow{MD'}$라 하면

$\overrightarrow{BA}\cdot\overrightarrow{D'C}=0$

즉, $\overrightarrow{AB}\cdot\overrightarrow{CD'}=0$

두 벡터 $\overrightarrow{AB}$와 $\overrightarrow{CD'}$는 서로 수직이다.

조건 (나)에서 $|\overrightarrow{MC}|=2|\overrightarrow{MD}|$이므로 삼각형 MCD′은 $\overline{MC}=\overline{MD'}$인 이등변삼각형이다.

조건 (나)의 $|\overrightarrow{AB}|=24$에서

$\overline{AB}=24$, $\overline{MB}=12$

이고 조건 (나)의 $\overrightarrow{MC}\cdot\overrightarrow{MB}=72$에서 점 C에서 선분 AB에 내린 수선의 발을 H라 하면 $\overline{MH}=6$이고 점 H는 선분 MB의 중점이다.

A, B, C, D, M, H의 위치는 다음과 같다.

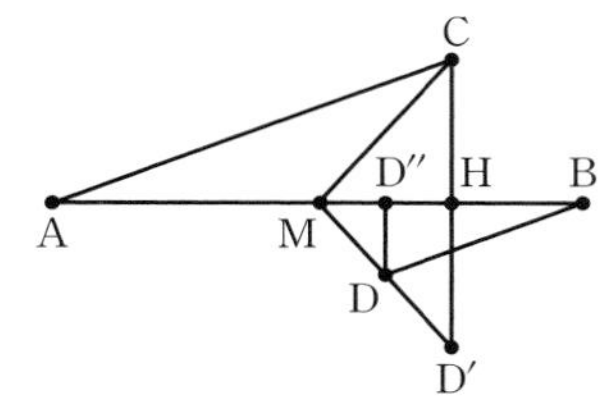

$\overrightarrow{AB}\cdot(\overrightarrow{MD}-\overrightarrow{BC})=\overrightarrow{AB}\cdot\overrightarrow{MD}+\overrightarrow{AB}\cdot(-\overrightarrow{BC})$

$=\overrightarrow{AB}\cdot\overrightarrow{MD}+\overrightarrow{BA}\cdot\overrightarrow{BC}$

이다. $|\overrightarrow{AB}|=24$이고 점 D에서 선분 AB에 내린 수선의 발을 D″이라 하면 D″은 선분 MH의 중점이다.

그러므로

$\overrightarrow{AB}\cdot\overrightarrow{MD}=\overline{AB}\times\overline{MD''}$

$=24\times3$

$=72$

$|\overrightarrow{BA}|=24$이고 점 C에서 선분 BA에 내린 수선의 발은 H이다.

그러므로

$\overrightarrow{BA}\cdot\overrightarrow{BC}=\overline{BA}\times\overline{BH}$

$=24\times6$

$=144$

따라서

$\overrightarrow{AB}\cdot(\overrightarrow{MD}-\overrightarrow{BC})=72+144=216$

답 216

5회 EBS FINAL 수학영역

본문 71~86쪽

	01 ①	02 ④	03 ②	04 ①	05 ③
	06 ⑤	07 ②	08 ④	09 ②	10 ④
	11 ③	12 ⑤	13 ⑤	14 ①	15 ⑤
	16 2	17 22	18 31	19 24	20 12
	21 3	22 5			
확률과 통계	23 ③	24 ①	25 ④	26 ①	
	27 ⑤	28 ②	29 52	30 10	
미적분	23 ②	24 ⑤	25 ①	26 ③	
	27 ④	28 ①	29 62	30 129	
기하	23 ⑤	24 ④	25 ②	26 ①	
	27 ④	28 ⑤	29 12	30 32	

01

$\sqrt[3]{-24}\times\sqrt{\sqrt[3]{81}}=-\sqrt[3]{24}\times\sqrt[3]{\sqrt{81}}$

$=-\sqrt[3]{24}\times\sqrt[3]{9}$

$=-\sqrt[3]{2^3\times3^3}$

$=-6$

답 ①

02

$f(x)=5x^2-6x$에서 $f'(x)=10x-6$

이므로

$\lim_{x\to1}\frac{f(x)-f(1)}{x-1}=f'(1)$

$=10-6$

$=4$

답 ④

03

$\sin(\pi+\theta)=\frac{1}{3}$에서 $\sin\theta=-\frac{1}{3}$

$\frac{\tan\theta}{\cos\theta}=\frac{\sin\theta}{\cos^2\theta}$

$=\frac{\sin\theta}{1-\sin^2\theta}$

$=\frac{-\frac{1}{3}}{1-\frac{1}{9}}$

$=-\frac{3}{8}$

답 ②

04

$\lim_{x\to1-}f(x)=-1$, $\lim_{x\to2+}f(x)=2$이므로

$\lim_{x\to1-}f(x)+\lim_{x\to2+}f(x)=-1+2$

$=1$

답 ①

05

$a_1(a_2+a_3)=\frac{1}{3}$ ······ ㉠

등비수열 $\{a_n\}$의 공비를 r $(r>0)$이라 하면

$a_3(a_4+a_5)=27$에서

$a_1r^2(a_2+a_3)r^2=27$ ······ ㉡

㉠을 ㉡에 대입하면

$\frac{1}{3}r^4=27$, $r^4=81$

$r>0$이므로 $r=3$

㉠에서

$a_1(a_1r+a_1r^2)=\frac{1}{3}$

$a_1^2(3+9)=\frac{1}{3}$

$a_1^2=\frac{1}{36}$

$a_1>0$이므로 $a_1=\frac{1}{6}$

따라서

$a_2=a_1r=\frac{1}{2}$

답 ③

06

함수 $f(x)$가 모든 양수 x에 대하여 $f(x)\geq f(2)$를 만족시키므로 $f(2)$가 함수 $f(x)$의 극솟값이다.

즉, $f'(2)=0$이다.

$f(x)=x^3+ax-1$에서 $f'(x)=3x^2+a$

$f'(2)=12+a=0$이므로

$a=-12$

$f(x)=x^3-12x-1$이므로

$f'(x)=3x^2-12=3(x+2)(x-2)$

따라서 함수 $f(x)$의 극댓값은

$f(-2)=-8+24-1=15$

답 ⑤

07

함수

$f(x)=\frac{1}{2^{|x+a|}}+b=\left(\frac{1}{2}\right)^{|x+a|}+b$

는 밑이 1보다 작으므로 $|x+a|$가 최소일 때 최댓값을 갖는다. 즉, $|x+a|$가 $-1\leq x\leq4$에서 $x=3$일 때 최소이고, $-1<3<4$이므로

$|3+a|=0$

$a=-3$

$f(3)=\frac{1}{2^{|3-3|}}+b=2$

이므로 $b=1$

$-1\leq x\leq4$에서 $0\leq|x-3|\leq4$이므로 함수 $f(x)$의 최솟값은

$\frac{1}{2^4}+1=\frac{17}{16}$

답 ②

08

$f(x)$가 연속함수이므로

$\lim_{x\to-1}f(x)=f(-1)$, $\lim_{x\to3}f(x)=f(3)$

조건 (가)에서 $\lim_{x\to-1}f(x)=\lim_{x\to3}f(x)$이므로

$f(-1)=f(3)$ ······ ㉠

조건 (나)에서

$(x-1)f(x)=x^3+ax^2+b$

의 양변에 $x=1$을 대입하면

$1+a+b=0$

이므로 $x\neq1$일 때

$f(x)=\frac{x^3+ax^2-(a+1)}{x-1}=x^2+(a+1)x+a+1$

㉠에서

$1=4a+13$, $a=-3$

즉, $x\neq1$일 때

$f(x)=x^2-2x-2$

따라서 연속함수 $f(x)$에서

$f(1)=\lim_{x\to1}f(x)=\lim_{x\to1}(x^2-2x-2)$

$=-3$

답 ④

09

$f(x)=(x^2-1)(x^2+x+a)$

$=x^4+x^3+(a-1)x^2-x-a$

이므로 곡선 $y=f(x)$와 x축으로 둘러싸인 부분의 넓이는

$$\int_{-1}^{1}|x^4+x^3+(a-1)x^2-x-a|dx=2\int_0^1-\{x^4+(a-1)x^2-a\}dx$$

$$=2\left[-\frac{1}{5}x^5-\frac{1}{3}(a-1)x^3+ax\right]_0^1$$

$$=2\left(-\frac{1}{5}-\frac{a-1}{3}+a\right)$$

$$=\frac{20a+4}{15}$$

$g(x)=x^4+x^3-x-1=(x+1)(x-1)(x^2+x+1)$

이므로 곡선 $y=g(x)$와 x축으로 둘러싸인 부분의 넓이는

$$\int_{-1}^{1}|x^4+x^3-x-1|dx=2\int_0^1-(x^4-1)dx$$

$$=2\left[-\frac{1}{5}x^5+x\right]_0^1$$

$$=\frac{8}{5}$$

두 곡선 $y=f(x)$, $y=g(x)$는 모두 x축과 두 점 $(-1, 0)$, $(1, 0)$에서만 만나고 $-1<x<1$에서 $f(x)<g(x)<0$이다. 이때 곡선 $y=f(x)$와 x축으로 둘러싸인 부분의 넓이를 곡선 $y=g(x)$가 이등분하므로 곡선 $y=f(x)$와 x축으로 둘러싸인 부분의 넓이는 곡선 $y=g(x)$와 x축으로 둘러싸인 부분의 넓이의 2배이다.

따라서 $\frac{20a+4}{15}=2\times\frac{8}{5}$이므로

$a=\frac{11}{5}$

답 ②

10

등차수열 $\{a_n\}$의 첫째항을 a, 공차를 d라 하자.

$a_7=0$이므로

$a+6d=0$, $a=-6d$

(i) $S_k=S_{k+5}$인 경우

$S_{k+5}-S_k=0$

$a_{k+5}+a_{k+4}+a_{k+3}+a_{k+2}+a_{k+1}=0$

$5a_{k+3}=0$

$a_{k+3}=0$

이때 공차가 양수이고, $a_7=0$이므로

$k+3=7$

$k=4$

(ii) $S_k=-S_{k+5}$인 경우

$$\frac{k\{2a+(k-1)d\}}{2}=-\frac{(k+5)\{2a+(k+4)d\}}{2}$$

$$\frac{k\{-12d+(k-1)d\}}{2}=\frac{-(k+5)\{-12d+(k+4)d\}}{2}$$

$d>0$이므로

$k(k-13)=-(k+5)(k-8)$

$2k^2-16k-40=0$

$k^2-8k-20=0$

$(k+2)(k-10)=0$

이때 k는 자연수이므로

$k=10$

(i), (ii)에 의하여 조건을 만족시키는 모든 자연수 k의 값의 합은

$4+10=14$

답 ④

11

두 점 A$(1, 0)$, B$(0, -1)$이 각각 x축, y축 위의 점이므로 $\angle$BOA$=90°$이다.

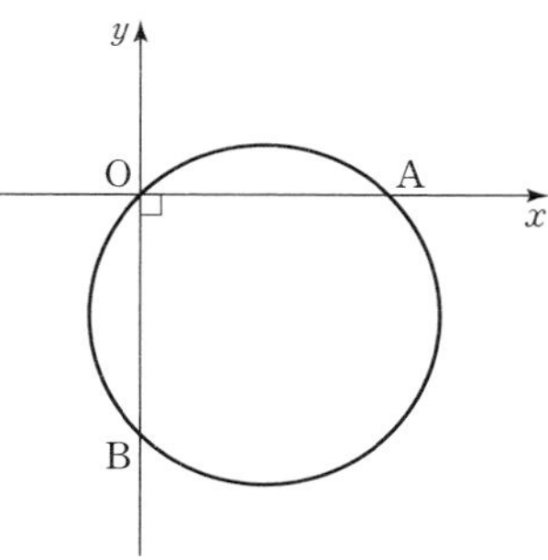

점 C가 제4사분면에 있고, 네 점 O, A, B, C가 모두 한 원 위에 있으므로

$\angle$ACB$=180°-\angle$BOA$=90°$

즉, 점 A$(1, 0)$에서의 접선과 점 B$(0, -1)$에서의 접선은 서로 수직이다.

$y=ax^4+x^2-ax-1$에서

$y'=4ax^3+2x-a$

점 A$(1, 0)$에서의 접선의 기울기는

$4a+2-a=3a+2$

이고, 점 B$(0, -1)$에서의 접선의 기울기는 $-a$이므로

$(3a+2)\times(-a)=-1$

$3a^2+2a-1=0$

$(a+1)(3a-1)=0$

$a=-1$ 또는 $a=\frac{1}{3}$

이때 점 C가 제4사분면에 있으므로 직선 BC의 기울기 $-a$는 직선 BA의 기울기 1보다 작아야 한다.

따라서 $a=\frac{1}{3}$

답 ③

12

점 B를 지나고 x축에 평행한 직선이 직선 $y=-\sqrt{3}x+k$와 만나는 점을 D라 하면 직선 $y=-\sqrt{3}x+k$의 기울기가 $-\sqrt{3}$이므로

$\angle$CDB$=60°$

이때 $\angle$DCA$=90°$이고, 삼각형 ABC가 정삼각형, $\angle$BCA$=60°$이므로

$\angle$DCB$=\angle$DCA$-\angle$BCA$=30°$

삼각형 CBD에서

$\angle$CBD$=90°$

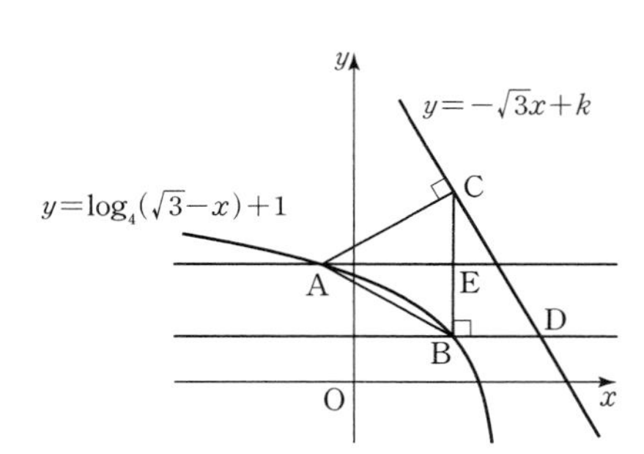

직선 BC가 x축과 수직이므로 점 A를 지나고 x축에 평행한 직선이 선분 BC와 만나는 점을 E라 하면 점 E는 선분 BC의 중점이다.

정삼각형 ABC의 넓이가 $\sqrt{3}$이므로 한 변의 길이는 2이고, $\overline{\text{AE}}=\sqrt{3}$이다.

점 A의 좌표를 $(a, \log_4(\sqrt{3}-a)+1)$이라 하면

점 E의 좌표는

$(a+\sqrt{3}, \log_4(\sqrt{3}-a)+1)$

이고, $\overline{\text{BE}}=\overline{\text{CE}}=1$이므로 두 점 B, C의 좌표는 각각

$(a+\sqrt{3}, \log_4(\sqrt{3}-a))$, $(a+\sqrt{3}, \log_4(\sqrt{3}-a)+2)$

이다. 이때 점 B는 곡선 $y=\log_4(\sqrt{3}-x)+1$ 위의 점이므로

$\log_4(\sqrt{3}-a)=\log_4\{\sqrt{3}-(a+\sqrt{3})\}+1$

$\log_4(\sqrt{3}-a)=\log_4(-a)+1$

$\log_4(\sqrt{3}-a)=\log_4(-4a)$

$\sqrt{3}-a=-4a$

$a=-\frac{\sqrt{3}}{3}$

점 $C\left(\frac{2\sqrt{3}}{3}, \log_4 \frac{4\sqrt{3}}{3}+2\right)$가 직선 $y=-\sqrt{3}x+k$ 위의 점이므로

$\log_4 \frac{4\sqrt{3}}{3}+2=-\sqrt{3}\times\frac{2\sqrt{3}}{3}+k$

$k=\frac{20-\log_2 3}{4}$

답 ⑤

13

$v(t)=3t^2-7t+k$에서 가속도는

$a(t)=6t-7$

$6t-7=5$에서 $t=2$

즉, $t=2$일 때 운동 방향을 바꾸므로

$v(2)=12-14+k=0$

즉, $k=2$

시각 $t=k-1$부터 $t=k+1$까지 점 P가 움직인 거리는

$$\int_1^3 |v(t)|dt=\int_1^2 \{-v(t)\}dt+\int_2^3 v(t)dt$$
$$=\int_1^2 (-3t^2+7t-2)dt+\int_2^3 (3t^2-7t+2)dt$$
$$=\left[-t^3+\frac{7}{2}t^2-2t\right]_1^2+\left[t^3-\frac{7}{2}t^2+2t\right]_2^3$$
$$=\left(2-\frac{1}{2}\right)+\left(\frac{3}{2}+2\right)$$
$$=5$$

답 ⑤

14

$\overline{AB}=\overline{BC}$이므로

$\angle ADB=\angle BDC=\angle EDC=30°$

원주각의 성질에 의하여

$\angle ACB=\angle ADB=30°$, $\angle BAC=\angle BDC=30°$

삼각형 AED의 외접원의 반지름의 길이가 $\sqrt{3}$이므로 사인법칙에 의하여

$\frac{\overline{AE}}{\sin(\angle ADE)}=2\times\sqrt{3}$

$\frac{\overline{AE}}{\sin 30°}=2\sqrt{3}$

$\overline{AE}=\sqrt{3}$

삼각형 BCE의 외접원의 반지름의 길이가 $\sqrt{7}$이므로 사인법칙에 의하여

$\frac{\overline{BE}}{\sin(\angle ECB)}=2\times\sqrt{7}$

$\frac{\overline{BE}}{\sin 30°}=2\sqrt{7}$

$\overline{BE}=\sqrt{7}$

삼각형 ABE에서 코사인법칙에 의하여

$\overline{BE}^2=\overline{AB}^2+\overline{AE}^2-2\times\overline{AB}\times\overline{AE}\times\cos(\angle BAE)$

$(\sqrt{7})^2=\overline{AB}^2+(\sqrt{3})^2-2\times\overline{AB}\times\sqrt{3}\times\frac{\sqrt{3}}{2}$

$\overline{AB}^2-3\times\overline{AB}-4=0$

$(\overline{AB}+1)(\overline{AB}-4)=0$

$\overline{AB}=4$

이므로 $\overline{BC}=\overline{AB}=4$이고,

$\overline{AC}=2\times\overline{AB}\cos(\angle BAE)=2\times2\sqrt{3}=4\sqrt{3}$

$\overline{CE}=\overline{AC}-\overline{AE}=3\sqrt{3}$

삼각형 BCE에서 코사인법칙에 의하여

$\overline{CE}^2=\overline{BC}^2+\overline{BE}^2-2\times\overline{BC}\times\overline{BE}\times\cos(\angle CBE)$

$(3\sqrt{3})^2=4^2+(\sqrt{7})^2-2\times4\times\sqrt{7}\times\cos(\angle CBE)$

$\cos(\angle CBE)=-\frac{\sqrt{7}}{14}$

원주각의 성질에 의하여

$\angle CAD=\angle CBE$

이므로 $\cos(\angle CAD)=-\frac{\sqrt{7}}{14}$

답 ①

15

a_n이 홀수일 때, $a_{n+1}=\frac{a_n+1}{2}$은 자연수이고

a_n이 짝수일 때, $a_{n+1}=a_n-1$은 홀수인 자연수이다. 이때 a_1이 자연수이므로 수열 $\{a_n\}$의 모든 항은 자연수이다.

$a_4a_6=126$에서 126은 짝수이고 4의 배수는 아니므로 a_4가 짝수이면 a_6은 홀수이어야 하고 a_4가 홀수이면 a_6은 짝수이어야 한다.

(i) a_4가 짝수인 경우

$a_5=a_4-1$은 홀수이므로

$a_6=\frac{a_5+1}{2}=\frac{(a_4-1)+1}{2}=\frac{a_4}{2}$

이때 $a_4a_6=\frac{{a_4}^2}{2}=126$을 만족시키는 자연수 a_4가 존재하지 않는다.

(ii) a_4가 홀수인 경우

$a_5=\frac{a_4+1}{2}$이 짝수이면 a_6이 홀수가 되므로 a_5는 홀수이어야 한다.

$a_6=\frac{a_5+1}{2}=\frac{\frac{a_4+1}{2}+1}{2}=\frac{a_4+3}{4}$

이때 $a_4a_6=126$이므로

$a_4\times\frac{a_4+3}{4}=126$

${a_4}^2+3a_4-504=0$

$(a_4+24)(a_4-21)=0$

a_4는 자연수이므로

$a_4=21$

(i), (ii)에 의하여 $a_4=21$

a_3이 홀수이면 $a_4=\frac{a_3+1}{2}$이므로 $a_3=41$이고,

a_3이 짝수이면 $a_4=a_3-1$이므로 $a_3=22$

$a_3=41$일 때

a_2가 홀수이면 $a_3=\frac{a_2+1}{2}$이므로 $a_2=81$이고,

a_2가 짝수이면 $a_3=a_2-1$이므로 $a_2=42$이다.

또, $a_3=22$이면 a_2는 홀수이므로 $a_3=\frac{a_2+1}{2}$에서 $a_2=43$

$a_2=81$일 때

a_1이 홀수이면 $a_2=\frac{a_1+1}{2}$이므로 $a_1=161$이고,

a_1이 짝수이면 $a_2=a_1-1$이므로 $a_1=82$이다.

$a_2=42$이면 a_1은 홀수이므로 $a_2=\frac{a_1+1}{2}$에서 $a_1=83$이다.

또, $a_2=43$일 때

a_1이 홀수이면 $a_2=\frac{a_1+1}{2}$이므로 $a_1=85$이고,

a_1이 짝수이면 $a_2=a_1-1$이므로 $a_1=44$이다.

따라서 모든 a_1의 값의 합은

$161+82+83+85+44=455$

답 ⑤

16

$\log_2(5x+6)-\log_2 x=3$에서

$\log_2(5x+6)=\log_2 x+\log_2 2^3$

$\log_2(5x+6)=\log_2(8x)$

$5x+6=8x$

$x=2$

답 2

17

$$\int_0^2 (6x^3-1)dx=\left[\frac{3}{2}x^4-x\right]_0^2$$
$$=24-2$$
$$=22$$

답 22

18

$\sum_{k=1}^{7}(a_k+2)=35$에서

$\sum_{k=1}^{7}a_k+14=35$

$\sum_{k=1}^{7}a_k=21$

$\sum_{k=1}^{7}(2a_k-b_k)=11$에서

$2\sum_{k=1}^{7}a_k-\sum_{k=1}^{7}b_k=11$

따라서

$\sum_{k=1}^{7}b_k=2\sum_{k=1}^{7}a_k-11$

$=42-11$

$=31$

답 31

19

부등식 $f(x)\le g(x)$에서

$5x^2-8x\le x^4-x^2+a$

$x^4-6x^2+8x+a\ge0$

$h(x)=x^4-6x^2+8x+a$라 하면

$h'(x)=4x^3-12x+8=4(x-1)^2(x+2)$

$h'(x)=0$이면 $x=-2$ 또는 $x=1$

함수 $h(x)$의 증가와 감소를 표로 나타내면 다음과 같다.

x	$\cdots$	-2	$\cdots$	1	$\cdots$
$h'(x)$	$-$	0	$+$	0	$+$
$h(x)$	↘	극소	↗		↗

함수 $h(x)$는 $x=-2$에서 최소이고 최솟값은

$h(-2)=16-24-16+a=-24+a$

모든 실수 x에 대하여 부등식 $f(x)\le g(x)$가 성립하려면 모든 실수 x에 대하여 $h(x)\ge0$이어야 하므로

$-24+a\ge0$

$a\ge24$

따라서 실수 a의 최솟값은

24

답 24

20

조건 (가)에서 $f(x)-x^4$은 최고차항의 계수가 -3인 이차함수이므로

$f(x)=x^4-3x^2+ax+b$ (a, b는 상수)

로 놓을 수 있다.

조건 (나)에서

$x\longrightarrow0$일 때, (분모) $\longrightarrow0$이고 극한값이 존재하므로 (분자) $\longrightarrow0$

즉, $\lim_{x\to0}f(x)=0$

이때 $f(x)$가 연속함수이므로

$\lim_{x\to0}f(x)=f(0)=0$

$b=0$

$\lim_{x\to0}\frac{f(x)}{x}=4$에서

$\lim_{x\to0}\frac{x^4-3x^2+ax}{x}=\lim_{x\to0}(x^3-3x+a)=4$

$a=4$

따라서 $f(x)=x^4-3x^2+4x$이므로

$f(2)=16-12+8=12$

답 12

21

함수 $f(x)=\sqrt{3}\tan\frac{\pi x}{2}+1$의 주기는

$p=\frac{\pi}{\frac{\pi}{2}}=2$

이므로 직선 $y=p(p-x)$는

$y=2(2-x)$

함수 $y=f(x)$의 그래프의 점근선은

$x=2n+1$ (n은 정수)

이므로 직선 $y=p(p-x)$가 함수 $y=f(x)$의 그래프의 점근선과 제1사분면에서 만나는 점의 좌표는

$(1, 2)$

즉, $k=2$

열린구간 $(-2, 2)$에서 함수 $y=|f(x)|$의 그래프는 그림과 같다.

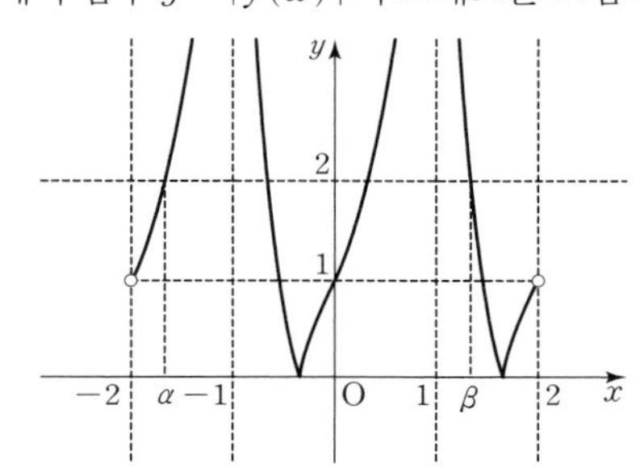

직선 $y=2$가 함수 $y=|f(x)|$의 그래프와 만나는 점의 x좌표 중 열린구간 $(-2, -1)$에 존재하는 값을 α, 열린구간 $(1, 2)$에 존재하는 값을 β라 하자.

닫힌구간 $[a, b]$에서 함수 $y=|f(x)|$의 그래프가 직선 $y=t$가 만나는 서로 다른 점의 개수가 $t>2$일 때 4가 되려면

$a\le\alpha$, $b\ge\beta$

이 중에서 $0<t<2$일 때 2가 되려면

$a=\alpha$, $b=\beta$

$|f(x)|=2$에서

$f(x)=2$ 또는 $f(x)=-2$

$f(x)=2$이면

$\sqrt{3}\tan\frac{\pi x}{2}+1=2$, $\tan\frac{\pi x}{2}=\frac{\sqrt{3}}{3}$

열린구간 $(-2, -1)$에서 $\alpha=-\frac{5}{3}$

$f(x)=-2$이면

$\sqrt{3}\tan\frac{\pi x}{2}+1=-2$

$\tan\frac{\pi x}{2}=-\sqrt{3}$

열린구간 $(1, 2)$에서 $\beta=\frac{4}{3}$

따라서 $a=-\frac{5}{3}$, $b=\frac{4}{3}$이므로

$b-a=\frac{4}{3}-\left(-\frac{5}{3}\right)=3$

답 3

22

함수 $g(x)$가 실수 전체의 집합에서 연속이므로 $x=3$과 $x=4$에서 각각 연속이다.

$\lim_{x\to3-}g(x)=\lim_{x\to3+}g(x)=g(3)$

에서 함수 $f(x)$가 닫힌구간 $[2, 3]$에서 연속이므로

$\lim_{x\to2+}g(x)=\lim_{x\to2+}f(x)=f(2)=1$

$\lim_{x\to3-}g(x)=\lim_{x\to3-}f(x)=f(3)=2$

$\lim_{x\to3+}g(x)=\lim_{x\to3+}\{a\times f(x-1)+b\}=a\times f(2)+b=a+b$

$g(3)=f(3)=2$

즉, $a+b=2$ $\cdots\cdots$ ㉠

$\lim_{x\to4-}g(x)=\lim_{x\to4+}g(x)=g(4)$

에서 함수 $f(x)$가 닫힌구간 $[2, 3]$에서 연속이므로 조건 (나)에서

$\lim_{x\to 4-} g(x)=\lim_{x\to 4-}\{a\times f(x-1)+b\}$
$=a\times f(3)+b$
$=2a+b$

$\lim_{x\to 4+} g(x)=\lim_{t\to 2+}\{g(t)-1\}$
$=\lim_{t\to 2+}\{f(t)-1\}$
$=f(2)-1$
$=0$

$g(4)=g(2)-1=f(2)-1=0$

즉, $2a+b=0$ …… ㉡

㉠, ㉡에서

$a=-2,\ b=4$

$\int_2^3 f(x)dx=k$라 하자.

$\int_2^4 g(x)dx=\int_2^3 g(x)dx+\int_3^4 g(x)dx$
$=\int_2^3 f(x)dx+\int_3^4 \{-2f(x-1)+4\}dx$
$=\int_2^3 f(x)dx-2\int_2^3 f(x)dx+\Big[4x\Big]_3^4$
$=k-2k+4$
$=-k+4$

$\int_0^2 g(x)dx=\int_2^4 g(x-2)dx$
$=\int_2^4 \{g(x)+1\}dx$
$=\int_2^4 g(x)dx+\Big[x\Big]_2^4$
$=(-k+4)+2$
$=-k+6$

$\int_{-2}^0 g(x)dx=\int_0^2 g(x-2)dx$
$=\int_0^2 \{g(x)+1\}dx$
$=\int_0^2 g(x)dx+\Big[x\Big]_2^4$
$=(-k+6)+2$
$=-k+8$

$\int_a^b g(x)dx=\int_{-2}^4 g(x)dx$
$=\int_{-2}^0 g(x)dx+\int_0^2 g(x)dx+\int_2^4 g(x)dx$
$=(-k+8)+(-k+6)+(-k+4)$
$=-3k+18$

조건 (다)에 의하여

$-3k+18=3$

$k=5$

따라서

$\int_2^3 f(x)dx=5$ 답 5

확률과 통계

23

확률변수 X가 이항분포 $\mathrm{B}\left(n,\ \frac{1}{8}\right)$을 따르므로

$\mathrm{E}(X)=n\times\frac{1}{8}=2$

$n=16$

따라서 확률변수 X가 이항분포 $\mathrm{B}\left(16,\ \frac{1}{8}\right)$을 따르므로

$\mathrm{V}(X)=16\times\frac{1}{8}\times\frac{7}{8}=\frac{7}{4}$ 답 ③

24

$\mathrm{P}(A^C)=\frac{2}{3}$에서

$\mathrm{P}(A)=1-\mathrm{P}(A^C)=\frac{1}{3}$

두 사건 A와 B가 서로 배반사건이므로

$\mathrm{P}(A\cap B)=0$

즉, $\mathrm{P}(A\cup B)=\mathrm{P}(A)+\mathrm{P}(B)$

$\frac{1}{2}=\frac{1}{3}+\mathrm{P}(B)$

따라서

$\mathrm{P}(B)=\frac{1}{2}-\frac{1}{3}=\frac{1}{6}$ 답 ①

25

서로 이웃한 두 수의 곱이 항상 짝수가 되려면 홀수끼리 이웃하지 않도록 나열해야 한다.

먼저 짝수 2, 2, 4, 4를 일렬로 나열하는 경우의 수는

$\frac{4!}{2!\times 2!}=6$

나열한 짝수의 양 끝 또는 사이의 5개 자리 중 4개의 자리에 홀수 1, 3, 3, 5를 나열하는 경우의 수는

${}_5\mathrm{C}_4\times\frac{4!}{2!}=60$

따라서 구하는 경우의 수는

$6\times 60=360$ 답 ④

26

사과 음료 1병의 용량은 정규분포 $\mathrm{N}(130,\ 16^2)$을 따르므로 확률변수 $\overline{X}$는 평균이 130, 표준편차가 $\frac{16}{\sqrt{n}}$인 정규분포를 따른다.

이때 $Z=\frac{\overline{X}-130}{\frac{16}{\sqrt{n}}}$으로 놓으면 확률변수 Z는 표준정규분포 $\mathrm{N}(0,\ 1)$을 따른다.

$\mathrm{P}(\overline{X}\ge 126)=\mathrm{P}\left(Z\ge\frac{126-130}{\frac{16}{\sqrt{n}}}\right)$
$=\mathrm{P}\left(Z\ge-\frac{\sqrt{n}}{4}\right)$
$=\mathrm{P}\left(Z\le\frac{\sqrt{n}}{4}\right)$
$=0.5+\mathrm{P}\left(0\le Z\le\frac{\sqrt{n}}{4}\right)$

이때 $\mathrm{P}(\overline{X}\ge 126)\ge 0.9772$이므로

$\mathrm{P}\left(0\le Z\le\frac{\sqrt{n}}{4}\right)\ge 0.4772$

따라서

$\frac{\sqrt{n}}{4}\ge 2,\ n\ge 64$

이므로 n의 최솟값은 64이다. 답 ①

27

한 개의 주사위를 던지는 시행의 표본공간은

$S=\{1,\ 2,\ 3,\ 4,\ 5,\ 6\}$

사건 A가

$A=\{2,\ 4,\ 6\}$

이므로

$\mathrm{P}(A)=\frac{1}{2}$

두 사건 A, B가 서로 독립이므로

$\mathrm{P}(A\cap B)=\mathrm{P}(A)\mathrm{P}(B)$

이고, $\mathrm{P}(A\cap B)=\frac{1}{6}$이므로

$\mathrm{P}(B)=\frac{1}{3}$

즉, $n(B)=2$

이때 $\mathrm{P}(A\cap B)=\frac{1}{6}$에서 $n(A\cap B)=1$이므로 사건 B의 두 원소는 사건 $A=\{2, 4, 6\}$의 원소 중 하나와 사건 $A^C=\{1, 3, 5\}$의 원소 중 하나이다.

따라서 조건을 만족시키는 사건 B의 개수는

${}_3\mathrm{C}_1\times{}_3\mathrm{C}_1=9$

답 ⑤

28

흰 공 9개를 같은 종류의 주머니 3개에 조건을 만족시키도록 넣는 경우는 다음과 같다.

(i) 1개, 2개, 6개로 나누어 넣는 경우

흰 공을 1개, 2개, 6개 넣은 주머니에 넣는 검은 공의 개수를 각각 a, b c라 하면

$a+b+c=17$

이때 각 주머니에 넣는 공의 개수가 짝수이므로

$a=2a'+1$, $b=2b'$, $c=2c'$ (단, a', b', c'은 음이 아닌 정수)

$a'+b'+c'=8$

따라서 검은 공을 넣는 경우의 수는

${}_3\mathrm{H}_8={}_{10}\mathrm{C}_8=45$

(ii) 1개, 3개, 5개로 나누어 넣는 경우

흰 공을 1개, 3개, 5개 넣은 주머니에 넣는 검은 공의 개수를 각각 a, b c라 하면

$a+b+c=17$

이때 각 주머니에 넣는 공의 개수가 짝수이므로

$a=2a'+1$, $b=2b'+1$, $c=2c'+1$ (단, a', b', c'은 음이 아닌 정수)

$a'+b'+c'=7$

따라서 검은 공을 넣는 경우의 수는

${}_3\mathrm{H}_7={}_9\mathrm{C}_7=36$

(iii) 2개, 3개, 4개로 나누어 넣는 경우

흰 공을 2개, 3개, 4개 넣은 주머니에 넣는 검은 공의 개수를 각각 a, b c라 하면

$a+b+c=17$

이때 각 주머니에 넣는 공의 개수가 짝수이므로

$a=2a'$, $b=2b'+1$, $c=2c'$ (단, a', b', c'은 음이 아닌 정수)

$a'+b'+c'=8$

따라서 검은 공을 넣는 경우의 수는

${}_3\mathrm{H}_8={}_{10}\mathrm{C}_8=45$

(i), (ii), (iii)에 의하여 구하는 경우의 수는

$45+36+45=126$

답 ②

29

확률밀도함수 $y=f(x)$의 그래프는 직선 $x=m$에 대하여 대칭이다.

$f(9)<f(21)$에서 $m>\frac{9+21}{2}=15$

$f(6)>f(28)$에서 $m<\frac{6+28}{2}=17$

이므로 자연수 m은 16이다.

확률변수 X가 정규분포 $\mathrm{N}(16, \sigma^2)$을 따르므로 $Z_1=\frac{X-16}{\sigma}$으로 놓으면 확률변수 Z_1은 표준정규분포 $\mathrm{N}(0, 1)$을 따르고, 확률변수 Y가 정규분포 $\mathrm{N}\left(32, \frac{\sigma^2}{4}\right)$을 따르므로 $Z_2=\frac{Y-32}{\frac{\sigma}{2}}$로 놓으면 확률변수 Z_2도 표준정규분포 $\mathrm{N}(0, 1)$을 따른다.

$\mathrm{P}(X\geq a)=\mathrm{P}(Y\leq b)$에서

$\mathrm{P}\left(Z_1\geq\frac{a-16}{\sigma}\right)=\mathrm{P}\left(Z_2\leq\frac{b-32}{\frac{\sigma}{2}}\right)$

$\frac{a-16}{\sigma}+\frac{2(b-32)}{\sigma}=0$

$a+2b=80$

$\mathrm{P}\left(\frac{a}{2}\leq X\leq a+b\right)=\mathrm{P}(40-b\leq X\leq 80-b)$

의 값은 $\frac{(40-b)+(80-b)}{2}=m$일 때 최대이므로

$60-b=16$, $b=44$

따라서 $a=-8$, $b=44$이므로

$b-a=52$

답 52

30

집합 S의 부분집합이고, 원소의 개수가 2인 집합의 개수는 ${}_{2n}\mathrm{C}_2$이다.

원소의 합이 $2n$보다 큰 사건을 A, 원소의 합이 홀수인 사건을 B라 하자.

원소의 개수가 2인 집합의 모든 원소의 합을 k $(2n<k\leq 4n-1)$이라 하자.

(i) $k=2m$ $(n+1\leq m\leq 2n-1)$일 때

$2m$을 $2n$ 이하의 서로 다른 두 자연수의 합으로 나타내면

$(2m-2n)+2n$, $(2m-2n+1)+(2n-1)$, $\cdots$, $(m-1)+(m+1)$

이므로 그 개수는 $2n-m$이다.

따라서 원소의 합이 짝수인 집합의 개수는

$$\sum_{m=n+1}^{2n-1}(2n-m)=2n(n-1)-\frac{(n-1)\times 3n}{2}=\frac{n(n-1)}{2}$$

(ii) $k=2m+1$ $(n\leq m\leq 2n-1)$일 때

$2m+1$을 $2n$ 이하의 서로 다른 두 자연수의 합으로 나타내면

$(2m+1-2n)+2n$, $(2m+2-2n)+(2n-1)$, $\cdots$, $m+(m+1)$

이므로 그 개수는 $2n-m$이다.

따라서 원소의 합이 홀수인 집합의 개수는

$$\sum_{m=n}^{2n-1}(2n-m)=2n\times n-\frac{n\times(3n-1)}{2}=\frac{n(n+1)}{2}$$

(i), (ii)에 의하여 사건 A의 경우의 수가

$\frac{n(n-1)}{2}+\frac{n(n+1)}{2}=n^2$

이므로

$\mathrm{P}(A)=\frac{n^2}{{}_{2n}\mathrm{C}_2}=\frac{n}{2n-1}$

사건 $A\cap B$의 경우가 (ii)의 경우이므로

$$\mathrm{P}(A\cap B)=\frac{\frac{n(n+1)}{2}}{{}_{2n}\mathrm{C}_2}=\frac{n+1}{4n-2}$$

따라서 모든 원소의 합이 $2n$보다 클 때, 그 합이 홀수일 확률은

$$\mathrm{P}(B|A)=\frac{\mathrm{P}(A\cap B)}{\mathrm{P}(A)}=\frac{\frac{n+1}{4n-2}}{\frac{n}{2n-1}}=\frac{n+1}{2n}=\frac{11}{20}$$

이므로

$n=10$

답 10

미적분

23

$$\lim_{x\to 0}\frac{\ln(1+2x)}{e^{6x}-1}=\lim_{x\to 0}\left\{\frac{\ln(1+2x)}{2x}\times\frac{6x}{e^{6x}-1}\times\frac{2}{6}\right\}$$
$$=\frac{2}{6}\times\lim_{x\to 0}\frac{\ln(1+2x)}{2x}\times\lim_{x\to 0}\frac{6x}{e^{6x}-1}$$
$$=\frac{1}{3}\times 1\times 1$$
$$=\frac{1}{3}$$

답 ②

24

$$\left|a_n+\frac{(-2)^{2n-1}+3^n}{4^n+(-3)^{n+1}}\right|<\left(\frac{1}{4}\right)^n$$
$$-\left(\frac{1}{4}\right)^n<a_n+\frac{(-2)^{2n-1}+3^n}{4^n+(-3)^{n+1}}<\left(\frac{1}{4}\right)^n$$
$$-\frac{(-2)^{2n-1}+3^n}{4^n+(-3)^{n+1}}-\left(\frac{1}{4}\right)^n<a_n<-\frac{(-2)^{2n-1}+3^n}{4^n+(-3)^{n+1}}+\left(\frac{1}{4}\right)^n$$
$$\lim_{n\to\infty}\left\{-\frac{(-2)^{2n-1}+3^n}{4^n+(-3)^{n+1}}-\left(\frac{1}{4}\right)^n\right\}$$
$$=\lim_{n\to\infty}\left\{-\frac{-\frac{1}{2}+\left(\frac{3}{4}\right)^n}{1+(-3)\times\left(-\frac{3}{4}\right)^n}-\left(\frac{1}{4}\right)^n\right\}=\frac{1}{2}$$
$$\lim_{n\to\infty}\left\{-\frac{(-2)^{2n-1}+3^n}{4^n+(-3)^{n+1}}+\left(\frac{1}{4}\right)^n\right\}$$
$$=\lim_{n\to\infty}\left\{-\frac{-\frac{1}{2}+\left(\frac{3}{4}\right)^n}{1+(-3)\times\left(-\frac{3}{4}\right)^n}+\left(\frac{1}{4}\right)^n\right\}=\frac{1}{2}$$

따라서 $\lim_{n\to\infty}a_n=\frac{1}{2}$

답 ⑤

25

x좌표가 t $(0\le t\le 2)$인 점을 지나고 x축에 수직인 평면으로 입체도형을 자른 단면은 한 변의 길이가 $\sqrt{5+\pi\cos\frac{\pi t}{4}}$인 정사각형이므로 단면의 넓이를 $S(t)$라 하면

$$S(t)=5+\pi\cos\frac{\pi t}{4}$$

따라서 구하는 입체도형의 부피는

$$\int_0^2 S(t)dt=\int_0^2\left(5+\pi\cos\frac{\pi t}{4}\right)dt$$
$$=\left[5t+4\sin\frac{\pi t}{4}\right]_0^2$$
$$=(10+4)-0$$
$$=14$$

답 ①

26

합성함수 $(g\circ f)(x)$가 실수 전체의 집합에서 연속이 되려면 함수 $f(x)$의 치역이 함수 $g(x)$가 연속인 두 구간 $(-\infty, a)$, $[a, \infty)$ 중 하나에만 포함되어야 한다.

$f(x)=e^{2x}+2e^{-x}$에서

$f'(x)=2e^{2x}-2e^{-x}=2e^{-x}(e^{3x}-1)$

$f'(x)=0$일 때 $e^{3x}=1$, $x=0$

함수 $f(x)$의 증가와 감소를 표로 나타내면 다음과 같다.

x	$\cdots$	0	$\cdots$
$f'(x)$	$-$	0	$+$
$f(x)$	↘	극소	↗

함수 $f(x)$의 최솟값은 $f(0)=3$이므로 함수 $f(x)$의 치역 $\{y\mid y\ge 3\}$이 포함될 수 있는 구간은 $[a, \infty)$이다.

따라서 $a\le 3$이므로 실수 a의 최댓값은 3이다.

답 ③

27

함수 $f(t)$의 한 부정적분을 $F(t)$라 하면

$$f'(x)=\lim_{h\to 0}\frac{1}{h}\int_x^{x+3h}f(t)dt$$
$$=\lim_{h\to 0}\frac{\Big[F(t)\Big]_x^{x+3h}}{h}$$
$$=\lim_{h\to 0}\frac{F(x+3h)-F(x)}{3h}\times 3$$
$$=3F'(x)$$
$$=3f(x)$$
$$g(n)=\int_{2n-1}^{2n+1}f(x)dx$$
$$=\int_{2n-1}^{2n+1}\frac{f'(x)}{3}dx$$
$$=\left[\frac{f(x)}{3}\right]_{2n-1}^{2n+1}$$
$$=\frac{f(2n+1)-f(2n-1)}{3}$$
$$\sum_{n=1}^{5}g(n)=\sum_{n=1}^{5}\frac{f(2n+1)-f(2n-1)}{3}$$
$$=\frac{f(3)-f(1)}{3}+\frac{f(5)-f(3)}{3}+\cdots+\frac{f(11)-f(9)}{3}$$
$$=\frac{f(11)-f(1)}{3}$$
$$=\frac{e^{30}-1}{3}$$

답 ④

28

$f(x)=x+\sin\frac{x}{2}$에서

$f'(x)=1+\frac{1}{2}\cos\frac{x}{2}$

$b_n=(2n+1)\pi-a_n$이므로

$$f'(a_{2n-1})=1+\frac{1}{2}\cos\frac{(4n-1)\pi-b_{2n-1}}{2}$$
$$=1-\frac{1}{2}\sin\frac{b_{2n-1}}{2}$$
$$f'(a_{2n})=1+\frac{1}{2}\cos\frac{(4n+1)\pi-b_{2n}}{2}$$
$$=1+\frac{1}{2}\sin\frac{b_{2n}}{2}$$

$f''(x)=-\frac{1}{4}\sin\frac{x}{2}$

자연수 n에 대하여 곡선 $y=f(x)$는 열린구간 $(4n\pi-2\pi, 4n\pi)$에서 아래로 볼록이고, 열린구간 $(4n\pi, 4n\pi+2\pi)$에서 위로 볼록이므로

$(4n-2)\pi<a_{2n-1}<(4n-1)\pi$, $4n\pi<a_{2n}<(4n+1)\pi$

점 $\left(a_n, a_n+\sin\frac{a_n}{2}\right)$에서의 접선의 방정식은

$$y=\left(1+\frac{1}{2}\cos\frac{a_n}{2}\right)(x-a_n)+a_n+\sin\frac{a_n}{2}$$

이 직선이 원점을 지나므로

$$0=\left(1+\frac{1}{2}\cos\frac{a_n}{2}\right)(0-a_n)+a_n+\sin\frac{a_n}{2}$$
$$0=-\frac{a_n}{2}\left(\cos\frac{a_n}{2}\right)+\sin\frac{a_n}{2}$$

이때 $\sin^2\frac{a_n}{2}+\cos^2\frac{a_n}{2}=1$이므로

$$\cos^2\frac{a_n}{2}\times\frac{{a_n}^2+4}{4}=1$$
$$\cos\frac{a_n}{2}=\pm\frac{2}{\sqrt{4+{a_n}^2}}$$

즉 $f'(a_n)=1\pm\frac{1}{\sqrt{4+a_n^2}}$에서

$n\longrightarrow\infty$일 때, $a_n\longrightarrow\infty$이므로

$\lim_{n\to\infty}f'(a_n)=1$

$f'(a_{2n-1})=1-\frac{1}{2}\sin\frac{b_{2n-1}}{2}$

$f'(a_{2n})=1+\frac{1}{2}\sin\frac{b_{2n}}{2}$

이고 $\lim_{n\to\infty}f'(a_n)=1$이므로

$\lim_{n\to\infty}\sin\frac{b_n}{2}=0$ ...... ㉠

이때 $(4n-2)\pi<a_{2n-1}<(4n-1)\pi$, $4n\pi<a_{2n}<(4n+1)\pi$이므로

$0<\frac{b_n}{2}<\frac{\pi}{2}$ ...... ㉡

㉠, ㉡에서

$\lim_{n\to\infty}b_n=0$

따라서

$$\lim_{n\to\infty}\left\{\frac{f'(a_{2n-1})-1}{b_{2n-1}}-\frac{f'(a_{2n})-1}{b_{2n}}\right\}$$

$$=\lim_{n\to\infty}\left(\frac{-\frac{1}{2}\sin\frac{b_{2n-1}}{2}}{b_{2n-1}}-\frac{\frac{1}{2}\sin\frac{b_{2n}}{2}}{b_{2n}}\right)$$

$$=\lim_{n\to\infty}\left(-\frac{1}{4}\times\frac{\sin\frac{b_{2n-1}}{2}}{\frac{b_{2n-1}}{2}}-\frac{1}{4}\times\frac{\sin\frac{b_{2n}}{2}}{\frac{b_{2n}}{2}}\right)$$

$$=-\frac{1}{4}\times1-\frac{1}{4}\times1$$

$$=-\frac{1}{2}$$

답 ①

29

등차수열 $\{a_n\}$의 첫째항을 a, 공차를 d라 하면

$a_n=a+(n-1)d$

$S_n=\frac{n\{2a+(n-1)d\}}{2}$

$$\sum_{n=1}^{\infty}\frac{a_{n+1}}{S_nS_{n+1}}=\lim_{n\to\infty}\sum_{k=1}^{n}\left(\frac{1}{S_k}-\frac{1}{S_{k+1}}\right)$$

$$=\lim_{n\to\infty}\left\{\left(\frac{1}{S_1}-\frac{1}{S_2}\right)+\left(\frac{1}{S_2}-\frac{1}{S_3}\right)+\cdots+\left(\frac{1}{S_n}-\frac{1}{S_{n+1}}\right)\right\}$$

$$=\lim_{n\to\infty}\left(\frac{1}{S_1}-\frac{1}{S_{n+1}}\right)$$

$$=\frac{1}{S_1}$$

$$=\frac{1}{a_1}$$

$$=\frac{1}{a}$$

$$\lim_{n\to\infty}(\sqrt{6S_n}-a_n)=\lim_{n\to\infty}\{\sqrt{3n(2a-d+nd)}-(a-d+nd)\}$$

$$=\lim_{n\to\infty}\frac{3n(2a-d+nd)-(a-d+nd)^2}{\sqrt{3n(2a-d+nd)}+(a-d+nd)}$$

$$=\lim_{n\to\infty}\frac{(3d-d^2)n^2+\{(6a-3d)-2d(a-d)\}n-(a-d)^2}{\sqrt{3n(2a-d+nd)}+(a-d+nd)}$$

이 극한이 수렴하려면

$3d-d^2=0$, $d(d-3)=0$

$d=0$ 또는 $d=3$

이때 $d=0$이면

$\lim_{n\to\infty}(\sqrt{6S_n}-a_n)=\lim_{n\to\infty}(\sqrt{6an}-a)$

가 발산하므로 $d\neq0$

즉, $d=3$

$$\lim_{n\to\infty}\frac{(3d-d^2)n^2+\{(6a-3d)-2d(a-d)\}n-(a-d)^2}{\sqrt{3n(2a-d+nd)}+(a-d+nd)}$$

$$=\lim_{n\to\infty}\frac{9n-(a-3)^2}{\sqrt{3n(2a-3+3n)}+(a-3+3n)}$$

$$=\lim_{n\to\infty}\frac{9-\frac{(a-3)^2}{n}}{\sqrt{3\left(\frac{2a-3}{n}+3\right)}+\left(\frac{a-3}{n}+3\right)}$$

$$=\frac{9}{\sqrt{9}+3}$$

$$=\frac{3}{2}$$

즉, $k=\frac{3}{2}$이므로 $a=\frac{2}{3}$

$a_n=\frac{2}{3}+3(n-1)$에서

$a_2=\frac{2}{3}+3=\frac{11}{3}$

따라서

$12(k+a_2)=12\left(\frac{3}{2}+\frac{11}{3}\right)=62$

답 62

30

$$f(x)=\begin{cases}\frac{x^2+7x+10}{1-x} & (x<1)\\ \ln(x-1) & (x>1)\end{cases}$$에서

$$f'(x)=\begin{cases}\frac{-x^2+2x+17}{(1-x)^2} & (x<1)\\ \frac{1}{x-1} & (x>1)\end{cases}$$

$f'(x)=0$일 때, $x=1-3\sqrt{2}$이므로 함수 $f(x)$의 증가와 감소를 표로 나타내면 다음과 같다.

x	$\cdots$	$1-3\sqrt{2}$	$\cdots$	(1)	$\cdots$
$f'(x)$	$-$	0	$+$		$+$
$f(x)$	↘	극소	↗		↗

함수 $y=f(x)$의 그래프는 그림과 같다.

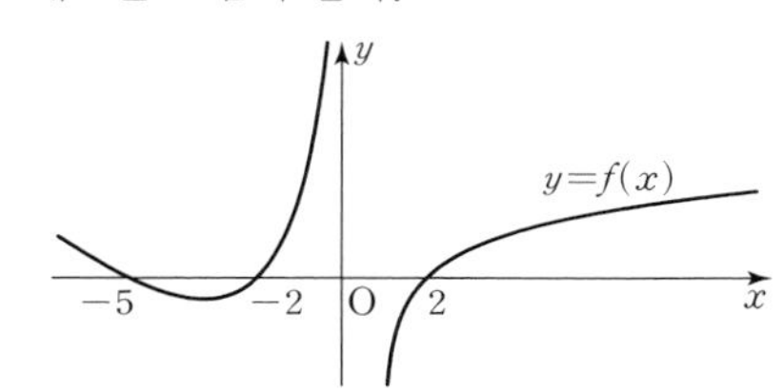

$x<1-3\sqrt{2}$에서의 함수 $f(x)$를 $g(x)=\frac{x^2+7x+10}{1-x}$이라 하고,

$x>1$에서의 함수 $f(x)$를 $h(x)=\ln(x-1)$이라 하자.

점 P의 x좌표는 $g^{-1}(t)$, 점 Q의 x좌표는 $h^{-1}(t)$이므로 원점을 지나고 곡선 $y=f(x)$ 위의 점 P에서의 접선과 평행한 직선의 방정식은

$y=g'(g^{-1}(t))x$

이므로 점 R의 좌표는

$\mathrm{R}\left(\frac{t}{g'(g^{-1}(t))},\ t\right)$

원점을 지나고 곡선 $y=f(x)$ 위의 점 Q에서의 접선과 평행한 직선의 방정식은

$y=h'(h^{-1}(t))x$

이므로 점 S의 좌표는

$\mathrm{S}\left(\frac{t}{h'(h^{-1}(t))},\ t\right)$

이때 $x<1-3\sqrt{2}$에서 $g'(x)<0$이고, $x>1$에서 $h'(x)>0$이므로

$l(t)=\frac{t}{h'(h^{-1}(t))}-\frac{t}{g'(g^{-1}(t))}$

$$\int_0^2 l(t)dt=\int_0^2\left\{\frac{t}{h'(h^{-1}(t))}-\frac{t}{g'(g^{-1}(t))}\right\}dt$$

$$=\int_0^2\frac{t}{h'(h^{-1}(t))}dt-\int_0^2\frac{t}{g'(g^{-1}(t))}dt$$

(i) $\int_0^2 \frac{t}{h'(h^{-1}(t))}dt$에서

$t=h(h^{-1}(t))$이고, $h'(h^{-1}(t))(h^{-1})'(t)=1$이므로

$\int_0^2 \frac{t}{h'(h^{-1}(t))}dt=\int_0^2 h(h^{-1}(t))(h^{-1})'(t)dt$

이고, $h^{-1}(t)=x$라 하면

$(h^{-1})'(t)=\frac{dx}{dt}$, $h^{-1}(0)=2$, $h^{-1}(2)=e^2+1$

$$\begin{aligned}\int_0^2 h(h^{-1}(t))(h^{-1})'(t)dt&=\int_2^{e^2+1} h(x)dx\\&=\int_2^{e^2+1}\ln(x-1)dx\\&=\int_1^{e^2}\ln x dx\\&=\Big[x\ln x-x\Big]_1^{e^2}\\&=(2e^2-e^2)-(0-1)\\&=e^2+1\end{aligned}$$

(ii) $\int_0^2 \frac{t}{g'(g^{-1}(t))}dt$에서

$t=g(g^{-1}(t))$이고, $g'(g^{-1}(t))(g^{-1})'(t)=1$이므로

$\int_0^2 \frac{t}{g'(g^{-1}(t))}dt=\int_0^2 g(g^{-1}(t))(g^{-1})'(t)dt$

$g^{-1}(t)=x$라 하면

$(g^{-1})'(t)=\frac{dx}{dt}$, $g^{-1}(0)=-5$, $g^{-1}(2)=-8$이므로

$$\begin{aligned}\int_0^2 g(g^{-1}(t))(g^{-1})'(t)dt&=\int_{-5}^{-8} g(x)dx\\&=\int_{-5}^{-8}\frac{x^2+7x+10}{1-x}dx\\&=\int_{-8}^{-5}\left(x+8+\frac{18}{x-1}\right)dx\\&=\left[\frac{1}{2}x^2+8x+18\ln|x-1|\right]_{-8}^{-5}\\&=\left(\frac{25}{2}-40+18\ln 6\right)-(32-64+18\ln 9)\\&=\frac{9}{2}+18\ln\frac{2}{3}\end{aligned}$$

(i), (ii)에 의하여

$$\begin{aligned}\int_0^2 l(t)dt&=\int_0^2 \frac{t}{h'(h^{-1}(t))}dt-\int_0^2 \frac{t}{g'(g^{-1}(t))}dt\\&=e^2+1-\left(\frac{9}{2}+18\ln\frac{2}{3}\right)\\&=e^2-\frac{7}{2}-18\ln\frac{2}{3}\end{aligned}$$

따라서 $p=-\frac{7}{2}$, $q=-18$이므로

$$\begin{aligned}6|p+q|&=6\left|-\frac{7}{2}+(-18)\right|\\&=129\end{aligned}$$

답 129

기하

23

$$\begin{aligned}\vec{a}-2\vec{b}&=(5+4,\ 3-2)\\&=(9,\ 1)\end{aligned}$$

따라서 벡터 $\vec{a}-2\vec{b}$의 모든 성분의 합은

$9+1=10$

답 ⑤

24

$y^2-6y+4x+13=0$에서

$(y-3)^2=-4(x+1)$

이 포물선은 포물선 $y^2=-4x$를 x축의 방향으로 -1만큼, y축의 방향으로 3만큼 평행이동한 것이다.

포물선 $y^2=-4x$의 초점의 좌표는 $(-1,\ 0)$이므로 x축의 방향으로 -1만큼, y축의 방향으로 3만큼 평행이동한 구하는 초점의 좌표는

$(-2,\ 3)$

따라서 점 $(-2,\ 3)$과 원점 사이는 거리는

$\sqrt{(-2)^2+3^2}=\sqrt{13}$

답 ④

25

선분 AB를 $1:2$로 내분하는 점의 좌표는

$\left(\frac{2+2a}{3},\ \frac{b+2}{3},\ \frac{c-2}{3}\right)$

선분 AB를 $1:2$로 외분하는 점의 좌표는

$(2a-2,\ 2-b,\ -2-c)$

이 두 점이 xy평면에 대하여 서로 대칭이므로

$\frac{2+2a}{3}=2a-2$에서

$a=2$

$\frac{b+2}{3}=2-b$에서

$b=1$

$\frac{c-2}{3}=-(-2-c)$에서

$c=-4$

따라서

$a+b+c=-1$

답 ②

26

타원의 정의에 의하여

$\overline{AF'}+\overline{AF}=\overline{BF'}+\overline{BF}$

이때 삼각형 AF′B가 한 변의 길이가 4인 정삼각형이므로

$\overline{AF'}=\overline{BF'}=4$

즉, $\overline{AF}=\overline{BF}$이므로 그림과 같이 직선 AB는 x축에 수직이다.

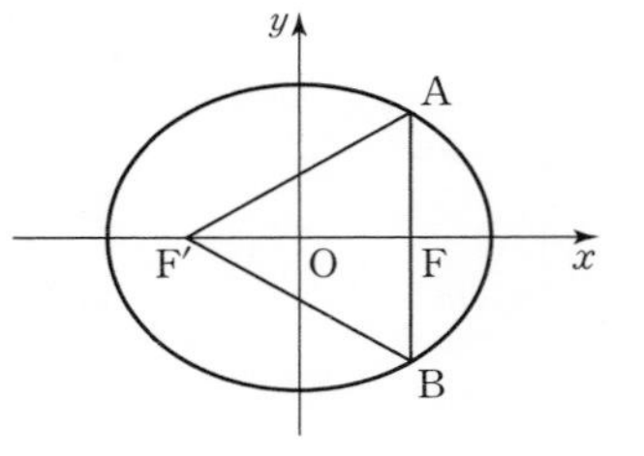

$\overline{AF}+\overline{BF}=4$이므로

$\overline{AF'}+\overline{AF}=4+2=6$

$\overline{FF'}=2\sqrt{3}$이므로 $c=\sqrt{3}$

타원의 방정식은

$\frac{x^2}{9}+\frac{y^2}{6}=1$

이고, 두 점 A, B의 좌표는 각각 $(\sqrt{3},\ 2)$, $(\sqrt{3},\ -2)$이므로 접선의 방정식은

$\frac{\sqrt{3}x}{9}+\frac{2y}{6}=1$

$\frac{\sqrt{3}x}{9}+\frac{-2y}{6}=1$

두 직선의 교점인 점 C의 좌표가 $(3\sqrt{3},\ 0)$이므로 사각형 AF′BC의 넓이는

$\left(\frac{1}{2}\times 4\sqrt{3}\times 2\right)\times 2=8\sqrt{3}$

답 ①

27

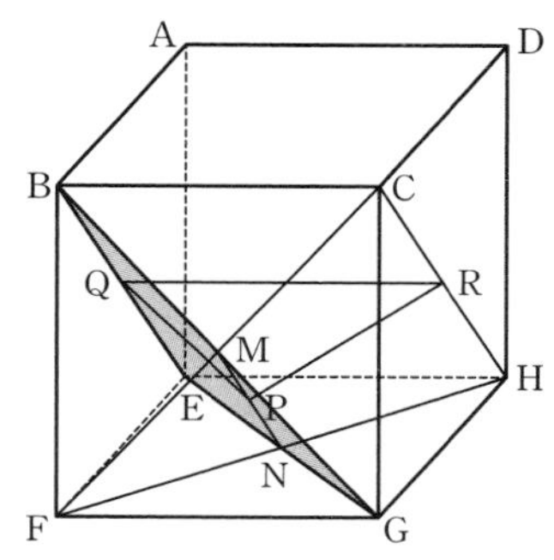

두 평면 BGE, CFH에서 두 선분 BG, CF의 교점을 M, 두 선분 EG, HF의 교점을 N이라 하면 두 점 M, N은 각각 두 선분 BG, EG의 중점이고, 직선 MN이 두 평면 BGE, CFH의 교선이다.

정육면체 ABCD−EFGH에서 $\overline{BC}=2$이므로 두 삼각형 BGE, CFH는 모두 한 변의 길이가 $2\sqrt{2}$인 정삼각형이다.

선분 MN의 중점을 P라 하면 점 P를 지나고 직선 MN에 수직인 직선이 각각 두 평면 BGE, CFH에 존재하고, 이 두 직선이 두 선분 BE, CH와 만나는 점을 Q, R이라 하면 ∠QPR은 두 평면 BGE, CFH의 이면각이다.

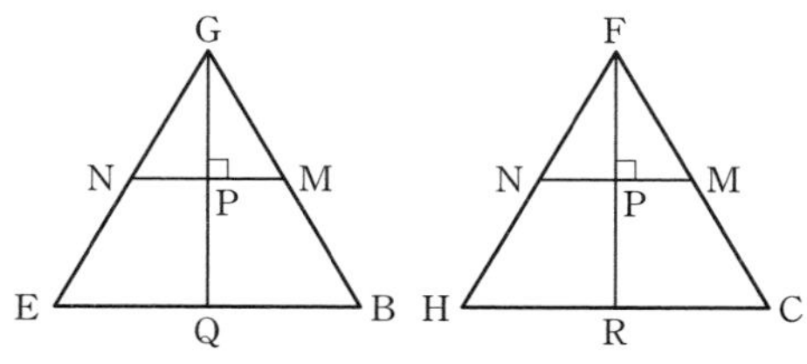

삼각형 BGE에서

$\overline{PQ}=\frac{1}{2}\overline{GQ}=\frac{1}{2}\times\frac{\sqrt{3}}{2}\overline{BG}=\frac{\sqrt{6}}{2}$

마찬가지로

$\overline{PR}=\overline{PQ}=\frac{\sqrt{6}}{2}$

두 점 Q, R이 각각 두 선분 EB, HC의 중점이므로

$\overline{QR}=\overline{BC}=2$

삼각형 PQR에서 코사인법칙에 의하여

$2^2=\left(\frac{\sqrt{6}}{2}\right)^2+\left(\frac{\sqrt{6}}{2}\right)^2-2\times\frac{\sqrt{6}}{2}\times\frac{\sqrt{6}}{2}\times\cos\angle QPR$

$\cos\angle QPR=-\frac{1}{3}$

따라서 삼각형 BGE의 평면 CFH 위로의 정사영의 넓이는

$\frac{\sqrt{3}}{4}\times(2\sqrt{2})^2\times|\cos\angle QPR|=\frac{2\sqrt{3}}{3}$

답 ④

28

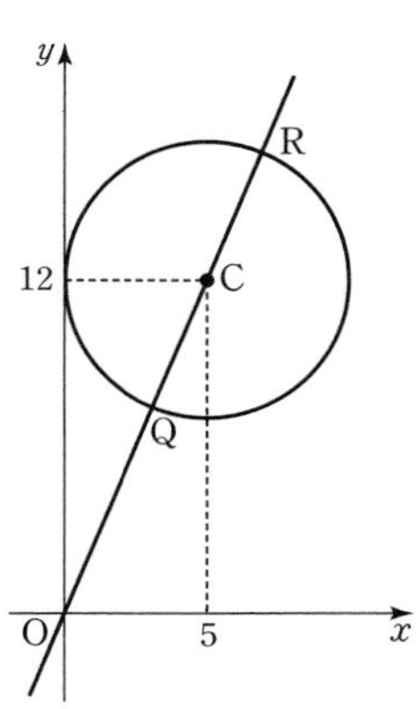

중심이 점 C(5, 12)이고 y축에 접하는 원의 반지름의 길이는 5이고,

$\overline{OC}=\sqrt{5^2+12^2}=13$

이므로

$\overline{OQ}=\overline{OC}-\overline{CQ}=13-5=8$

$\overline{OR}=\overline{OC}+\overline{CR}=13+5=18$

점 P에서 직선 OC에 내린 수선의 발을 P′이라 하면

$\overrightarrow{OP}\cdot\overrightarrow{OQ}=\overline{OP'}\times\overline{OQ}=8\overline{OP'}$

$\overrightarrow{OP}\cdot\overrightarrow{OR}=\overline{OP'}\times\overline{OR}=18\overline{OP'}$

점 P′은 선분 QR 위의 점이므로

$8\le\overline{OP'}\le18$

$8\overline{OP'}$과 $18\overline{OP'}$이 모두 정수가 되어야 하므로

$\overline{OP'}=\frac{m}{2}$ (m은 정수)

이때 $8\le\frac{m}{2}\le18$, $16\le m\le36$

$m=16$, 36일 때는 점 P가 각각 1개씩 존재하고 m이 $16<m<36$인 정수일 때는 점 P가 각각 2개씩 존재한다.

따라서 구하는 점 P의 개수는

$2\times1+19\times2=40$

답 ⑤

29

조건 (나)에서 사각형 PQF′F의 외접원의 중심이 선분 F′F 위의 점이므로 선분 F′F가 원의 지름이다.

따라서 ∠FPF′=90°

이므로

$\overline{PF'}^2+\overline{PF}^2=\overline{F'F}^2$ …… ㉠

이때 쌍곡선 $\frac{x^2}{4}-\frac{y^2}{16}=1$의 두 초점 F, F′의 좌표가 각각

$(2\sqrt{5},\ 0)$, $(-2\sqrt{5},\ 0)$이므로

$\overline{F'F}=4\sqrt{5}$ …… ㉡

이고, 쌍곡선의 정의에 의하여

$\overline{PF'}-\overline{PF}=4$ …… ㉢

㉠, ㉡, ㉢에 의하여

$(\overline{PF}+4)^2+\overline{PF}^2=80$

$\overline{PF}^2+4\times\overline{PF}-32=0$

$(\overline{PF}+8)(\overline{PF}-4)=0$

$\overline{PF}>0$이므로 $\overline{PF}=4$

마찬가지 방법으로 ∠FQF′=90°에서 $\overline{QF}=4$이므로 $\overline{QF'}=8$이다.

따라서

$\overline{PF}+\overline{QF'}=12$

답 12

30

점 E가 선분 BD를 1 : 2로 내분하는 점이므로

$\overline{BE}=1$

삼각형 BCE에서 코사인법칙에 의하여

$\overline{CE}^2=3^2+1^2-2\times3\times1\times\frac{1}{2}$

$\overline{CE}=\sqrt{7}$

점 A에서 평면 BCD에 내린 수선의 발을 A′이라 하자.

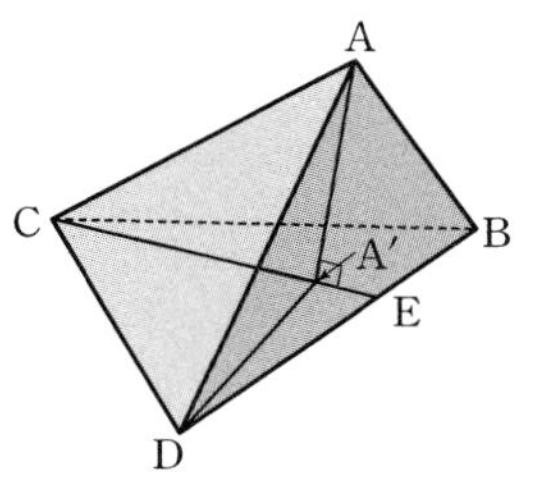

점 A′은 선분 CD를 지름으로 하는 구 위의 점이므로

∠DA′C=90°

삼각형 CDE의 넓이는

$\frac{1}{2}\times\overline{CD}\times\overline{DE}\times\sin60°=\frac{1}{2}\times\overline{CE}\times\overline{A'D}$

$\frac{1}{2}\times3\times2\times\frac{\sqrt{3}}{2}=\frac{1}{2}\times\sqrt{7}\times\overline{A'D}$

$\overline{A'D}=\frac{3\sqrt{3}}{\sqrt{7}}$

직각삼각형 A′CD에서

$\overline{A'C}=\sqrt{3^2-\left(\frac{3\sqrt{3}}{\sqrt{7}}\right)^2}=\frac{6}{\sqrt{7}}$

직각삼각형 ACA′에서

$\overline{AA'}=\sqrt{\left(\frac{16}{7}\right)^2-\left(\frac{6}{\sqrt{7}}\right)^2}=\frac{2}{7}$

점 A′에서 선분 CD에 내린 수선의 발을 H라 하자.

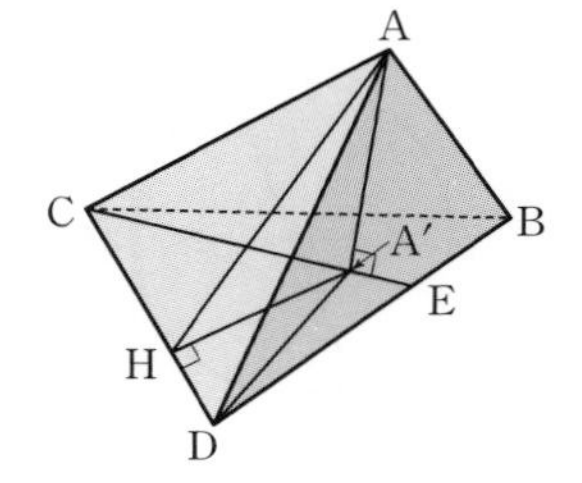

삼각형 A′CD의 넓이는

$\frac{1}{2}\times\overline{CD}\times\overline{A'H}=\frac{1}{2}\times\overline{A'C}\times\overline{A'D}$

$\frac{1}{2}\times3\times\overline{A'H}=\frac{1}{2}\times\frac{6}{\sqrt{7}}\times\frac{3\sqrt{3}}{\sqrt{7}}$

$\overline{A'H}=\frac{6\sqrt{3}}{7}$

$\overline{AA'}\perp$(평면 BCD), $\overline{A'H}\perp\overline{CD}$이므로 삼수선의 정리에 의하여

$\overline{AH}\perp\overline{CD}$

따라서 점 A와 직선 CD 사이의 거리는 $\overline{AH}$와 같고, 직각삼각형 AHA′에서

$k=\overline{AH}=\sqrt{\left(\frac{2}{7}\right)^2+\left(\frac{6\sqrt{3}}{7}\right)^2}=\frac{4\sqrt{7}}{7}$

이므로

$14k^2=14\times\frac{16}{7}=32$ 답 32

6회 EBS FINAL 수학영역

본문 87~103쪽

01 ⑤	**02** ④	**03** ①	**04** ②	**05** ③
06 ①	**07** ③	**08** ④	**09** ①	**10** ③
11 ②	**12** ③	**13** ⑤	**14** ④	**15** ③
16 2	**17** 12	**18** 17	**19** 49	**20** 14
21 11	**22** 52			
확률과 통계	**23** ④	**24** ④	**25** ①	**26** ③
	27 ④	**28** ⑤	**29** 237	**30** 911
미적분	**23** ②	**24** ④	**25** ④	**26** ①
	27 ④	**28** ②	**29** 5	**30** 9
기하	**23** ②	**24** ③	**25** ④	**26** ⑤
	27 ③	**28** ④	**29** 17	**30** 250

01

$\sqrt[3]{40}\times25^{\frac{1}{3}}=(2^3\times5)^{\frac{1}{3}}\times(5^2)^{\frac{1}{3}}$

$=(2^3)^{\frac{1}{3}}\times5^{\frac{1}{3}}\times5^{\frac{2}{3}}$

$=2^1\times5^{\frac{1}{3}+\frac{2}{3}}$

$=2^1\times5^1$

$=10$ 답 ⑤

02

$\lim_{x\to-1}\frac{x+1}{\sqrt{x+5}-2}=\lim_{x\to-1}\frac{(x+1)(\sqrt{x+5}+2)}{(\sqrt{x+5}-2)(\sqrt{x+5}+2)}$

$=\lim_{x\to-1}\frac{(x+1)(\sqrt{x+5}+2)}{x+1}$

$=\lim_{x\to-1}(\sqrt{x+5}+2)$

$=\sqrt{-1+5}+2$

$=4$ 답 ④

03

$\pi<\theta<\frac{3}{2}\pi$이고 $\tan\theta=\frac{4}{3}$이므로

$\cos\theta=-\frac{3}{5}$

따라서

$\cos(-\theta)=\cos\theta=-\frac{3}{5}$ 답 ①

04

함수 $f(x)$가 실수 전체의 집합에서 연속이면 $x=1$에서도 연속이다.

$\lim_{x\to1-}f(x)=\lim_{x\to1-}(3x+7)=10$,

$\lim_{x\to1+}f(x)=\lim_{x\to1+}(x^2+ax+2)=3+a$,

$f(1)=3+a$

이므로 $10=3+a$

따라서 $a=7$ 답 ②

05

$f(x)=(3x-1)(x^2+x+2)$에서

$f'(x)=3(x^2+x+2)+(3x-1)(2x+1)$

따라서

$f'(1)=3\times4+2\times3=18$ 답 ③

06

$f(x)=x^3+ax^2+24x-10$에서

$f'(x)=3x^2+2ax+24$

함수 $f(x)$가 $x=-2$에서 극소이므로

$f'(-2)=12-4a+24=0$

따라서 $a=9$

$f'(x)=3x^2+18x+24$

$\quad=3(x+4)(x+2)$

$f'(x)=0$에서 $x=-4$ 또는 $x=-2$

함수 $f(x)$의 증가와 감소를 표로 나타내면 다음과 같다.

x	$\cdots$	-4	$\cdots$	-2	$\cdots$
$f'(x)$	$+$	0	$-$	0	$+$
$f(x)$	↗	극대	↘	극소	↗

함수 $f(x)$는 $x=-4$에서 극대이므로 $b=-4$

따라서

$a+b=9+(-4)=5$

답 ①

07

수열 $\{a_n\}$의 첫째항을 a, 공차를 d라 하면

$a_5-a_2=3$에서

$a_5-a_2=(a+4d)-(a+d)=3d=3$

따라서 $d=1$이고 $a_n=a+(n-1)$이므로

$$\sum_{n=1}^{10}\frac{1}{a_na_{n+1}}=\sum_{n=1}^{10}\frac{1}{(a+n-1)(a+n)}$$

$$=\sum_{n=1}^{10}\left(\frac{1}{a+n-1}-\frac{1}{a+n}\right)$$

$$=\left(\frac{1}{a}-\frac{1}{a+1}\right)+\left(\frac{1}{a+1}-\frac{1}{a+2}\right)+\cdots+\left(\frac{1}{a+9}-\frac{1}{a+10}\right)$$

$$=\frac{1}{a}-\frac{1}{a+10}$$

$$=\frac{10}{a(a+10)}$$

이고 $\sum_{n=1}^{10}\frac{1}{a_na_{n+1}}=\frac{5}{12}$이므로

따라서

$a(a+10)=24$

$a^2+10a-24=0$

$(a+12)(a-2)=0$

$a=-12$ 또는 $a=2$

$a>0$이므로 $a=2$

그러므로

$a_6=a+5d=2+5\times1=7$

답 ③

08

$2^x=\sqrt{3}$에서

$x=\log_2\sqrt{3}=\frac{1}{2}\log_2 3$

$3^y=2$에서

$y=\log_3 2$

따라서

$xy=\frac{1}{2}\log_2 3\times\log_3 2$

$\quad=\frac{1}{2}\log_2 3\times\times\frac{1}{\log_2 3}$

$\quad=\frac{1}{2}$

답 ④

다른 풀이

$2=3^y$, $2^x=3^{\frac{1}{2}}$에서

$2^x=(3^y)^x=3^{\frac{1}{2}}$

$3^{xy}=3^{\frac{1}{2}}$이므로 $xy=\frac{1}{2}$

09

수열 $\{a_n\}$은 다음 표와 같다.

n	1	2	3	4	5	6	7	8
a_n	9	8	6	12	3	13	0	11

n	9	10	11	12	13	14	$\cdots$
a_n	-3	6	-6	-2	-9	-13	$\cdots$

$a_n<0$, $a_{n+1}<0$이면 $a_{n+2}<0$이므로

11 이상의 모든 자연수 t에 대하여 $a_t<0$

따라서 구하는 k의 최솟값은 11이다.

답 ①

10

$f(x)=\left|2\cos\left(\frac{x}{2}+\frac{\pi}{3}\right)-1\right|$ $(0\le x\le 4\pi)$라 하면 함수 $y=f(x)$의 그래프와 직선 $y=1$은 다음과 같다.

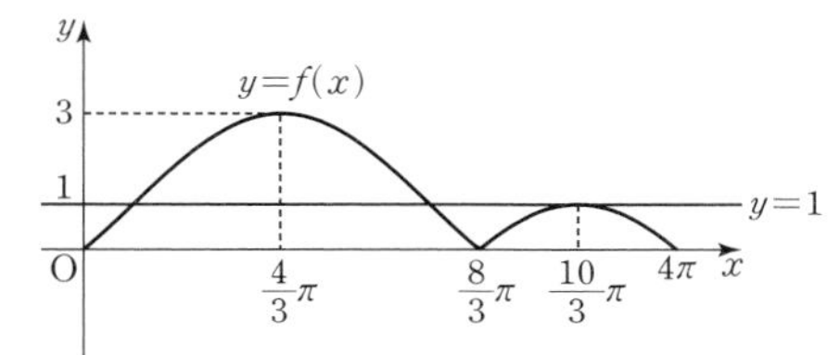

함수 $y=f(x)$의 그래프는 $0\le x\le\frac{8}{3}\pi$에서 직선 $x=\frac{4}{3}\pi$에 대하여 대칭이고,

$\frac{8}{3}\pi\le x\le 4\pi$에서 직선 $x=\frac{10}{3}\pi$에 대하여 대칭이다.

$0\le x\le 4\pi$일 때, 방정식 $\left|2\cos\left(\frac{x}{2}+\frac{\pi}{3}\right)-1\right|=1$의 서로 다른 실근의 개수는 3이고, 이 실근을 각각 α, β, γ $(\alpha<\beta<\gamma)$라 하면

$\alpha+\beta+\gamma=\frac{4}{3}\pi\times2+\frac{10}{3}\pi=6\pi$

답 ③

11

$\angle\mathrm{BCA}=\frac{\pi}{2}$이므로 $\overline{\mathrm{AC}}=5\sqrt{2}$

$\overline{\mathrm{CD}}=x$라 하면

삼각형 ACD에서 코사인법칙에 의하여

$\overline{\mathrm{AD}}^2=x^2+\overline{\mathrm{AC}}^2-2x\times\overline{\mathrm{AC}}\times\cos(\angle\mathrm{ACD})$

원주각의 성질에 의하여 $\angle\mathrm{ACD}=\angle\mathrm{ABD}$이고,

삼각형 ABD에서 $\angle\mathrm{ADB}=\frac{\pi}{2}$이므로 $\overline{\mathrm{BD}}=8$

따라서 $\cos(\angle\mathrm{ABD})=\frac{8}{10}=\frac{4}{5}$이므로

$\cos(\angle\mathrm{ACD})=\frac{4}{5}$

$6^2=x^2+(5\sqrt{2})^2-10\sqrt{2}x\times\frac{4}{5}$

$x^2-8\sqrt{2}x+14=0$

따라서 $x=4\sqrt{2}\pm3\sqrt{2}$

즉, $x=7\sqrt{2}$ 또는 $x=\sqrt{2}$

그런데 $\overline{\mathrm{CD}}<\overline{\mathrm{BD}}$이므로 $x<8$

따라서 $x=\sqrt{2}$

답 ②

12

$g(x)=-3^{-x}+\frac{10}{3}$

$f(x)=g(x)$에서

$3^x=-3^{-x}+\frac{10}{3}$

$3^x=t\ (t>0)$이라 하면

$t=-\frac{1}{t}+\frac{10}{3}$

$3t^2-10t+3=0$

$(3t-1)(t-3)=0$

$t=\frac{1}{3}$ 또는 $t=3$

따라서 $3^x=\frac{1}{3}$ 또는 $3^x=3$이므로

$x=-1$ 또는 $x=1$

즉, 두 점 A, B의 좌표는 각각 $\left(-1, \frac{1}{3}\right)$, $(1, 3)$이다.

직선 AB가 y축과 만나는 점은 선분 AB의 중점이므로 구하는 y좌표는

$\frac{\frac{1}{3}+3}{2}=\frac{\frac{10}{3}}{2}=\frac{5}{3}$

답 ③

13

함수 $y=-2^{x+1}+4$의 그래프의 점근선은 직선 $y=4$이므로 함수 $y=f(x)$의 그래프는 다음과 같다.

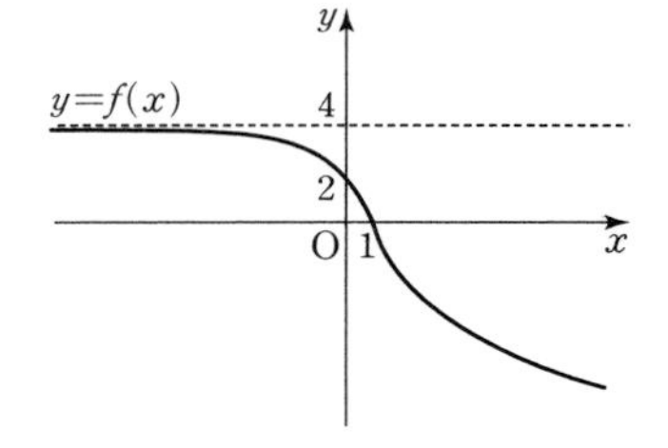

(i) $k\le 1$일 때

$f(k)\ge 0$이므로 방정식 $f(x)=|f(k)|$의 해는 방정식 $f(x)=f(k)$의 해와 같다.

즉, $x=k$이므로 실근을 갖는다.

(ii) $k>1$일 때

$-4<f(k)<0$이면 방정식 $f(x)=|f(k)|$는 실근을 갖고,

$f(k)\le -4$이면 방정식 $f(x)=|f(k)|$는 실근을 갖지 않는다.

따라서 방정식 $f(x)=|f(k)|$가 실근을 갖도록 하는 모든 k의 값의 범위는

$-4<-\frac{4}{3}\log_2 k<0$, 즉 $1<k<8$

(i), (ii)에 의하여 $k<8$이므로 자연수 k의 최댓값은 7이다.

답 ⑤

14

$\lim_{x\to 0}\frac{f(x)+1}{x}=3$에서 $x\longrightarrow 0$일 때 극한값이 존재하고 (분모) $\longrightarrow 0$이므로 (분자) $\longrightarrow 0$이어야 한다.

즉 $\lim_{x\to 0}\{f(x)+1\}=0$에서 $f(0)=-1$

따라서 $c=-1$

$\lim_{x\to 0}\frac{f(x)+1}{x}=\lim_{x\to 0}\frac{f(x)-f(0)}{x-0}=f'(0)=3$이므로

$f'(x)=3x^2+2ax+b$에서 $b=3$

이때, 삼차함수 $f(x)=x^3+ax^2+bx+c$의 역함수가 존재하려면 극값을 갖지 않아야 한다.

즉, 모든 실수 x에 대하여 $f'(x)\ge 0$이어야 한다.

이차방정식 $f'(x)=0$의 판별식을 D라 하면

$\frac{D}{4}=a^2-3b=a^2-9\le 0$

따라서 $-3\le a\le 3$이고 a의 최솟값은 -3이다.

그러므로 $f(x)=x^3-3x^2+3x-1=(x-1)^3$일 때,

$$\int_{-1}^{5}f(x)dx=\int_{-1}^{5}(x-1)^3dx$$
$$=\int_{-2}^{4}x^3dx$$
$$=\left[\frac{1}{4}x^4\right]_{-2}^{4}$$
$$=64-4$$
$$=60$$

답 ④

15

함수 $y=k\log_2(x-t)$의 그래프는 항상 점 $(t+1, 0)$을 지난다.

$f(x)=k\log_2(x-t)$라 하자.

(i) $t+1<3$일 때, $t=1$

함수 $y=f(x)$의 그래프가 삼각형 ABC와 만나는 경우는

㉠ $f(3)>4$이고 $f(5)\le 6$인 경우

$k\log_2(3-1)>4$, $k\log_2(5-1)\le 6$

그런데 $k>4$이고 $k\le 3$인 자연수 k는 존재하지 않는다.

따라서 조건을 만족시키는 순서쌍 (t, k)는 존재하지 않는다.

㉡ $f(3)=4$인 경우

함수 $y=f(x)$의 그래프는 삼각형 ABC와 점 B에서 만난다.

$k\log_2(3-1)=4$에서 $k=\frac{4}{\log_2(3-1)}$이므로

$k=4$

따라서 순서쌍 (t, k)는 $(1, 4)$이고 그 개수는 1이다.

㉢ $f(3)<4$이고 $f(7)\ge 2$인 경우

$k\log_2(3-1)<4$, $k\log_2(7-1)\ge 2$

즉, $\frac{2}{\log_2 6}\le k<4$일 때 만난다.

$2<\log_2 6<3$이므로 $\frac{2}{3}<\frac{2}{\log_2 6}<1$

따라서 $k=1, 2, 3$

그러므로 순서쌍 (t, k)는 $(1, 1)$, $(1, 2)$, $(1, 3)$이고 그 개수는 3이다.

(ii) $3\le t+1<7$일 때, $t=2, 3, 4, 5$

$f(7)\ge 2$일 때 함수 $y=f(x)$의 그래프가 삼각형 ABC와 만나므로

$k\log_2(7-t)\ge 2$에서 $k\ge\frac{2}{\log_2(7-t)}$

$t=2$일 때, $k=1, 2, 3, 4, 5$

$t=3$일 때, $k=1, 2, 3, 4, 5$

$t=4$일 때, $k=2, 3, 4, 5$

$t=5$일 때, $k=2, 3, 4, 5$

따라서 순서쌍 (t, k)의 개수는 18이다.

(iii) $t+1\ge 7$일 때, 함수 $y=f(x)$의 그래프는 삼각형 ABC와 만나지 않는다.

(i), (ii), (iii)에 의하여 구하는 모든 순서쌍 (t, k)의 개수는 22이다.

답 ③

16

$\left(\frac{1}{4}\right)^{x-4}=2^{2x}$에서

$(2^{-2})^{x-4}=2^{2x}$

$2^{-2x+8}=2^{2x}$

양변의 밑이 같으므로

$-2x+8=2x$

$4x=8$

따라서 $x=2$

답 2

17

$f(x)=\int f'(x)dx$

$\quad=\int (3x^2-4x)dx$

$\quad=x^3-2x^2+C$ (단, C는 적분상수)

$f(1)=2$이므로 $C=3$

따라서 $f(x)=x^3-2x^2+3$이므로

$f(3)=3^3-2\times3^2+3=12$

답 12

18

$\sum_{k=1}^{5}(a_k+2b_k)=25$, $\sum_{k=1}^{5}(3a_k-b_k)=12$에서

$3\sum_{k=1}^{5}(a_k+2b_k)-\sum_{k=1}^{5}(3a_k-b_k)=3\times25-12$

$\sum_{k=1}^{5}(3a_k+6b_k-3a_k+b_k)=63$

$7\sum_{k=1}^{5}b_k=63$

$\sum_{k=1}^{5}b_k=9$

따라서

$\sum_{k=1}^{5}(3b_k-2)=3\sum_{k=1}^{5}b_k-10$

$\quad=27-10$

$\quad=17$

답 17

19

$y=-xf(x)+2x^2$

$\quad=-x(2x-x^2)+2x^2$

$\quad=x^3$

두 곡선 $y=f(x)$, $y=-xf(x)+2x^2$의 교점의 x좌표를 구하면

$2x-x^2=x^3$

$x(x+2)(x-1)=0$

$x=-2$ 또는 $x=0$ 또는 $x=1$

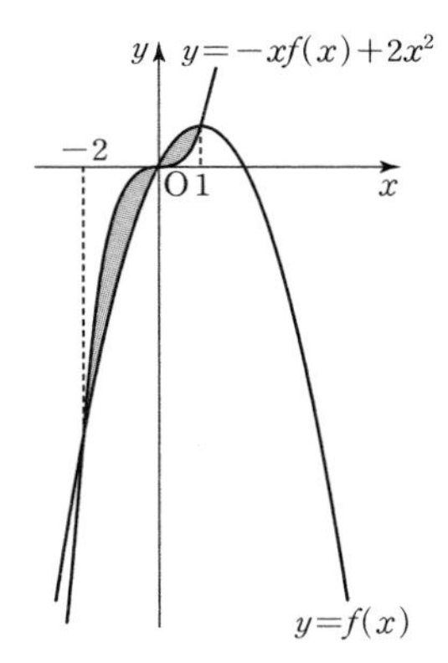

구하는 넓이를 S라 하면

$S=\int_{-2}^{0}\{x^3-(2x-x^2)\}dx+\int_{0}^{1}\{(2x-x^2)-x^3\}dx$

$\quad=\left[\frac{1}{4}x^4+\frac{1}{3}x^3-x^2\right]_{-2}^{0}+\left[-\frac{1}{4}x^4-\frac{1}{3}x^3+x^2\right]_{0}^{1}$

$\quad=\frac{8}{3}+\frac{5}{12}$

$\quad=\frac{37}{12}$

따라서 $p=12$, $q=37$이므로

$p+q=49$

답 49

20

$\log_a(x-4)^2\ge\log_a(x-4)+\log_a 5$에서

$\log_a(x-4)\ge\log_a 5$

$a>1$일 때 $x\ge9$이고, $0<a<1$일 때 $4<x\le9$ …… ㉠

$a^{2x-2}-1<a^{x+1}-a^{x-3}$에서

$a^{2x+1}-a^3<a^{x+4}-a^x$

$a(a^x)^2-a^3<(a^4-1)a^x$

$(a^x-a^3)(a^{x+1}+1)<0$

$a^{x+1}+1>0$이므로

$a^x<a^3$

$a>1$일 때 $x<3$이고, $0<a<1$일 때 $x>3$ …… ㉡

㉠, ㉡에서

$a>1$일 때 연립부등식의 해는 존재하지 않고,

$0<a<1$일 때 연립부등식의 해는 $4<x\le9$이다.

따라서 $\alpha=0$, $\beta=1$, $\gamma=4$, $\delta=9$이므로

$\alpha+\beta+\gamma+\delta=0+1+4+9=14$

답 14

21

두 함수 $f(x)$, $g(x)$는 삼차함수이므로 실수 전체의 집합에서 연속이다.

$t\ne0$일 때, $f(t)=0$이면

$t^3+at^2+bt+c=0$

양변을 t^3으로 나누면

$1+a\left(\frac{1}{t}\right)+b\left(\frac{1}{t}\right)^2+c\left(\frac{1}{t}\right)^3=0$이므로

$g\left(\frac{1}{t}\right)=0$

마찬가지로 $t\ne0$일 때 $g(t)=0$이면 $f\left(\frac{1}{t}\right)=0$이다.

조건 (가)에서 $\lim_{x\to3}\frac{f(x)}{x-3}$의 값이 존재하고 $x\longrightarrow3$일 때 (분모) $\longrightarrow0$이므로 (분자) $\longrightarrow0$이어야 한다.

따라서 $\lim_{x\to3}f(x)=0$이고 함수 $f(x)$는 $x=3$에서 연속이므로

$f(3)=0$

따라서 $g\left(\frac{1}{3}\right)=0$

조건 (나)에서 $\lim_{x\to3}\frac{g(x)}{f(x)}$의 값이 존재하고 $\lim_{x\to3}f(x)=f(3)=0$이므로

$\lim_{x\to3}g(x)=0$이어야 한다.

함수 $g(x)$는 $x=3$에서 연속이므로 $g(3)=0$

따라서 $f\left(\frac{1}{3}\right)=0$

조건 (다)에서 $\lim_{x\to4}\frac{g(x)}{f(x)}$의 값이 존재하지 않으므로

$\lim_{x\to4}f(x)=f(4)=0$

즉, $g\left(\frac{1}{4}\right)=0$

따라서 $f(x)=(x-3)\left(x-\frac{1}{3}\right)(x-4)$이고, $f(x)$의 상수항이 -4이므로

$g(x)=-4(x-3)\left(x-\frac{1}{3}\right)\left(x-\frac{1}{4}\right)$

따라서

$\lim_{x\to3}\frac{g(x)}{f(x)}=\lim_{x\to3}\frac{-4(x-3)\left(x-\frac{1}{3}\right)\left(x-\frac{1}{4}\right)}{(x-3)\left(x-\frac{1}{3}\right)(x-4)}$

$\quad=\lim_{x\to3}\frac{-4x+1}{x-4}$

$\quad=\frac{-11}{-1}$

$\quad=11$

답 11

22

$b_1 \neq 0$, $|r|>1$이므로 모든 자연수 n에 대하여 $b_n \neq 0$이고, $c_8=0$이므로 $a_8=0$이다. 수열 $\{a_n\}$의 공차를 d라 하자.

(i) $d>0$일 때

$a_1<0$, $a_3<0$이므로 $b_3>0$이다.

㉠ $r>1$이고 $b_1<0$이면 $b_3<0$이므로 조건을 만족시키지 않는다.

㉡ $r>1$이고 $b_1>0$이면 $0<b_1<b_2<b_3$이므로

$|b_1|<|b_2|<|b_3|=|a_3|<|a_2|<|a_1|$이다.

따라서 $\sum_{n=1}^{3} c_n=b_1+b_2+b_3>0$이 되어 조건 (나)를 만족시키지 않는다.

㉢ $r<-1$이고 $b_1<0$이면 $b_3<0$이므로 조건을 만족시키지 않는다.

㉣ $r<-1$이고 $b_1>0$이면 ㉡과 마찬가지로

$|b_1|<|b_2|<|b_3|=|a_3|<|a_2|<|a_1|$이고,

모든 실수 r에 대하여 $1+r+r^2>0$이므로 $\sum_{n=1}^{3} c_n=b_1+b_2+b_3>0$이 되어 조건 (나)를 만족시키지 않는다.

(ii) $d<0$일 때

$a_1>0$, $a_3>0$이므로 $b_3<0$이다.

㉠ $r<-1$이고 $b_1>0$이면 $b_3>0$이므로 조건을 만족시키지 않는다.

㉡ $r<-1$이고 $b_1<0$이면

$\sum_{n=1}^{3} c_n=b_1+b_2+b_3=b_1(1+r+r^2)=-35$

가 될 수 있다.

$r=-2$이면

$1+r+r^2=1-2+4=3$이 되어 조건을 만족시키는 정수 b_1이 존재하지 않는다.

$r=-3$이면

$1+r+r^2=1-3+9=7$이므로 $b_1=-5$이다.

$r \leq -4$인 정수 r에 대하여 $1+r+r^2 \neq 35$이므로 주어진 조건을 만족시키는 정수 b_1이 존재하지 않는다.

따라서 $r=-3$, $b_1=-5$이다.

$b_3=-45$이므로 $a_3=45$이다.

$a_1+2d=45$와 $a_1+7d=0$을 연립하여 풀면

$a_1=63$, $d=-9$이다.

이때 $c_4=a_4=36$이다.

㉢ $r>1$이고 $b_1>0$이면 $b_3>0$이므로 조건을 만족시키지 않는다.

㉣ $r>1$이고 $b_1<0$이면

$\sum_{n=1}^{3} c_n=b_1+b_2+b_3=b_1(1+r+r^2)=-35$

가 될 수 있다.

$r=2$이면

$1+r+r^2=1+2+4=7$이므로 $b_1=-5$이다.

$r \geq 3$인 정수 r에 대하여 $1+r+r^2 \neq 35$이므로 주어진 조건을 만족하는 정수 b_1이 존재하지 않는다.

따라서 $r=2$, $b_1=-5$이다.

$b_3=-20$이므로 $a_3=20$이다.

$a_1+2d=20$과 $a_1+7d=0$을 연립하여 풀면

$a_1=28$, $d=-4$이다.

이때 $c_4=a_4=16$이다.

(i), (ii)에 의하여 조건을 만족시키는 모든 c_4의 값의 합은

$36+16=52$ 답 52

확률과 통계

23

다항식 $(2x^2+1)^5$의 전개식의 일반항은

${}_5C_r(2x^2)^r$ $(r=0, 1, 2, \cdots, 5)$

이므로 x^6항은 $r=3$일 때이다.

따라서 x^6의 계수는

${}_5C_3 \times 2^3=80$ 답 ④

24

$P(A^C \cup B^C)=P((A\cap B)^C)=1-P(A\cap B)=\frac{2}{3}$

이므로

$P(A\cap B)=\frac{1}{3}$

$P(A\cup B)=P(A)+P(B)-P(A\cap B)$

이므로

$\frac{5}{6}=\frac{2}{3}+P(B)-\frac{1}{3}$

따라서

$P(B)=\frac{1}{2}$ 답 ④

25

한 개의 주사위를 던져서 나온 눈의 수가 6의 약수일 확률은 $\frac{2}{3}$이고, 6의 약수가 아닐 확률은 $\frac{1}{3}$이다.

(i) 동전을 1개, 1개, 1개 던질 경우

앞면이 3회 나올 확률은

$\left(\frac{2}{3}\right)^3\left(\frac{1}{2}\right)^3=\frac{1}{27}$

(ii) 동전을 1개, 1개, 2개 던질 경우

앞면이 3회 나올 확률은

${}_3C_1\left(\frac{2}{3}\right)^2\left(\frac{1}{3}\right)\times {}_4C_3\left(\frac{1}{2}\right)^4=\frac{1}{9}$

(iii) 동전을 1개, 2개, 2개 던질 경우

앞면이 3회 나올 확률은

${}_3C_2\left(\frac{2}{3}\right)\left(\frac{1}{3}\right)^2\times {}_5C_3\left(\frac{1}{2}\right)^5=\frac{5}{72}$

(iv) 동전을 2개, 2개, 2개 던질 경우

앞면이 3회 나올 확률은

$\left(\frac{1}{3}\right)^3\times {}_6C_3\left(\frac{1}{2}\right)^6=\frac{5}{432}$

(i)~(iv)는 서로 배반사건이므로 구하는 확률은

$\frac{1}{27}+\frac{1}{9}+\frac{5}{72}+\frac{5}{432}=\frac{11}{48}$ 답 ①

26

1부터 8까지의 자연수 중 3의 배수는 2개이므로 한 번의 시행에서 3의 배수가 나올 확률은

$\frac{2}{8}=\frac{1}{4}$

따라서 확률변수 X는 이항분포 $B\left(192, \frac{1}{4}\right)$을 따르므로

$E(X)=192\times\frac{1}{4}=48$, $V(X)=192\times\frac{1}{4}\times\frac{3}{4}=36$

이때 192는 충분히 큰 수이므로 확률변수 X는 근사적으로 정규분포 $N(48, 6^2)$을 따르고,

$Z=\frac{X-48}{6}$

이라 하면 확률변수 Z는 표준정규분포 $N(0, 1)$을 따른다.

따라서

$$P(X \le 54) = P\left(Z \le \frac{54-48}{6}\right)$$
$$= P(Z \le 1)$$
$$= 0.5 + P(0 \le Z \le 1)$$
$$= 0.5 + 0.3413$$
$$= 0.8413$$

답 ③

27

시행의 결과를 (동전의 면, 주사위의 눈의 수)로 나타내자.

두 번의 시행에서 꺼낸 모든 퍼즐 조각을 남김없이 사용하여 넓이가 π인 원 모양의 퍼즐을 1개 만들 수 있는 경우는 다음과 같다.

(i) 반원 모양의 퍼즐 조각을 2개 꺼내는 경우

두 번의 시행 결과가 (앞면, 1), (앞면, 1)인 경우이므로 확률은

$$\left(\frac{1}{2} \times \frac{1}{6}\right) \times \left(\frac{1}{2} \times \frac{1}{6}\right) = \frac{1}{144}$$

(ii) 반원 모양의 퍼즐 조각 1개와 중심각의 크기가 60°인 부채꼴 모양의 퍼즐 조각 3개를 꺼내는 경우

(앞면, 1), (뒷면, 3) 또는 (뒷면, 3), (앞면, 1)인 경우이므로 확률은

$$\left(\frac{1}{2} \times \frac{1}{6}\right) \times \left(\frac{1}{2} \times \frac{1}{6}\right) \times 2 = \frac{2}{144}$$

(iii) 중심각의 크기가 60°인 부채꼴 모양의 퍼즐 조각 6개를 꺼내는 경우

(뒷면, 1), (뒷면, 5) 또는 (뒷면, 2), (뒷면, 4) 또는 (뒷면, 3), (뒷면, 3) 또는 (뒷면, 4), (뒷면, 2) 또는 (뒷면, 5), (뒷면, 1)인 경우이므로 확률은

$$\left(\frac{1}{2} \times \frac{1}{6}\right) \times \left(\frac{1}{2} \times \frac{1}{6}\right) \times 5 = \frac{5}{144}$$

두 번의 시행에서 꺼낸 모든 퍼즐 조각을 남김없이 사용하여 넓이가 π인 원 모양의 퍼즐을 1개 만드는 사건을 X라 하고, 퍼즐 조각들이 모두 중심각의 크기가 60°인 부채꼴 모양인 사건을 Y라 하면

(i), (ii), (iii)에 의하여

$$P(X) = \frac{1}{144} + \frac{2}{144} + \frac{5}{144} = \frac{8}{144}$$

$$P(X \cap Y) = \frac{5}{144}$$

따라서 구하는 확률은

$$P(Y|X) = \frac{P(X \cap Y)}{P(X)} = \frac{\frac{5}{144}}{\frac{8}{144}} = \frac{5}{8}$$

답 ④

28

주머니에는 6과 서로소인 자연수가 적힌 카드 2장, 6과 서로소인 아닌 자연수가 적힌 카드 4장이 들어 있으므로 확률변수 X가 가질 수 있는 값은 0, 1, 2이다.

(i) $X=0$인 경우

6과 서로소가 아닌 자연수가 적힌 카드 2장을 꺼내는 경우이므로

$$P(X=0) = \frac{{}_4C_2}{{}_6C_2} = \frac{6}{15} = \frac{2}{5}$$

(ii) $X=1$인 경우

6과 서로소인 자연수가 적힌 카드 1장, 6과 서로소가 아닌 자연수가 적힌 카드 1장을 꺼내는 경우이므로

$$P(X=1) = \frac{{}_2C_1 \times {}_4C_1}{{}_6C_2} = \frac{2 \times 4}{15} = \frac{8}{15}$$

(iii) $X=2$인 경우

6과 서로소인 자연수가 적힌 카드 2장을 꺼내는 경우이므로

$$P(X=2) = \frac{{}_2C_2}{{}_6C_2} = \frac{1}{15}$$

(i), (ii), (iii)에 의하여 확률변수 X의 확률분포를 표로 나타내면 다음과 같다.

X	0	1	2	합계
$P(X=x)$	$\frac{2}{5}$	$\frac{8}{15}$	$\frac{1}{15}$	1

따라서

$$E(X) = 0 \times \frac{2}{5} + 1 \times \frac{8}{15} + 2 \times \frac{1}{15} = \frac{2}{3}$$

$$E(X^2) = 0^2 \times \frac{2}{5} + 1^2 \times \frac{8}{15} + 2^2 \times \frac{1}{15} = \frac{4}{5}$$

이고

$$V(X) = E(X^2) - \{E(X)\}^2 = \frac{4}{5} - \frac{4}{9} = \frac{16}{45}$$

$V(aX+1) = 16$에서

$$V(aX+1) = a^2V(X) = a^2 \times \frac{16}{45} = 16$$

따라서

$a^2 = 45$

답 ⑤

29

1부터 10까지의 자연수를 각각 3으로 나누었을 때의 나머지가 n인 수의 집합을 S_n이라 하면

$S_0 = \{3, 6, 9\}$, $S_1 = \{1, 4, 7, 10\}$, $S_2 = \{2, 5, 8\}$

조건 (나)를 만족하는 경우를 다음과 같이 나누어 생각할 수 있다.

(i) a, b, c, d가 모두 S_0의 원소인 경우

순서쌍 (a, b, c, d)의 개수는

${}_3H_4 = {}_6C_4 = 15$

(ii) a, b, c, d 중 2개는 S_0의 원소, 1개는 S_1의 원소, 1개는 S_2의 원소인 경우

순서쌍 (a, b, c, d)의 개수는

${}_3H_2 \times 4 \times 3 = {}_4C_2 \times 4 \times 3 = 72$

(iii) a, b, c, d 중 1개는 S_0의 원소, 3개는 S_1의 원소인 경우

순서쌍 (a, b, c, d)의 개수는

$3 \times {}_4H_3 = 3 \times {}_6C_3 = 3 \times 20 = 60$

(iv) a, b, c, d 중 1개는 S_0의 원소, 3개는 S_2의 원소인 경우

순서쌍 (a, b, c, d)의 개수는

$3 \times {}_3H_3 = 3 \times {}_5C_3 = 3 \times 10 = 30$

(v) a, b, c, d 중 2개는 S_1의 원소, 2개는 S_2의 원소인 경우

순서쌍 (a, b, c, d)의 개수는

${}_4H_2 \times {}_3H_2 = {}_5C_2 \times {}_4C_2 = 10 \times 6 = 60$

(i)~(v)에 의하여 모든 순서쌍 (a, b, c, d)의 개수는

$15 + 72 + 60 + 30 + 60 = 237$

답 237

30

점 P가 이동할 수 있는 방향은 앞뒤, 좌우, 상하 3가지 방향이 있다.

앞뒤 방향으로 이동한 모서리의 길이의 합을 a, 좌우 방향으로 이동한 모서리의 길이의 합을 b, 상하 방향으로 이동한 모서리의 길이의 합을 c라 하자.

모서리의 길이의 합이 7일 때, 점 P가 꼭짓점 G에 있는 경우는 a, b, c는 모두 홀수일 때이다.

이동한 모서리의 길이의 합이 7이 되도록 이동하는 경우의 수는 3^7이다.

(i) $7 = 5 + 1 + 1$인 경우

$(a, b, c) = (5, 1, 1)$인 경우에 이동하는 경우의 수는

$$\frac{7!}{5!1!1!} = 42$$

$(a, b, c) = (1, 5, 1)$, $(a, b, c) = (1, 1, 5)$인 경우도 마찬가지이므로 이동하는 경우의 수는 모두

$3 \times 42 = 126$

(ii) $7=3+3+1$인 경우

$(a, b, c)=(3, 3, 1)$인 경우에 이동하는 경우의 수는

$\frac{7!}{3!3!1!}=140$

$(a, b, c)=(3, 1, 3)$, $(a, b, c)=(1, 3, 3)$인 경우도 마찬가지이므로

이동하는 경우의 수는 모두

$3\times140=420$

(i), (ii)에 의하여 구하는 확률은

$\frac{126+420}{3^7}=\frac{546}{3^7}=\frac{182}{729}$

따라서 $p=729$, $q=182$이므로

$p+q=911$ 답 911

미적분

23

$$\lim_{x\to0}\frac{e^{2x}-1}{\ln(1+3x)}=\lim_{x\to0}\left\{\frac{3x}{\ln(1+3x)}\times\frac{e^{2x}-1}{2x}\times\frac{2}{3}\right\}=\frac{2}{3}$$

답 ②

24

$x=t+\sin\frac{\pi}{2}t$에서

$\frac{dx}{dt}=1+\frac{\pi}{2}\cos\frac{\pi}{2}t$

$y=te^t$에서

$\frac{dy}{dt}=e^t+te^t$

$$\frac{dy}{dx}=\frac{\frac{dy}{dt}}{\frac{dx}{dt}}=\frac{e^t+te^t}{1+\frac{\pi}{2}\cos\frac{\pi}{2}t}\ \left(\text{단, }\frac{\pi}{2}\cos\frac{\pi}{2}t\neq-1\right)$$

따라서 $t=1$일 때 $\frac{dy}{dx}$의 값은

$$\frac{e+e}{1+\frac{\pi}{2}\cos\frac{\pi}{2}}=2e$$

답 ④

25

등비수열 $\{a_n\}$의 첫째항을 a, 공비를 r이라 하면

$a_n=ar^{n-1}$

이때

$$\lim_{n\to\infty}\frac{5\times2^n+3^{n+1}}{2^{n+1}+a_n}=\lim_{n\to\infty}\frac{5\times2^n+3^{n+1}}{2^{n+1}+ar^{n-1}}=\lim_{n\to\infty}\frac{5\times\left(\frac{2}{3}\right)^n+3}{2\times\left(\frac{2}{3}\right)^n+\frac{a}{3}\left(\frac{r}{3}\right)^{n-1}}$$

이고 극한값이 3이므로

$\lim_{n\to\infty}\frac{a}{3}\left(\frac{r}{3}\right)^{n-1}=1$

즉, $a=3$, $r=3$

따라서

$a_2=ar=3\times3=9$ 답 ④

26

$0\le t\le\frac{\pi}{4}$인 실수 t에 대하여 이 입체도형을 점 $(t, 0)$을 지나고 x축에 수직인 평면으로 자른 단면인 정사각형의 한 변의 길이는

$\sqrt{\frac{\sec^2 t}{2+\tan t}}$

이므로 단면의 넓이는

$\left\{\sqrt{\frac{\sec^2 t}{2+\tan t}}\right\}^2=\frac{\sec^2 t}{2+\tan t}$

따라서 구하는 입체도형의 부피는

$$\int_0^{\frac{\pi}{4}}\frac{\sec^2 t}{2+\tan t}dt=\int_0^{\frac{\pi}{4}}\frac{(2+\tan t)'}{2+\tan t}dt=\Big[\ln(2+\tan t)\Big]_0^{\frac{\pi}{4}}=\ln3-\ln2=\ln\frac{3}{2}$$

답 ①

27

$f'(x)=t-\frac{e^x}{1+e^x}=0$에서

$t=\frac{e^x}{1+e^x}$, $e^x=\frac{t}{1-t}$

따라서 $x=\ln\frac{t}{1-t}$

$f'(x)=t-1+\frac{1}{1+e^x}$에서

$x<\ln\frac{t}{1-t}$일 때, $f'(x)>0$

$x>\ln\frac{t}{1-t}$일 때, $f'(x)<0$이므로

$f(x)$는 $x=\ln\frac{t}{1-t}$에서 극대이고 최대이다.

$$g(t)=f\left(\ln\frac{t}{1-t}\right)=t\ln\frac{t}{1-t}-\ln\left(1+e^{\ln\frac{t}{1-t}}\right)=t\ln t-t\ln(1-t)-\ln\left(\frac{1}{1-t}\right)=t\ln t+(1-t)\ln(1-t)$$

$$g'(t)=\ln t+1+(-1)\ln(1-t)+(1-t)\frac{-1}{1-t}=\ln t-\ln(1-t)=\ln\frac{t}{1-t}=0$$

에서

$\frac{t}{1-t}=1$ 즉, $t=\frac{1}{2}$이고

$0<t<\frac{1}{2}$일 때

$\frac{t}{1-t}<1$에서 $g'(t)<0$이고

$\frac{1}{2}<t<1$일 때,

$\frac{t}{1-t}>1$에서 $g'(t)>0$이므로

$g(t)$는 $t=\frac{1}{2}$에서 극소이고 최소이다.

따라서

$a=\frac{1}{2}$ 답 ④

28

$f(x)=\ln(x+1)+x^2$에서

$f'(x)=\frac{1}{x+1}+2x$

이고

$f''(x)=\frac{-1}{(x+1)^2}+2$

$x>0$에서 $f''(x)>0$이므로

곡선 $y=f(x)$는 $x>0$에서 아래로 볼록하다.

점 $(1,\ f(1))$에서의 접선은 곡선 $y=f(x)\ (x>0)$의 아래쪽에 존재하고,

접선과 곡선 $y=f(x)$의 교점은 $(1,\ f(1))$뿐이다.

$f(1)=\ln 2+1,\ f'(1)=\frac{1}{2}+2=\frac{5}{2}$이므로

점 $(1,\ f(1))$에서의 접선의 방정식은

$y=\frac{5}{2}(x-1)+\ln 2+1$

즉, $y=\frac{5}{2}x+\ln 2-\frac{3}{2}$

따라서 구하는 넓이를 S라 하면

$S=\int_0^1 \left\{\ln(x+1)+x^2-\left(\frac{5}{2}x+\ln 2-\frac{3}{2}\right)\right\}dx$

이고

$\int \ln(x+1)dx$

$=x\ln(x+1)-\int \frac{x}{x+1}dx$

$=x\ln(x+1)-\int \left(1-\frac{1}{x+1}\right)dx$

$=x\ln(x+1)-x+\ln(x+1)+C$ (단, C는 적분상수)

$=(x+1)\ln(x+1)-x+C$

이므로

$S=\left[(x+1)\ln(x+1)-x+\frac{1}{3}x^3-\frac{5}{4}x^2-x\ln 2+\frac{3}{2}x\right]_0^1$

$=2\ln 2-1+\frac{1}{3}-\frac{5}{4}-\ln 2+\frac{3}{2}$

$=\ln 2-\frac{5}{12}$

답 ②

29

$\sum_{n=1}^{\infty}(|a_n|+a_n)=\frac{9}{2},\ \sum_{n=1}^{\infty}(|a_n|-a_n)=\frac{3}{2}$에서

$\sum_{n=1}^{\infty}(|a_n|+a_n)+\sum_{n=1}^{\infty}(|a_n|-a_n)$

$=\sum_{n=1}^{\infty}\{(|a_n|+a_n)+(|a_n|-a_n)\}$

$=2\sum_{n=1}^{\infty}|a_n|$

$=6$

이므로

$\sum_{n=1}^{\infty}|a_n|=3$

$\sum_{n=1}^{\infty}(|a_n|+a_n)-\sum_{n=1}^{\infty}(|a_n|-a_n)$

$=\sum_{n=1}^{\infty}\{(|a_n|+a_n)-(|a_n|-a_n)\}$

$=2\sum_{n=1}^{\infty}a_n$

$=3$

이므로

$\sum_{n=1}^{\infty}a_n=\frac{3}{2}$

등비수열 $\{a_n\}$의 첫째항을 a, 공비를 r이라 하면 등비급수 $\sum_{n=1}^{\infty}a_n$이 수렴하므로

$-1<r<1$

이때 $r\ge 0$이면

$a<0$일 때 모든 자연수 n에 대하여 $|a_n|+a_n=0$이고, $a>0$일 때 모든 자연수 n에 대하여 $|a_n|-a_n=0$이므로 주어진 조건을 만족시키지 않는다.

따라서 $-1<r<0$

(i) $a<0$일 때

$\sum_{n=1}^{\infty}|a_n|=\sum_{n=1}^{\infty}(|a|\times|r|^{n-1})$

$=\sum_{n=1}^{\infty}(-a)(-r)^{n-1}$

$=3$

이므로

$\frac{-a}{1-(-r)}=3$, 즉

$\frac{a}{1+r}=-3$ …… ㉠

$\sum_{n=1}^{\infty}a_n=\frac{3}{2}$이므로

$\frac{a}{1-r}=\frac{3}{2}$ …… ㉡

㉠, ㉡을 연립하여 풀면

$a=6,\ r=-3$

이므로 조건을 만족시키지 않는다.

(ii) $a>0$일 때

$\sum_{n=1}^{\infty}|a_n|=3$이므로

$\frac{a}{1-(-r)}=3$, 즉

$\frac{a}{1+r}=3$ …… ㉢

$\sum_{n=1}^{\infty}a_n=\frac{3}{2}$이므로

$\frac{a}{1-r}=\frac{3}{2}$ …… ㉣

㉢, ㉣을 연립하여 풀면

$a=2,\ r=-\frac{1}{3}$

(i), (ii)에 의하여

$a_n=2\times\left(-\frac{1}{3}\right)^{n-1}$

한편, 급수 $\sum_{n=1}^{\infty}\frac{5|a_n|+b_n}{a_n}$이 수렴하므로 $\lim_{n\to\infty}\frac{5|a_n|+b_n}{a_n}=0$이어야 한다.

등비수열 $\{b_n\}$의 공비를 s라 하면

$\frac{|a_n|}{a_n}=(-1)^{n-1}$,

$\frac{b_n}{a_n}=\frac{b_1\times s^{n-1}}{2\times\left(-\frac{1}{3}\right)^{n-1}}=\frac{b_1}{2}\times(-3s)^{n-1}$

이므로

$\lim_{n\to\infty}\frac{5|a_n|+b_n}{a_n}=\lim_{n\to\infty}\left(\frac{5|a_n|}{a_n}+\frac{b_n}{a_n}\right)$

$=\lim_{n\to\infty}\left\{5\times(-1)^{n-1}+\frac{b_1}{2}\times(-3s)^{n-1}\right\}$

$=\lim_{n\to\infty}\left[(-1)^{n-1}\left\{5+\frac{b_1}{2}\times(3s)^{n-1}\right\}\right]$

(iii) $-1<3s<1$인 경우

$\lim_{n\to\infty}(3s)^{n-1}=0$이므로 $\lim_{n\to\infty}\frac{5|a_n|+b_n}{a_n}$은 발산한다.

(iv) $3s<-1$ 또는 $3s>1$인 경우

$\lim_{n\to\infty}(3s)^{n-1}$은 발산하므로 $\lim_{n\to\infty}\frac{5|a_n|+b_n}{a_n}$은 발산한다.

(v) $3s=-1$인 경우

$\lim_{n\to\infty}\frac{5|a_n|+b_n}{a_n}=\lim_{n\to\infty}\left[(-1)^{n-1}\left\{5+\frac{b_1}{2}\times(-1)^{n-1}\right\}\right]$

$=\lim_{n\to\infty}\left\{(-1)^{n-1}\times 5+\frac{b_1}{2}\right\}$

은 발산한다.

(vi) $3s=1$인 경우

$\lim_{n\to\infty}\frac{5|a_n|+b_n}{a_n}=\lim_{n\to\infty}\left\{(-1)^{n-1}\left(5+\frac{b_1}{2}\right)\right\}$이고

$b_1=-10$일 때

$\lim_{n\to\infty}\frac{5|a_n|+b_n}{a_n}=0$

이고, $b_1\ne-10$일 때 $\lim_{n\to\infty}\frac{5|a_n|+b_n}{a_n}$은 발산한다.

(iii)~(vi)에 의하여 $b_1=-10$, $s=\frac{1}{3}$이므로

$b_n=-10\times\left(\frac{1}{3}\right)^{n-1}$

따라서

$b_1-\sum_{n=1}^{\infty}b_n=-10-\frac{-10}{1-\frac{1}{3}}$

$=-10+15$

$=5$

답 5

30

조건 (가)에서

$f'(-1)=0$, $f'(1)=0$

$f(x)=(ax^2+bx+c)e^x$에서

$f'(x)=(2ax+b)e^x+(ax^2+bx+c)e^x$

$=\{ax^2+(2a+b)x+b+c\}e^x$

$f'(x)=0$에서

$ax^2+(2a+b)x+b+c=0$

이 이차방정식의 두 근이 -1, 1이므로 이차방정식의 근과 계수의 관계에 의하여

$-\frac{2a+b}{a}=0$, $\frac{b+c}{a}=-1$

따라서

$b=-2a$, $a=c$

조건 (나)에서 $f(2)=e$이므로

$f(x)=(ax^2+bx+c)e^x$

$=(ax^2-2ax+a)e^x$

$f(2)=(4a-4a+a)e^2=ae^2=e$

이므로

$a=\frac{1}{e}$

따라서

$f(x)=\frac{1}{e}(x-1)^2e^x=(x-1)^2e^{x-1}$

함수 $y=f(x)$의 그래프는 다음과 같으므로 $g(x)=f(x)$ $(x\geq1)$는 역함수를 갖는다.

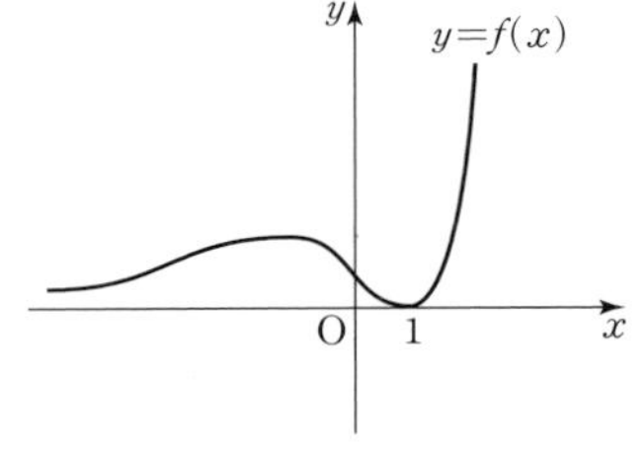

이때 $g(k)=4e^2$이라 하면

$(k-1)^2e^{k-1}=4e^2$에서

$k=3$

또 $g(s)=e$라 하면

$(s-1)^2e^{s-1}=e$에서 $s=2$

따라서

$h(4e^2)=3$, $h(e)=2$

따라서 $h(x)=t$로 놓으면

함수 $h(x)$는 함수 $g(x)$의 역함수이므로 $x\geq1$인 모든 실수 x에 대하여

$g(h(x))=x$ …… ㉠

가 성립한다.

이때 ㉠의 양변을 x에 대하여 미분하면

$g'(h(x))h'(x)=1$이고, $h(x)=t$이므로

$g'(t)h'(x)=1$

이때 $t>1$에서 $g'(t)\neq0$이므로

$\frac{dt}{dx}=h'(x)=\frac{1}{g'(t)}$이므로

$\int_e^{4e^2}h(x)dx=\int_2^3 tg'(t)dt$

$=\int_2^3 t(t^2-1)e^{t-1}dt$

$=\int_2^3 (t^3-t)e^{t-1}dt$

$=\left[(t^3-t)e^{t-1}\right]_2^3-\int_2^3(3t^2-1)e^{t-1}dt$

$=24e^2-6e-\left[(3t^2-1)e^{t-1}\right]_2^3+\int_2^3 6te^{t-1}dt$

$=24e^2-6e-26e^2+11e+\left[6te^{t-1}\right]_2^3-6\int_2^3 e^{t-1}dt$

$=-2e^2+5e+18e^2-12e-6\left[e^{t-1}\right]_2^3$

$=16e^2-7e-6e^2+6e$

$=10e^2-e$

따라서 $p=10$, $q=-1$이므로

$p+q=10+(-1)=9$

답 9

기하

23

선분 AB를 $3:2$로 외분하는 점을 P라 하면

점 P가 x축 위에 있으므로 점 P의 y좌표와 z좌표는 모두 0이다.

점 P의 y좌표는

$\frac{3\times4-2a}{3-2}=12-2a=0$

이므로

$a=6$

점 P의 z좌표는

$\frac{3b-2\times(-6)}{3-2}=3b+12=0$

이므로

$b=-4$

따라서

$a+b=6+(-4)=2$

답 ②

24

초점이 $F\left(0, \frac{1}{5}\right)$이고 준선이 $y=-\frac{1}{5}$인 포물선의 방정식은

$x^2=\frac{4}{5}y$

이 포물선이 점 $(a, 10)$을 지나므로

$a^2=\frac{4}{5}\times10=8$

a는 양수이므로

$a=2\sqrt{2}$

답 ③

25

접점의 좌표를 (x_1, y_1)이라 하면 접선의 방정식은

$\frac{x_1x}{9}+\frac{y_1y}{3}=1$

이 직선이 점 $P(3, 3)$을 지나므로

$\frac{x_1}{3}+y_1=1$, 즉 $y_1=1-\frac{x_1}{3}$ …… ㉠

또 점 (x_1, y_1)은 타원 위의 점이므로

$\frac{x_1^2}{9}+\frac{y_1^2}{3}=1$ …… ㉡

ⓛ에 ㉠을 대입하여 풀면

$x_1=3,\ y_1=0$ 또는 $x_1=-\frac{3}{2},\ y_1=\frac{3}{2}$

$\mathrm{A}(3,\ 0),\ \mathrm{B}\left(-\frac{3}{2},\ \frac{3}{2}\right)$

이라 하면 $\overline{\mathrm{PA}}=3$이고 직선 PA는 y축에 평행하므로

점 B와 직선 PA 사이의 거리는

$3-\left(-\frac{3}{2}\right)=\frac{9}{2}$

따라서 삼각형 PAB의 넓이는

$\frac{1}{2}\times3\times\frac{9}{2}=\frac{27}{4}$ 답 ④

26

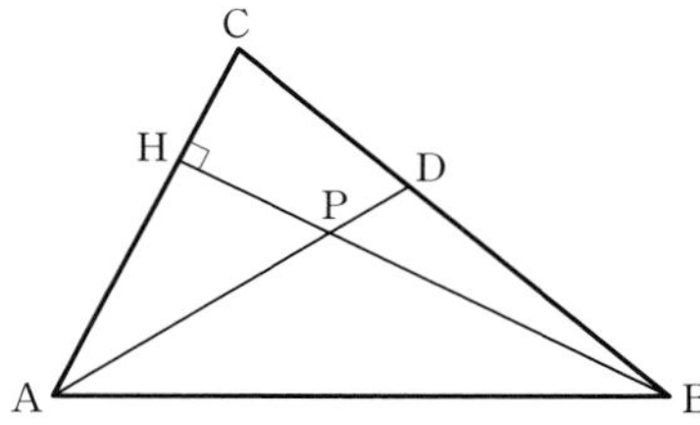

점 B에서 직선 AC에 내린 수선의 발을 H라 하면

$$\begin{aligned}\overrightarrow{\mathrm{AP}}\cdot\overrightarrow{\mathrm{AC}}&=\overline{\mathrm{AP}}\times\overline{\mathrm{AC}}\times\cos(\angle\mathrm{PAC})\\&=\overline{\mathrm{AC}}\times\overline{\mathrm{AP}}\times\cos(\angle\mathrm{PAC})\\&=\overline{\mathrm{AC}}\times\overline{\mathrm{AH}}\\&=\overline{\mathrm{AC}}\times\overline{\mathrm{AB}}\cos\frac{\pi}{3}\\&=2\times3\cos\frac{\pi}{3}\\&=2\times3\times\frac{1}{2}\\&=3\end{aligned}$$

답 ⑤

27

원 C의 중심을 O, 선분 PQ의 중점을 M이라 하면

$\overline{\mathrm{OP}}=4,\ \overline{\mathrm{PM}}=2,\ \overline{\mathrm{OM}}\perp\overline{\mathrm{PQ}}$

이므로

$\overline{\mathrm{OM}}=2\sqrt{3}$

구 S의 중심을 S, 평면 β가 구 S와 접하는 점을 A라 하자.

구 S와 평면 β의 접점에서 평면 α까지의 거리가 구 S의 반지름보다 크므로 $\angle\mathrm{OMA}$는 예각이다.

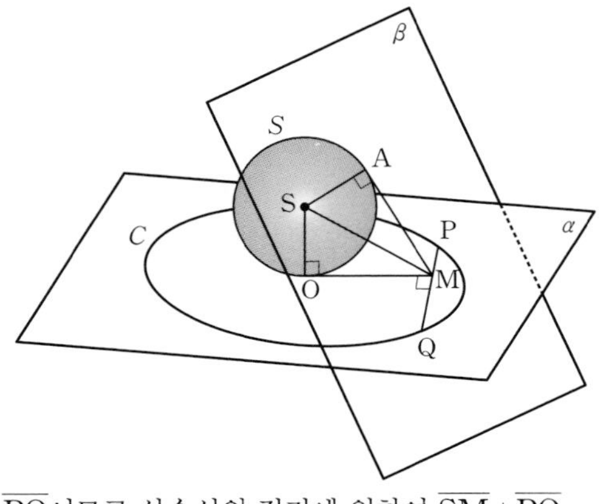

$\overline{\mathrm{SO}}\perp\alpha,\ \overline{\mathrm{OM}}\perp\overline{\mathrm{PQ}}$이므로 삼수선의 정리에 의하여 $\overline{\mathrm{SM}}\perp\overline{\mathrm{PQ}}$

또한, $\overline{\mathrm{SA}}\perp\beta,\ \overline{\mathrm{SM}}\perp\overline{\mathrm{PQ}}$이므로 삼수선의 정리에 의하여 $\overline{\mathrm{AM}}\perp\overline{\mathrm{PQ}}$

즉, $\angle\mathrm{OMA}$가 두 평면 $\alpha,\ \beta$가 이루는 각의 크기이므로

$\angle\mathrm{OMA}=\frac{\pi}{3}$

이때, 두 삼각형 SOM, SAM은 서로 합동이므로

$\angle\mathrm{SMO}=\frac{\pi}{6}$

따라서 $\overline{\mathrm{SO}}=\overline{\mathrm{OM}}\tan\frac{\pi}{6}=2\sqrt{3}\times\frac{\sqrt{3}}{3}=2$이므로 구 S의 반지름의 길이는 2이다. 답 ③

28

쌍곡선의 주축의 길이가 4이므로 쌍곡선의 정의에 의하여

$\overline{\mathrm{PF}}=10-4=6$

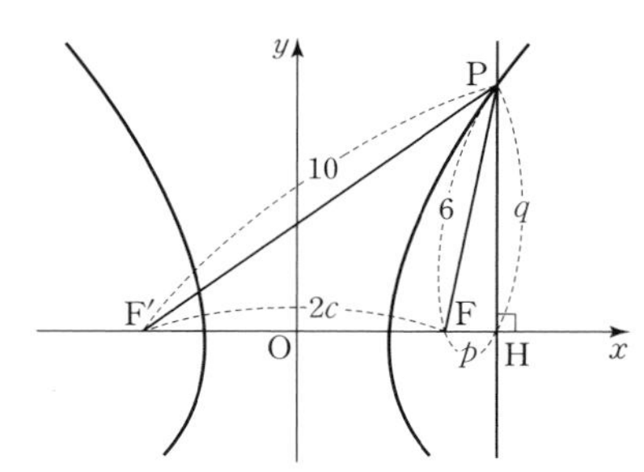

삼각형 PF′F에서 코사인법칙에 의하여

$6^2=10^2+(2c)^2-2\times10\times2c\times\frac{7\sqrt{3}}{15}$

$3c^2-14\sqrt{3}c+48=0$

$(c-2\sqrt{3})(3c-8\sqrt{3})=0$

따라서 $c=2\sqrt{3}$ 또는 $c=\frac{8\sqrt{3}}{3}$

점 P에서 x축에 내린 수선의 발을 H라 하면

$\frac{\pi}{2}<\angle\mathrm{F'FP}<\pi$이므로 $2c<\overline{\mathrm{F'H}}$

$\overline{\mathrm{F'H}}=10\cos(\angle\mathrm{PF'F})=10\times\frac{7\sqrt{3}}{15}=\frac{14\sqrt{3}}{3}$

즉, $c<\frac{7\sqrt{3}}{3}$이므로

$c=2\sqrt{3}$

따라서 점 P의 x좌표는

$$\begin{aligned}\overline{\mathrm{F'H}}-\overline{\mathrm{F'O}}&=\frac{14\sqrt{3}}{3}-2\sqrt{3}\\&=\frac{8\sqrt{3}}{3}\end{aligned}$$

답 ④

29

$\overrightarrow{\mathrm{XA}}\cdot\overrightarrow{\mathrm{XB}}=0$이므로

$\overline{\mathrm{XA}}\perp\overline{\mathrm{XB}}$

따라서 S는 선분 AB를 지름으로 하는 원이다.

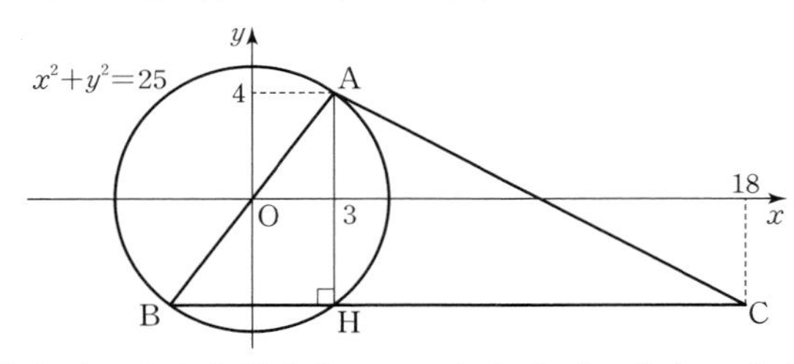

이 원의 중심이 좌표평면의 원점에 오고, 점 A의 좌표가 (3, 4)가 되도록 삼각형 ABC를 좌표평면 위에 놓으면 두 점 A, B는 원점에 대하여 대칭이므로 점 B의 좌표는 (−3, −4)이다.

점 A에서 선분 BC에 내린 수선의 발을 H라 하면 점 H는 원 S 위의 점이고

$\overline{\mathrm{BH}}=\overline{\mathrm{AB}}\cos(\angle\mathrm{ABC})=6$

$\overline{\mathrm{AH}}=\sqrt{10^2-6^2}=8$

그림과 같이 두 점 H, C는 모두 직선 $y=-4$ 위의 점이므로

점 C의 좌표는 (18, −4)이다.

$\overrightarrow{\mathrm{PQ}}=2\overrightarrow{\mathrm{PB}}+\overrightarrow{\mathrm{PC}}$에서

$\overrightarrow{\mathrm{OQ}}-\overrightarrow{\mathrm{OP}}=2(\overrightarrow{\mathrm{OB}}-\overrightarrow{\mathrm{OP}})+(\overrightarrow{\mathrm{OC}}-\overrightarrow{\mathrm{OP}})$

$\overrightarrow{OQ}=2\overrightarrow{OB}+\overrightarrow{OC}-2\overrightarrow{OP}$

$=(-6,\ -8)+(18,\ -4)-2\overrightarrow{OP}$

$=(12,\ -12)-2\overrightarrow{OP}$

점 D의 좌표를 $(12,\ -12)$로 놓으면

$\overrightarrow{OD}=(12,\ -12)$

이므로

$\overrightarrow{OQ}-\overrightarrow{OD}=\overrightarrow{DQ}=-2\overrightarrow{OP}$

$|\overrightarrow{DQ}|=2|\overrightarrow{OP}|=10$

즉, 점 Q는 중심이 점 D이고 반지름의 길이가 10인 원 위의 점이다.

$\overrightarrow{AB}\cdot\overrightarrow{AQ}=\overrightarrow{AB}\cdot(\overrightarrow{AD}+\overrightarrow{DQ})$

$=\overrightarrow{AB}\cdot\overrightarrow{AD}+\overrightarrow{AB}\cdot\overrightarrow{DQ}$

$\overrightarrow{AB}\cdot\overrightarrow{AD}$의 값은 일정하므로 $\overrightarrow{AB}\cdot\overrightarrow{DQ}$가 최소일 때 $\overrightarrow{AB}\cdot\overrightarrow{AQ}$가 최소이다.

$\overrightarrow{AB}\cdot\overrightarrow{AQ}$가 최소일 때는 $\overrightarrow{AB}$와 $\overrightarrow{DQ}$가 서로 반대 방향일 때이므로

R$(12+6,\ -12+8)$ 즉,

R$(18,\ -4)$

따라서

$\overline{AR}=\sqrt{(18-3)^2+(-4-4)^2}$

$=\sqrt{15^2+8^2}$

$=17$

답 17

30

모서리 ED의 중점을 J, 모서리 FG의 중점을 K라 하면 점 A의 평면 EFGD 위로의 정사영 A′은 직선 JK 위에 있다.

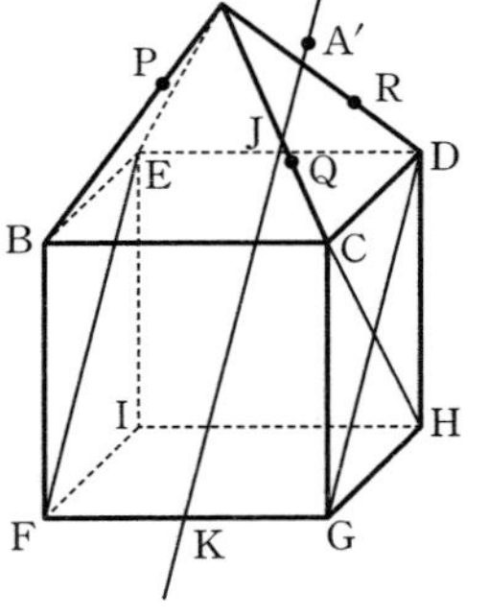

점 B, C, P, Q, R의 평면 EFGD 위로의 정사영을 각각 B′, C′, P′, Q′, R′이라 하자.

점 P′에서 직선 Q′R′, 직선 JK에 내린 수선의 발을 각각 L, M이라 하고 선분 B′C′의 중점을 N이라 하면 삼각형 PQR의 평면 EFGD 위로의 정사영 P′Q′R′의 넓이 S'은

$S'=\frac{1}{2}\times\overline{Q'R'}\times\overline{P'L}=\frac{5\sqrt{2}}{2}$

$\overline{Q'R'}=\frac{2}{3}\overline{C'D}$

$=\frac{2}{3}\times3\sqrt{2}$

$=2\sqrt{2}$

이므로 $\overline{P'L}=\frac{5\sqrt{2}}{2}\times2\times\frac{1}{2\sqrt{2}}=\frac{5}{2}$

이때, $\overline{ML}=\frac{2}{3}\overline{JD}=\frac{2}{3}\times3=2$이므로

$\overline{P'M}=\frac{1}{2}$

즉, $\overline{A'P'}:\overline{A'B'}=\overline{P'M}:\overline{B'N}=1:6$에서

$\overline{A'P'}:\overline{P'B'}=1:5$이므로

$\overline{AP}:\overline{PB}=1:5$

따라서 $t=5$

한편, 삼각형 APQ에서

$\overline{AP}=1,\ \overline{AQ}=4,\ \angle PAQ=\frac{\pi}{3}$

이므로 코사인법칙에 의하여

$\overline{PQ}^2=1^2+4^2-2\times1\times4\times\cos\frac{\pi}{3}=13$

$\overline{PQ}=\sqrt{13}$

삼각형 APR에서

$\overline{AP}=1,\ \overline{AR}=4,\ \angle PAR=\frac{\pi}{2}$

이므로

$\overline{PR}=\sqrt{1^2+4^2}=\sqrt{17}$

따라서 삼각형 PQR에서

$\cos(\angle QPR)=\frac{13+17-16}{2\times\sqrt{13}\times\sqrt{17}}=\frac{7}{\sqrt{221}}$

이므로

$\sin(\angle QPR)=\sqrt{1-\frac{49}{221}}=\frac{2\sqrt{43}}{\sqrt{221}}$

따라서 삼각형 PQR의 넓이 S는

$S=\frac{1}{2}\times\sqrt{13}\times\sqrt{17}\times\frac{2\sqrt{43}}{\sqrt{221}}=\sqrt{43}$

이므로

$\cos\theta=\frac{S'}{S}=\frac{\frac{5\sqrt{2}}{2}}{\sqrt{43}}=\frac{5}{\sqrt{86}}$

따라서

$172t\cos^2\theta=172\times5\times\frac{25}{86}$

$=250$

답 250

7회 EBS FINAL 수학영역

본문 104~120쪽

01 ④	**02** ③	**03** ⑤	**04** ⑤	**05** ②
06 ②	**07** ②	**08** ②	**09** ③	**10** ②
11 ①	**12** ③	**13** ④	**14** ③	**15** ②
16 2	**17** 10	**18** 77	**19** 9	**20** 8
21 5	**22** 9			
확률과 통계	**23** ②	**24** ③	**25** ⑤	**26** ③
	27 ③	**28** ③	**29** 153	**30** 111
미적분	**23** ③	**24** ③	**25** ②	**26** ②
	27 ⑤	**28** ③	**29** 16	**30** 7
기하	**23** ④	**24** ⑤	**25** ③	**26** ④
	27 ③	**28** ④	**29** 54	**30** 9

01

$\left(\frac{8}{\sqrt[3]{2}}\right)^{\frac{3}{2}}=\left(\frac{2^3}{2^{\frac{1}{3}}}\right)^{\frac{3}{2}}$

$=\left(2^{3-\frac{1}{3}}\right)^{\frac{3}{2}}$

$=2^{\frac{8}{3}\times\frac{3}{2}}$

$=2^4$

$=16$

답 ④

02

$f(x)=x^3+2x-3$에서 $f'(x)=3x^2+2$

$\lim_{h\to0}\frac{f(2+h)-f(2)}{h}=f'(2)$

$=3\times2^2+2$

$=14$

답 ③

03

등비수열 $\{a_n\}$의 공비를 r $(r>0)$이라 하면

$a_4-a_2=20(a_2+a_1)$에서

$a_1r^3-a_1r=20(a_1r+a_1)$

$a_1r(r+1)(r-1)=20a_1(r+1)$

$a_1(r+1)(r^2-r-20)=0$

$a_1(r+1)(r+4)(r-5)=0$

$r>0$이므로

$r=5$

따라서

$\frac{a_3}{a_2}=r=5$

답 ⑤

04

$\lim_{x\to1+}f(x)+\lim_{x\to2-}f(x)=2+1$

$=3$

답 ⑤

05

$\lim_{x\to2-}f(x)=\lim_{x\to2-}(ax+1)=2a+1$

$\lim_{x\to2+}f(x)=\lim_{x\to2+}(x^2+2a-3)$

$=4+2a-3$

$=2a+1$

$f(2)=2a+1$

에서 $\lim_{x\to2-}f(x)=\lim_{x\to2+}f(x)=f(2)$이므로 함수 $f(x)$는 $x=2$에서 연속이다.

함수 $f(x)$가 $x=2$에서 미분가능하므로

$\lim_{x\to2-}\frac{f(x)-f(2)}{x-2}=\lim_{x\to2-}\frac{(ax+1)-(2a+1)}{x-2}$

$=\lim_{x\to2-}\frac{a(x-2)}{x-2}$

$=\lim_{x\to2-}a$

$=a$

$\lim_{x\to2+}\frac{f(x)-f(2)}{x-2}=\lim_{x\to2+}\frac{(x^2+2a-3)-(2a+1)}{x-2}$

$=\lim_{x\to2+}\frac{(x+2)(x-2)}{x-2}$

$=\lim_{x\to2+}(x+2)$

$=4$

따라서 $a=4$

답 ②

06

$\frac{1-\cos\theta}{\sin\theta\tan\theta}=-\frac{1}{2}$에서

$2(1-\cos\theta)=-\sin\theta\tan\theta$

$2(1-\cos\theta)=-\frac{\sin^2\theta}{\cos\theta}$

$2\cos\theta(1-\cos\theta)=-(1-\cos^2\theta)$

$(3\cos\theta+1)(1-\cos\theta)=0$

따라서 $\frac{\pi}{2}<\theta<\pi$에서 $\cos\theta<0$이므로

$\cos\theta=-\frac{1}{3}$

답 ②

07

$\int_1^x f(t)dt=2x^3+ax-\int_0^1 tf(t)dt$ …… ㉠

㉠의 양변에 $x=1$을 대입하면

$0=2+a-\int_0^1 tf(t)dt$

$\int_0^1 tf(t)dt=2+a$ …… ㉡

㉠의 양변을 x에 대하여 미분하면

$f(x)=6x^2+a$

$f(x)=6x^2+a$를 ㉡에 대입하면

$\int_0^1(6t^3+at)dt=2+a$

$\left[\frac{3}{2}t^4+\frac{a}{2}t^2\right]_0^1=2+a$

$\frac{3}{2}+\frac{a}{2}-0=2+a$

$\frac{a}{2}=-\frac{1}{2}$

따라서

$a=-1$

답 ②

08

$\lim_{x\to\infty}\frac{f(x)}{x^4}=0$에서 함수 $f(x)$는 삼차 이하의 다항함수이다.

$\lim_{x\to0}\frac{f(x)-xf(2)}{x^2}=0$에서 다항식 $f(x)-xf(2)$는 x^3을 인수로 가져야 한다.

즉, $f(x)-xf(2)=x^3$

$f(2)-2f(2)=8$이므로

$f(2)=-8$

따라서 $f(x)=x^3-8x$이므로

$f(3)=27-24=3$

답 ②

09

$\log_a \frac{4}{a}=\log_{\frac{2}{a}} a=k$라 하면

$\log_a \frac{4}{a}=k$에서 $a^k=\frac{4}{a}$이므로

$a^{k+1}=4$ …… ㉠

$\log_{\frac{2}{a}} a=k$에서 $\left(\frac{2}{a}\right)^k=a$이므로

$a^{k+1}=2^k$ …… ㉡

㉠, ㉡에서 $2^k=4$이므로 $k=2$

따라서

$$\log_a \frac{2}{a}=\frac{1}{\log_{\frac{2}{a}} a}=\frac{1}{k}=\frac{1}{2}$$

답 ③

10

함수 $f(x)$의 주기는 $\frac{2\pi}{\frac{\pi}{6}}=12$이므로 곡선 $y=f(x)$는 그림과 같다.

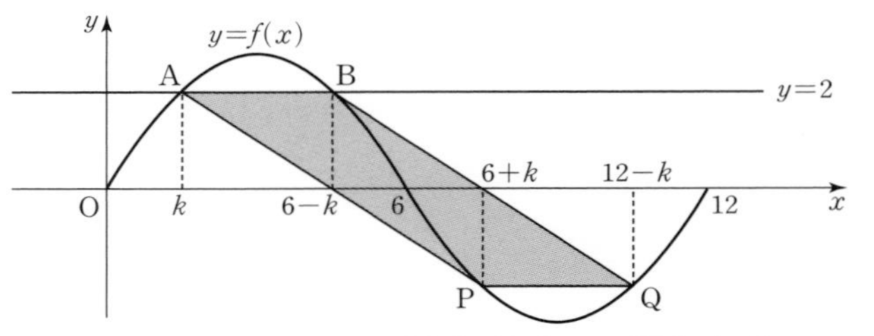

사각형 APQB가 평행사변형이므로 $\overline{AB}=\overline{PQ}$이고 $\overline{AB}/\!/\overline{PQ}$이다. 즉, 직선 PQ의 방정식은 $y=-2$이다.

점 A의 x좌표를 k라 하면 두 점 A, B는 직선 $x=3$에 대하여 대칭이므로 점 B의 x좌표는 $6-k$이다.

$\overline{AB}=6-2k$이고 평행사변형 APQB의 넓이가 12이므로

$(6-2k)\times 4=12$, 즉 $k=\frac{3}{2}$

점 $A\left(\frac{3}{2}, 2\right)$가 곡선 $y=f(x)$ 위에 있으므로

$a\sin\frac{\pi}{4}=2$

따라서 $a=2\sqrt{2}$

답 ②

11

두 점 P, Q의 시각 t에서의 위치를 각각 $x_1(t)$, $x_2(t)$라 하면

$x_1(t)=t^3-3t^2+kt+C$, $x_2(t)=t^2-7t+D$ $(C=x_1(0),\ D=x_2(0))$

두 점 P, Q가 시각 $t=1$일 때 만나므로

$1-3+k+C=1-7+D$

즉, $D=k+4+C$ …… ㉠

두 점 P, Q가 시각 $t=2$일 때 원점에서 만나므로

$8-12+2k+C=0$, $4-14+D=0$

$C=-2k+4$, $D=10$

㉠에서 $10=k+4-2k+4$이므로

$k=-2$

답 ①

12

등차수열 $\{a_n\}$의 공차를 d라 하면

(i) $a_4<0$일 때

$|a_6|=|a_4|+a_8$에서 $|a_6|=-a_4+a_8=4d$

$d\ge 0$이고 $a_6=-4d$ 또는 $a_6=4d$

㉠ $a_6=-4d$일 때

$a_{10}=a_6+4d=0$이므로

$$\sum_{n=1}^{10}|a_n|=-\sum_{n=1}^{10}a_n=-\frac{10(a_1+a_{10})}{2}=-5a_1=25$$

즉, $a_1=-5$

$a_6=-5+5d=-4d$이므로

$d=\frac{5}{9}$

$$a_7=a_6+d=-3d=-3\times\frac{5}{9}=-\frac{5}{3}$$

㉡ $a_6=4d$일 때

$a_2=a_6-4d=0$이고, $a_6=4d\ge 0$이므로 $a_4<0$을 만족시킬 수 없다.

(ii) $a_4\ge 0$일 때

$|a_6|=|a_4|+a_8$에서 $|a_6|=a_4+a_8$이므로

$|a_6|=2a_6$

즉, $a_6=0$, $d\le 0$

$$\sum_{n=1}^{10}|a_n|=\sum_{n=1}^{6}a_n-\sum_{n=7}^{10}a_n=\frac{6(a_1+a_6)}{2}-\frac{4(a_7+a_{10})}{2}=3(2a_1+5d)-2(2a_1+15d)=2a_1-15d=25$$

$a_6=a_1+5d=0$에서 $a_1=-5d$이므로

$2\times(-5d)-15d=25$

즉, $d=-1$

$a_7=a_6+d=d=-1$

(i), (ii)에 의하여 a_7의 최댓값은 -1이다.

답 ③

13

$f(x)=x^3-2x^2+8$에서 $f'(x)=3x^2-4x$

$f'(x)=0$에서 $x(3x-4)=0$

$x=0$ 또는 $x=\frac{4}{3}$

함수 $f(x)$의 증가와 감소를 표로 나타내면 다음과 같다.

x	$\cdots$	0	$\cdots$	$\frac{4}{3}$	$\cdots$
$f'(x)$	+	0	−	0	+
$f(x)$	↗	극대	↘	극소	↗

x에 대한 방정식 $f(x)-xf'(t)=0$을 만족시키는 실수 x는 곡선 $y=f(x)$와 직선 $y=f'(t)x$의 교점의 x좌표이다.

[그림1]과 같이 점 $(t,\ f(t))$에서의 접선과 평행하고 원점을 지나는 직선 $y=f'(t)x$가 곡선 $y=f(x)$와 만나는 점의 개수가 $g(t)$이다.

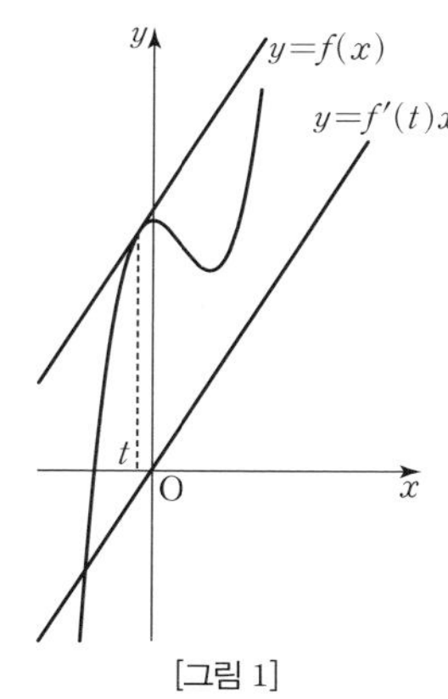

[그림 1]

[그림2]와 같이 $f'(\alpha)=f'(\beta)$이고, 직선 $y=f'(\beta)x$가 곡선 $y=f(x)$와 접한다고 하면

$$g(t)=\begin{cases} 3 & (t<\alpha) \\ 2 & (t=\alpha) \\ 1 & (\alpha<t<\beta) \\ 2 & (t=\beta) \\ 3 & (t>\beta) \end{cases}$$

이므로 함수 $g(t)$는 $t=\alpha$, $t=\beta$ $(\alpha<\beta)$에서 불연속이다.

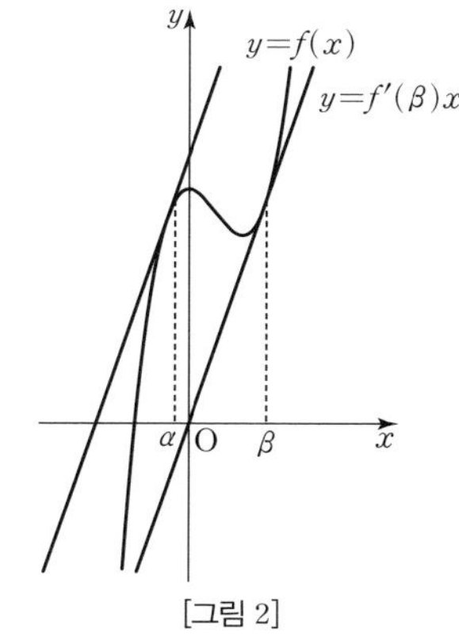

[그림 2]

곡선 $y=f(x)$ 위의 점 $(\beta,\ \beta^3-2\beta^2+8)$에서의 접선의 방정식은

$y=(3\beta^2-4\beta)(x-\beta)+\beta^3-2\beta^2+8$

이 직선이 원점을 지나므로

$-2\beta^3+2\beta^2+8=0$

$\beta^3-\beta^2-4=0$

$(\beta-2)(\beta^2+\beta+2)=0$

$\beta=2$

접선의 기울기가 $3\times2^2-4\times2=4$이므로

$3\alpha^2-4\alpha=4$

$3\alpha^2-4\alpha-4=0$

$(3\alpha+2)(\alpha-2)=0$

$\alpha=-\frac{2}{3}$

따라서 구하는 모든 k의 값의 합은

$-\frac{2}{3}+2=\frac{4}{3}$

답 ④

14

$\overline{AE}=k$라 하면

$\overline{BD}=\overline{AE}=k$

선분 BC를 1 : 2로 내분하는 점이 D이므로

$\overline{DC}=2k$

선분 AC의 중점이 E이므로

$\overline{AC}=2k$

$\overline{DC}=\overline{AC}$이고 $\angle CAD=\angle DCA$이므로 삼각형 ADC는 정삼각형이다.

점 G는 선분 CD의 중점이므로

$\overline{AG}=\sqrt{3}k$

직각삼각형 ABG에서

$\overline{AB}=\sqrt{4k^2+3k^2}=\sqrt{7}k$

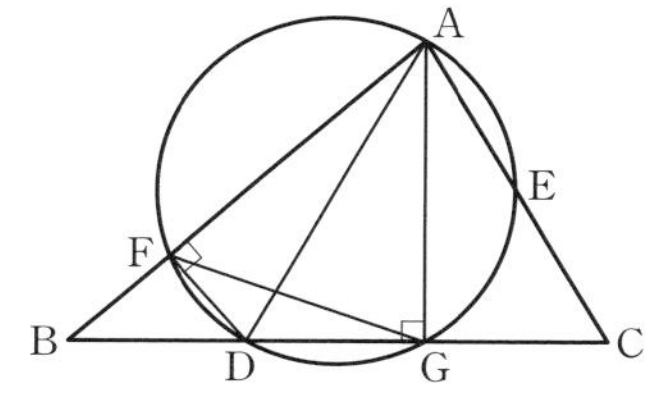

$\angle DGA=\frac{\pi}{2}$이므로 선분 AD는 원의 지름이다. 즉,

$\angle AFD=\frac{\pi}{2}$

삼각형 ABD의 넓이에서

$\frac{1}{2}\times\sqrt{7}k\times\sqrt{3}=\frac{1}{2}\times k\times 2k\times\frac{\sqrt{3}}{2}$

이므로 $k=\sqrt{7}$

$\angle GAB=\theta$라 하면

$\cos\theta=\frac{\overline{AG}}{\overline{AB}}=\frac{\sqrt{3}}{\sqrt{7}}$

$\angle FDG=\pi-\angle GAF=\pi-\theta$

이므로 삼각형 FDG에서 코사인법칙에 의하여

$\overline{FG}^2=3+7-2\times\sqrt{3}\times\sqrt{7}\times\left(-\frac{\sqrt{3}}{\sqrt{7}}\right)$

$=16$

따라서 선분 FG의 길이는 4이다.

답 ③

15

함수 $f(x)$가 삼차함수이므로 점 $(a,\ 0)$에서 곡선 $y=f(x)$에 그은 접선의 개수는 1 또는 2 또는 3이다.

$\{f(x)-x\}^2+\{f'(x)-3\}^2=0$에서

$f(x)-x=0$, $f'(x)-3=0$

$f'(x)=3$인 실수 x의 개수는 2 이하이므로 점 $(a,\ 0)$에서 곡선 $y=f(x)$에 그은 접선의 개수는 1이고 방정식

$\{f(x)-x\}^2+\{f'(x)-3\}^2=0$

의 서로 다른 실근의 개수는 2이다.

방정식 $\{f(x)-x\}^2+\{f'(x)-3\}^2=0$의 서로 다른 실근의 개수가 2이므로 [그림 1]과 같이 곡선 $y=f(x)$ 위의 접선의 기울기가 3인 두 점 A, B를 직선 $y=x$가 지난다.

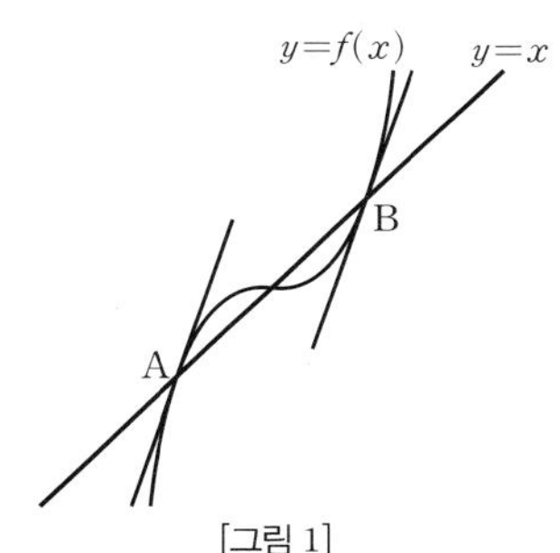

[그림 1]

$f'(0)=3$이므로 두 점 A, B 중 한 점은 원점이다.

점 B가 원점이면 모든 양수 a에 대하여 점 $(a,\ 0)$에서 곡선 $y=f(x)$에 그은 접선의 개수가 2 이상이므로 점 A가 원점이다.

[그림 2]와 같이 곡선 $y=f(x)$와 직선 $y=3x$의 교점 중 원점이 아닌 점의 x좌표를 k $(k>0)$라 하면

$f(x)-3x=x^2(x-k)$

라 놓을 수 있다.

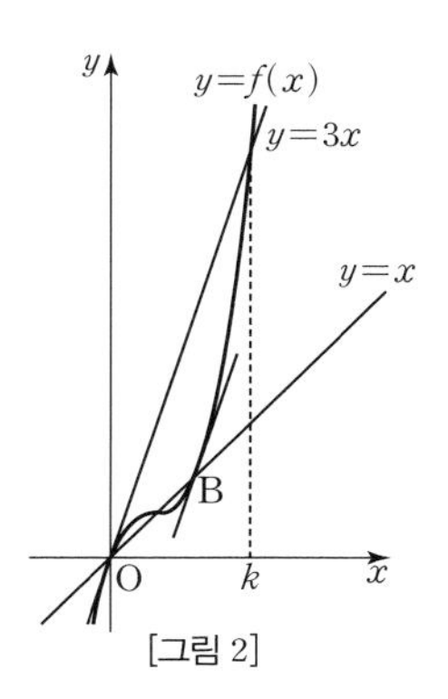

[그림 2]

$f(x)=x^2(x-k)+3x$에서
$f'(x)=2x(x-k)+x^2+3$
$f'(x)=2x(x-k)+x^2+3=3$에서
$x(3x-2k)=0$이므로
$x=0$ 또는 $x=\frac{2k}{3}$
점 B의 x좌표가 $\frac{2k}{3}$이므로
$B\left(\frac{2k}{3}, \frac{2k}{3}\right)$
점 B가 곡선 $y=f(x)$ 위에 있으므로
$\left(\frac{2k}{3}\right)^2\left(\frac{2k}{3}-k\right)+3\times\frac{2k}{3}=\frac{2k}{3}$
$\frac{4k^3}{27}-\frac{4k}{3}=0$
$\frac{4k}{27}(k+3)(k-3)=0$
$k>0$이므로
$k=3$
따라서 $f(x)=x^2(x-3)+3x$이므로
$f(2)=4\times(-1)+6=2$ 답 ②

16

$2^{3-x}=32\times\left(\frac{1}{4}\right)^x$에서
$2^{3-x}=2^{5-2x}$이므로
$3-x=5-2x$
따라서 $x=2$ 답 2

17

$f'(x)=3x^2-4x$에서
$f(x)=x^3-2x^2+C$ (단, C는 적분상수)
$f(1)=1-2+C=0$이므로
$C=1$
따라서 $f(x)=x^3-2x^2+1$이므로
$f(3)=27-18+1=10$ 답 10

18

모든 자연수 k에 대하여
$(a_k-1)(b_k-1)=a_kb_k-(a_k+b_k)+1$
$=k^2+1-(a_k+b_k)$
이므로
$\sum_{k=1}^{6}(a_k-1)(b_k-1)=\sum_{k=1}^{6}\{k^2+1-(a_k+b_k)\}$
$=\sum_{k=1}^{6}(k^2+1)-\sum_{k=1}^{6}(a_k+b_k)$
$=\frac{6\times7\times13}{6}+6-20$
$=77$ 답 77

19

$f(x)=2x^3-9x^2+12x$라 하면
$f'(x)=6x^2-18x+12=6(x-1)(x-2)$
$f'(x)=0$에서 $x=1$ 또는 $x=2$
함수 $f(x)$의 증가와 감소를 표로 나타내면 다음과 같다.

x	$\cdots$	1	$\cdots$	2	$\cdots$
$f'(x)$	+	0	−	0	+
$f(x)$	↗	극대	↘	극소	↗

$f(1)=2-9+12=5$, $f(2)=16-36+24=4$
함수 $y=f(x)$의 그래프는 그림과 같다.

따라서 함수 $y=f(x)$의 그래프와 직선 $y=k$가 만나는 서로 다른 점의 개수가 2가 되도록 하는 모든 실수 k의 값의 합은
$4+5=9$ 답 9

20

곡선 $y=a^{x-1}$의 점근선의 방정식은 $y=0$이고 곡선 $y=1-\left(\frac{1}{a}\right)^{x-2}$의 점근선의 방정식은 $y=1$이므로 곡선 $y=f(x)$는 [그림 1]과 같다.

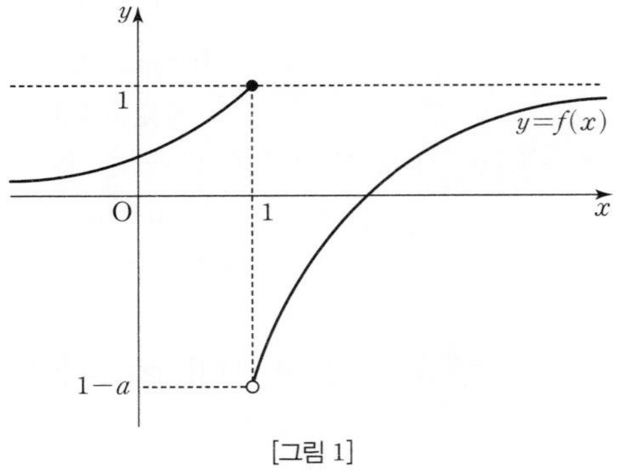

[그림 1]

(i) $-(1-a)<1$, 즉 $1<a<2$일 때
곡선 $y=|f(x)|$가 [그림 2]와 같다. x에 대한 방정식
$|f(x)|=|f(t)|$
의 서로 다른 실근의 개수가 2가 되도록 하는 실수 t의 값은
$-1+a\le|f(t)|<1$을 만족시키므로 무수히 많다.

[그림 2]

(ii) $-(1-a)=1$, 즉 $a=2$일 때
곡선 $y=|f(x)|$가 [그림 3]과 같으므로 x에 대한 방정식
$|f(x)|=|f(t)|$
의 서로 다른 실근의 개수가 2가 되도록 하는 실수 t의 값은 존재하지 않는다.

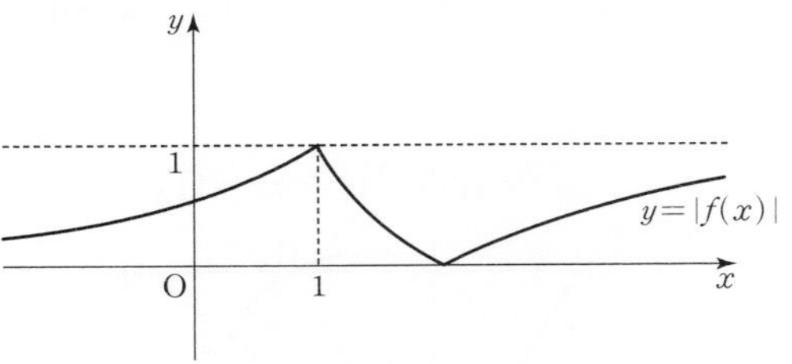

[그림 3]

(iii) $-(1-a)>1$, 즉 $a>2$일 때
곡선 $y=|f(x)|$가 [그림 4]와 같으므로 x에 대한 방정식
$|f(x)|=|f(t)|$

의 서로 다른 실근의 개수가 2가 되도록 하는 실수 t의 값은 곡선 $y=|f(x)|$와 직선 $y=1$의 교점의 x좌표이다.

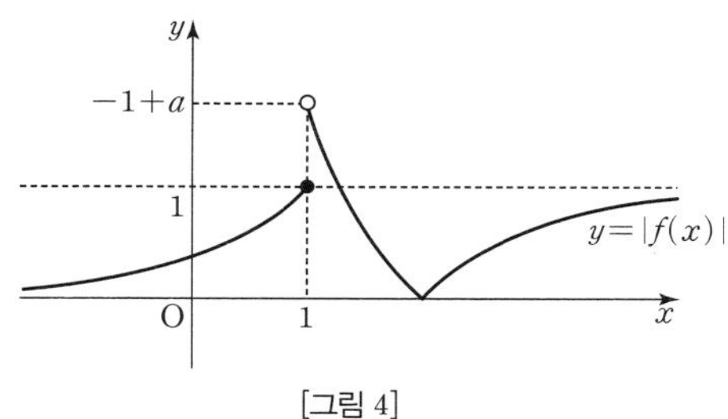

[그림 4]

$a^{t-1}=1$에서 $t=1$이므로 $t_1=1$

$t_1+t_2=\frac{7}{3}$에서 $t_2=\frac{4}{3}$이므로

$-\left\{1-\left(\frac{1}{a}\right)^{\frac{4}{3}-2}\right\}=1$

$\left(\frac{1}{a}\right)^{-\frac{2}{3}}=2$, $a^{\frac{2}{3}}=2$

따라서

$a^2=2^3=8$

답 8

21

함수 $g(x)$가 실수 전체의 집합에서 연속이므로 $x=0$에서 연속이다.

$\lim_{x\to0-} g(x)=\lim_{x\to0-}(x^2+3x)=0$

$\lim_{x\to0+} g(x)=\lim_{x\to0+} f(x)$

$g(0)=0$

에서 $\lim_{x\to0+} f(x)=0$이고 $y=f(x)$는 연속함수이므로 $f(0)=0$ …… ㉠

함수 $g(x)$가 실수 전체의 집합에서 미분가능하므로 $x=0$에서 미분가능하다.

$$\begin{aligned}\lim_{x\to0-}\frac{g(x)-g(0)}{x}&=\lim_{x\to0-}\frac{x^2+3x-0}{x}\\&=\lim_{x\to0-}(x+3)\\&=3\end{aligned}$$

$$\begin{aligned}\lim_{x\to0+}\frac{g(x)-g(0)}{x}&=\lim_{x\to0+}\frac{f(x)-0}{x}\\&=\lim_{x\to0+}\frac{f(x)-f(0)}{x}\\&=f'(0)\end{aligned}$$

에서 $f'(0)=3$ …… ㉡

㉠, ㉡과 조건 (가)에 의하여 곡선 $y=g(x)$와 직선 $y=x$는 그림과 같다.

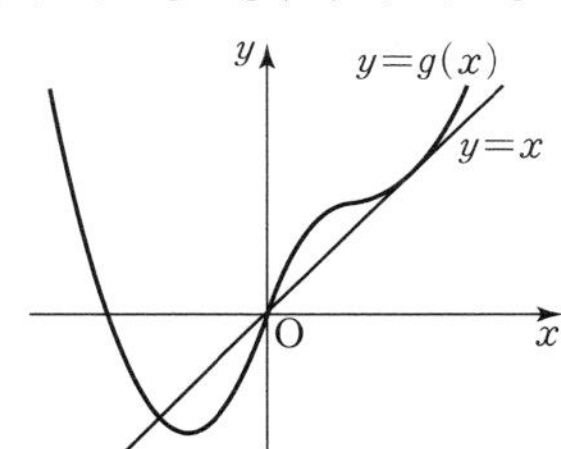

방정식 $x^2+3x=x$의 실근은

$x^2+2x=0$

$x(x+2)=0$

$x=-2$ 또는 $x=0$

방정식 $f(x)=x$의 양의 실근을 a라 하고 함수 $f(x)$의 최고차항의 계수를 k $(k>0)$이라 하면 $f(x)-x=kx(x-a)^2$이라 놓을 수 있다.

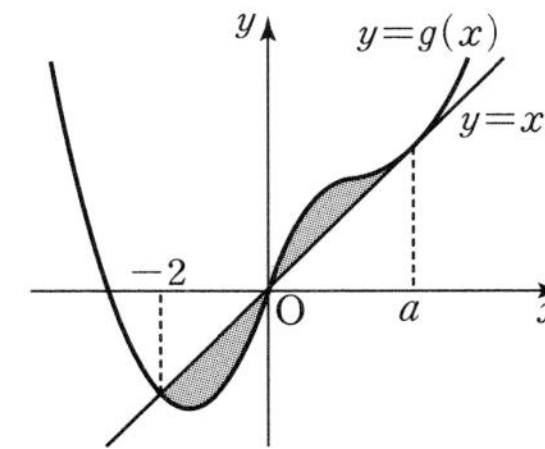

$f'(x)-1=k(x-a)^2+2kx(x-a)$

㉡에서 $3-1=ka^2+0$이므로

$ka^2=2$ …… ㉢

조건 (나)에 의하여 $\int_{-2}^{a}\{g(x)-x\}dx=0$

$$\begin{aligned}\int_{-2}^{a}\{g(x)-x\}dx&=\int_{-2}^{0}\{(x^2+3x)-x\}dx+\int_{0}^{a}\{f(x)-x\}dx\\&=\int_{-2}^{0}(x^2+2x)dx+\int_{0}^{a}kx(x-a)^2dx\\&=\left[\frac{x^3}{3}+x^2\right]_{-2}^{0}+\int_{-a}^{0}k(x+a)x^2dx\ (\text{평행이동에 의하여})\\&=0-\left(-\frac{8}{3}+4\right)+k\int_{-a}^{0}(x^3+ax^2)dx\\&=-\frac{4}{3}+k\left[\frac{x^4}{4}+\frac{ax^3}{3}\right]_{-a}^{0}\\&=-\frac{4}{3}+k\left\{0-\left(\frac{a^4}{4}-\frac{a^4}{3}\right)\right\}\\&=-\frac{4}{3}+\frac{ka^4}{12}\\&=0\end{aligned}$$

㉢에서 $\frac{4}{3}-\frac{2\times a^2}{12}=0$이므로

$a^2=8$

㉢에서 $8k=2$이므로

$k=\frac{1}{4}$

$f(x)=\frac{1}{4}x(x-2\sqrt{2})^2+x$이므로

$$\begin{aligned}f(\sqrt{2})&=\frac{1}{4}\times\sqrt{2}\times(\sqrt{2}-2\sqrt{2})^2+\sqrt{2}\\&=\frac{3\sqrt{2}}{2}\end{aligned}$$

따라서 $p=2$, $q=3$이므로

$p+q=5$

답 5

22

$a_2>a_1$이므로 $a_3=a_2-a_1$

$a_3-a_2=-a_1>0$에서 $a_3>a_2$이므로

$a_4=a_3-a_2=-a_1$

$a_4-a_3=-a_2$에서

(ⅰ) $a_2\le0$일 때

$a_4-a_3=-a_2\ge0$에서 $a_4\ge a_3$이므로

$a_5=a_4-a_3=-a_2$

$a_5-a_4=-a_2+a_1<0$에서 $a_5<a_4$이므로

$a_6=a_5+a_4=-a_2-a_1$

$a_6-a_5=a_4=-a_1>0$에서 $a_6>a_5$이므로

$a_7=a_6-a_5=-a_1$

$a_4+a_7=-2a_1=12$이므로

$a_1=-6$

즉, $k=6$

(ⅱ) $a_2>0$일 때

$a_4-a_3=-a_2<0$에서 $a_4<a_3$이므로

$a_5=a_4+a_3=a_2-2a_1$

$a_5-a_4=a_2-a_1>0$에서 $a_5>a_4$이므로

$a_6=a_5-a_4=a_2-a_1$

$a_6-a_5=-a_4=a_1<0$에서 $a_6<a_5$이므로

$a_7=a_6+a_5=2a_2-3a_1$

$a_4+a_7=2a_2-4a_1=12$이므로

$a_2=2a_1+6=-2k+6$

$-2k+6>0$이므로 $k<3$

즉, $k=1$ 또는 $k=2$

(ⅰ), (ⅱ)에 의하여 구하는 모든 k의 값의 합은

$6+1+2=9$

답 9

확률과 통계

23

$\left(x-\frac{2}{x}\right)^5$의 전개식의 일반항은

${}_5C_r x^{5-r}\left(-\frac{2}{x}\right)^r={}_5C_r(-2)^r x^{5-2r}$ $(r=0, 1, 2, \cdots, 5)$

이때, x^3은 $r=1$일 때이므로 x^3의 계수는

${}_5C_1\times(-2)=-10$

답 ②

24

두 사건 A와 B가 서로 독립이므로

$\mathrm{P}(A\cap B)=\mathrm{P}(A)\mathrm{P}(B)$

$\mathrm{P}(B|A)=\mathrm{P}(B)$

$\mathrm{P}(A\cap B)+\mathrm{P}(B|A)=\frac{2}{3}$에서

$\mathrm{P}(A)\mathrm{P}(B)+\mathrm{P}(B)=\frac{2}{3}$

$\frac{1}{2}\mathrm{P}(B)+\mathrm{P}(B)=\frac{2}{3}$

$\frac{3}{2}\mathrm{P}(B)=\frac{2}{3}$

따라서

$\mathrm{P}(B)=\frac{4}{9}$

답 ③

25

모평균 m에 대한 신뢰도 95 %의 신뢰구간은

$\bar{x}-1.96\times\frac{\sigma}{\sqrt{64}}\le m\le\bar{x}+1.96\times\frac{\sigma}{\sqrt{64}}$

$\bar{x}-1.96\times\frac{\sigma}{8}\le m\le\bar{x}+1.96\times\frac{\sigma}{8}$

$\bar{x}-1.96\times\frac{\sigma}{8}=220.1$, $\bar{x}+1.96\times\frac{\sigma}{8}=229.9$

$2\times1.96\times\frac{\sigma}{8}=229.9-220.1=9.8$

즉, $\sigma=20$

$\bar{x}=\frac{220.1+229.9}{2}=225$

따라서

$\sigma+\bar{x}=20+225=245$

답 ⑤

26

서로 다른 세 개의 주사위를 동시에 던져서 나온 세 눈의 수의 곱이 짝수인 사건을 A라 하고, 이 세 눈의 수의 합이 홀수인 사건을 B라 하면 구하는 확률은 $\mathrm{P}(B|A)$이다.

세 눈의 수가 모두 홀수일 확률이

${}_3C_3\left(\frac{1}{2}\right)^3=\frac{1}{8}$

이므로

$\mathrm{P}(A)=1-\frac{1}{8}=\frac{7}{8}$

세 눈의 수의 곱이 짝수이면서 세 눈의 수의 합이 홀수이려면 짝수 2개와 홀수 1개가 나와야 한다.

$\mathrm{P}(A\cap B)={}_3C_2\times\left(\frac{1}{2}\right)^2\times\frac{1}{2}$

$=\frac{3}{8}$

따라서 구하는 확률은

$\mathrm{P}(B|A)=\frac{\mathrm{P}(A\cap B)}{\mathrm{P}(A)}$

$=\frac{\frac{3}{8}}{\frac{7}{8}}$

$=\frac{3}{7}$

답 ③

27

곡선 $y=f(x)$는 직선 $x=m$에 대하여 대칭이므로 $f(k)=f(3k)$이려면 $k=3k$ 또는 $\frac{k+3k}{2}=m$이어야 한다.

$k=3k$에서 $k=0$이므로 조건을 만족시키지 않는다.

$\frac{k+3k}{2}=m$에서 $m=2k$

확률변수 X가 정규분포 $\mathrm{N}(2k, 4^2)$을 따르므로

$\mathrm{P}(0\le X\le 2k)=\mathrm{P}\left(\frac{0-2k}{4}\le Z\le\frac{2k-2k}{4}\right)$

$=\mathrm{P}\left(-\frac{k}{2}\le Z\le 0\right)$

$=\mathrm{P}\left(0\le Z\le\frac{k}{2}\right)$

$=0.4332$

에서 $\frac{k}{2}=1.5$이므로 $k=3$

따라서

$m+k=6+3=9$

답 ③

28

A가 임의로 3개의 동전을 선택하여 뒤집은 후, B가 임의로 2개의 동전을 선택하여 뒤집을 때, 앞면이 보이도록 놓여 있는 동전의 개수가 1인 경우는 다음 두 가지가 있다.

(i) A가 앞면이 보이도록 놓여 있는 동전 3개를 뒤집은 후, B가 앞면이 보이도록 놓여 있는 동전 1개와 뒷면이 보이도록 놓여 있는 동전 1개를 뒤집는 경우

$\frac{{}_4C_3}{{}_7C_3}\times\frac{{}_1C_1\times{}_6C_1}{{}_7C_2}=\frac{4}{35}\times\frac{2}{7}$

$=\frac{8}{245}$

(ii) A가 앞면이 보이도록 놓여 있는 동전 2개와 뒷면이 보이도록 놓여 있는 동전 1개를 뒤집은 후, B가 앞면이 보이도록 놓여 있는 동전 2개를 뒤집는 경우

$\frac{{}_4C_2\times{}_3C_1}{{}_7C_3}\times\frac{{}_3C_2}{{}_7C_2}=\frac{18}{35}\times\frac{1}{7}$

$=\frac{18}{245}$

(i), (ii)에 의하여 구하는 확률은

$\frac{8}{245}+\frac{18}{245}=\frac{26}{245}$

답 ③

29

주어진 시행을 1번 한 후 기록한 수를 X라 하자.

확인한 두 수가 1, 1이면

$X=2$이고 이때의 확률은

$\frac{{}_2C_2}{{}_6C_2}=\frac{1}{15}$

확인한 두 수가 1, 2이면

$X=1$이고 이때의 확률은

$\frac{{}_2C_1\times{}_3C_1}{{}_6C_2}=\frac{2\times3}{15}=\frac{2}{5}$

확인한 두 수가 1, 3이면

$X=2$이고 이때의 확률은

$\frac{{}_2C_1 \times {}_1C_1}{{}_6C_2}=\frac{2\times 1}{15}=\frac{2}{15}$

확인한 두 수가 2, 2이면

$X=4$이고 이때의 확률은

$\frac{{}_3C_2}{{}_6C_2}=\frac{1}{5}$

확인한 두 수가 2, 3이면

$X=1$이고 이때의 확률은

$\frac{{}_3C_1 \times {}_1C_1}{{}_6C_2}=\frac{3\times 1}{15}=\frac{1}{5}$

확률변수 X의 확률분포를 표로 나타내면 다음과 같다.

X	1	2	4	합계
$\mathrm{P}(X=x)$	$\frac{3}{5}$	$\frac{1}{5}$	$\frac{1}{5}$	1

$\overline{X}=2$이면 이 시행을 3번 반복하여 기록한 모든 수의 합이 6이므로 그 경우는 다음과 같다.

(i) 기록한 수가 1, 1, 4인 경우

1, 1, 4를 배열하는 경우의 수가 3이므로 이때의 확률은

$3\times\left(\frac{3}{5}\right)^2\times\frac{1}{5}=\frac{27}{125}$

(ii) 기록한 수가 2, 2, 2인 경우

2, 2, 2를 배열하는 경우의 수가 1이므로 이때의 확률은

$1\times\left(\frac{1}{5}\right)^3=\frac{1}{125}$

(i), (ii)에 의하여

$\mathrm{P}(\overline{X}=2)=\frac{27}{125}+\frac{1}{125}=\frac{28}{125}$

따라서 $p=125$, $q=28$이므로

$p+q=153$

답 153

30

5 이하의 모든 자연수 x에 대하여 $f(x)\le f(x+1)$이므로

$f(1)\le f(2)\le f(3)\le f(4)\le f(5)\le f(6)$ …… ㉠

5 이하의 모든 자연수 x에 대하여

$(f\circ f)(x+1)<f(6)$

이므로

$(f\circ f)(6)<f(6)$ …… ㉡

(i) $f(6)=1$인 경우

㉠에서 $f(1)=1$이고 ㉡에서

$(f\circ f)(6)=f(1)<f(6)$

이므로 모순이다.

(ii) $f(6)=2$인 경우

㉠에서 $f(1)\le f(2)\le f(3)\le f(4)\le f(5)\le 2$이고

㉡에서 $(f\circ f)(6)=f(2)<f(6)$이므로

$f(1)\le 1\le f(3)\le f(4)\le f(5)\le 2$

이때의 함수 f의 개수는

$1\times {}_2H_3={}_4C_3=4$

(iii) $f(6)=3$인 경우

㉠에서 $f(1)\le f(2)\le f(3)\le f(4)\le f(5)\le 3$이고

㉡에서 $(f\circ f)(6)=f(3)<f(6)$이므로

$f(1)\le f(2)\le 1\le f(4)\le f(5)\le 3$ 또는

$f(1)\le f(2)\le 2\le f(4)\le f(5)\le 3$

이때의 함수 f의 개수는

$1\times {}_3H_2+{}_2H_2\times {}_2H_2={}_4C_2+{}_3C_2\times {}_3C_2$

$=6+3\times 3$

$=15$

(iv) $f(6)=4$인 경우

㉠에서 $f(1)\le f(2)\le f(3)\le f(4)\le f(5)\le 4$이고

㉡에서 $(f\circ f)(6)=f(4)<f(6)$이므로

$f(1)\le f(2)\le f(3)\le 1\le f(5)\le 4$ 또는

$f(1)\le f(2)\le f(3)\le 2\le f(5)\le 4$ 또는

$f(1)\le f(2)\le f(3)\le 3\le f(5)\le 4$

이때의 함수 f의 개수는

$1\times 4+{}_2H_3\times 3+{}_3H_3\times 2=4+{}_4C_3\times 3+{}_5C_3\times 2$

$=4+4\times 3+10\times 2$

$=36$

(v) $f(6)=5$인 경우

㉠에서 $f(1)\le f(2)\le f(3)\le f(4)\le f(5)\le 5$이고

㉡에서 $(f\circ f)(6)=f(5)<f(6)$이므로

$f(1)\le f(2)\le f(3)\le f(4)\le 1\le 5$ 또는

$f(1)\le f(2)\le f(3)\le f(4)\le 2\le 5$ 또는

$f(1)\le f(2)\le f(3)\le f(4)\le 3\le 5$ 또는

$f(1)\le f(2)\le f(3)\le f(4)\le 4\le 5$

이때의 함수 f의 개수는

$1+{}_2H_4+{}_3H_4+{}_4H_4=1+{}_5C_4+{}_6C_4+{}_7C_4$

$=1+5+15+35$

$=56$

(vi) $f(6)=6$인 경우

㉠에서 $f(1)\le f(2)\le f(3)\le f(4)\le f(5)\le 6$이고

㉡에서 $(f\circ f)(6)=f(6)<f(6)$이므로 모순이다.

(i)~(vi)에 의하여 구하는 함수 f의 개수는

$4+15+36+56=111$

답 111

미적분

23

$$\lim_{x\to 0}\frac{1}{x}\ln\left(\frac{1+6x}{1+2x}\right)=\lim_{x\to 0}\frac{\ln(1+6x)}{x}-\lim_{x\to 0}\frac{\ln(1+2x)}{x}$$
$$=6\lim_{x\to 0}\frac{\ln(1+6x)}{6x}-2\lim_{x\to 0}\frac{\ln(1+2x)}{2x}$$
$$=6\times 1-2\times 1$$
$$=4$$

답 ③

24

$$\lim_{n\to\infty}a_n(4n-b_n)=\lim_{n\to\infty}(4na_n-a_nb_n)$$
$$=\lim_{n\to\infty}4na_n-\lim_{n\to\infty}a_nb_n$$
$$=4\times 4-\lim_{n\to\infty}\left(na_n\times\frac{b_n}{2n+1}\times\frac{2n+1}{n}\right)$$
$$=16-4\times 1\times 2$$
$$=8$$

답 ③

25

$\lim_{h\to 0}\frac{g(a+h)}{h}=k$에서 $h\longrightarrow 0$일 때, (분모) $\longrightarrow 0$이므로 (분자) $\longrightarrow 0$이어야 한다.

즉, $\lim_{h\to 0}g(a+h)=g(a)=0$

$f(0)=a$에서 $a=1$

$f(x)=3x+e^x$에서 $f'(x)=3+e^x$이므로

$k=\lim_{h\to 0}\frac{g(1+h)-g(1)}{h}$

$=g'(1)$

$=\frac{1}{f'(g(1))}$ (역함수의 미분법에 의하여)

$=\frac{1}{f'(0)}$

$=\frac{1}{4}$

따라서

$a+k=\frac{5}{4}$ 답 ②

26

$f(x)=-2e^x+x\int_0^x (e^t-t)dt$에서

$f'(x)=-2e^x+\int_0^x (e^t-t)dt+x(e^x-x)$

$f''(x)=-2e^x+e^x-x+e^x-x+x(e^x-1)$

$=x(e^x-3)$

함수 $f(x)$가 $x_1<a<x_2$인 모든 양수 x_1, x_2에 대하여

$f''(x_1)f''(x_2)<0$

을 만족시키므로 함수 $y=f(x)$의 그래프는 $x=a$에서 변곡점을 갖는다.

$f''(a)=0$에서

$a=\ln 3$ 답 ②

27

$\left\{f\left(\frac{x+1}{x}\right)\right\}'=\left\{f\left(1+\frac{1}{x}\right)\right\}'$

$=-\frac{1}{x^2}f'\left(1+\frac{1}{x}\right)$

$=-\frac{1}{x^2}f'\left(\frac{x+1}{x}\right)$

이므로

$\int_1^2 \left\{\frac{1}{x}f'\left(\frac{x+1}{x}\right)\right\}dx$

$=\int_1^2 (-x)\times\left\{-\frac{1}{x^2}\times f'\left(\frac{x+1}{x}\right)\right\}dx$

$=\left[-x\times f\left(\frac{x+1}{x}\right)\right]_1^2-\int_1^2\left\{-f\left(\frac{x+1}{x}\right)\right\}dx$

$=-2\times f\left(\frac{3}{2}\right)-\{-f(2)\}+\int_1^2 f\left(\frac{x+1}{x}\right)dx$

따라서 $6=-2\times f\left(\frac{3}{2}\right)+7+4$이므로

$f\left(\frac{3}{2}\right)=\frac{5}{2}$ 답 ⑤

28

$a_{n+1}-a_n=\frac{1}{3}a_n(a_n+3)-a_n=\frac{1}{3}{a_n}^2\geq 0$

이므로 $a_{n+1}\geq a_n$

$\frac{1}{a_{n+1}}=\frac{3}{a_n(a_n+3)}=\frac{1}{a_n}-\frac{1}{a_n+3}$

이므로

$\frac{1}{a_n+3}=\frac{1}{a_n}-\frac{1}{a_{n+1}}$

$\sum_{n=1}^{\infty}\frac{1}{a_n+3}=\sum_{n=1}^{\infty}\left(\frac{1}{a_n}-\frac{1}{a_{n+1}}\right)$

$=\lim_{n\to\infty}\sum_{k=1}^{n}\left(\frac{1}{a_k}-\frac{1}{a_{k+1}}\right)$

$=\lim_{n\to\infty}\left\{\left(\frac{1}{a_1}-\frac{1}{a_2}\right)+\left(\frac{1}{a_2}-\frac{1}{a_3}\right)+\left(\frac{1}{a_3}-\frac{1}{a_4}\right)+\cdots+\left(\frac{1}{a_n}-\frac{1}{a_{n+1}}\right)\right\}$

$=\lim_{n\to\infty}\left(\frac{1}{a_1}-\frac{1}{a_{n+1}}\right)$

$a_{n+1}-a_n=\frac{1}{3}a_n(a_n+3)-a_n=\frac{1}{3}{a_n}^2\geq 0$

이므로 $a_{n+1}\geq a_n$

따라서 $a_{n+1}+3\geq a_n+3\geq\cdots\geq a_1+3=5$이다.

$a_{n+1}=\frac{1}{3}a_n(a_n+3)$에서 $n=1, 2, 3, \cdots, n-1$을 대입하면

$a_2=\frac{1}{3}a_1(a_1+3)$

$a_3=\frac{1}{3}a_2(a_2+3)$

$\vdots$

$a_n=\frac{1}{3}a_{n-1}(a_{n-1}+3)$

위 식을 모두 곱하면

$a_n=\left(\frac{1}{3}\right)^{n-1}\times a_1(a_1+3)(a_2+3)\cdots(a_{n-1}+3)$

$\geq\left(\frac{1}{3}\right)^{n-1}\times a_1(a_1+3)(a_1+3)\cdots(a_1+3)$

$=\left(\frac{1}{3}\right)^{n-1}\times a_1(a_1+3)^{n-1}$

$=\left(\frac{1}{3}\right)^{n-1}\times 2\times 5^{n-1}$

$=2\left(\frac{5}{3}\right)^{n-1}$

이때 $a_n\geq 2\left(\frac{5}{3}\right)^{n-1}$이고 $\lim_{n\to\infty}2\left(\frac{5}{3}\right)^{n-1}=\infty$이므로

$\lim_{n\to\infty}a_n=\infty$

따라서

$\sum_{n=1}^{\infty}\frac{1}{a_n+3}=\frac{1}{a_1}=\frac{1}{2}$ 답 ③

29

선분 OA의 중점을 M이라 하고, 점 O에서 직선 PQ에 내린 수선의 발을 H라 하자.

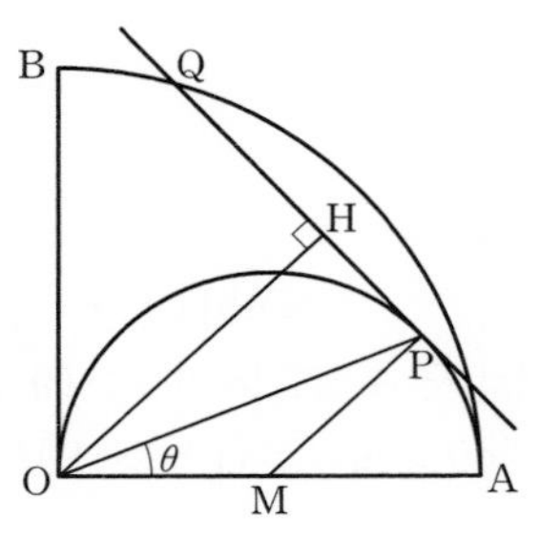

$\angle POA=\theta$이므로

$\overline{OP}=\overline{OA}\cos\theta=\cos\theta$

$\angle POH=\angle MPO=\angle POA=\theta$이므로

$\overline{PH}=\overline{OP}\times\sin\theta$

$=\cos\theta\times\sin\theta$

$=\sin\theta\cos\theta$

$\overline{OH}=\overline{OP}\times\cos\theta$

$=\cos\theta\times\cos\theta$

$=\cos^2\theta$

직각삼각형 OHQ에서

$\overline{QH}=\sqrt{1-\cos^4\theta}$

$=\sqrt{(1-\cos^2\theta)(1+\cos^2\theta)}$

$=\sin\theta\sqrt{1+\cos^2\theta}$

$f(\theta)=\overline{OP}\times\overline{PQ}$

$=\cos\theta\times(\sin\theta\cos\theta+\sin\theta\sqrt{1+\cos^2\theta})$

$=\sin\theta\cos^2\theta+\sin\theta\cos\theta\sqrt{1+\cos^2\theta}$

$\int_0^a f(\theta)d\theta=\int_0^a(\sin\theta\cos^2\theta+\sin\theta\cos\theta\sqrt{1+\cos^2\theta})d\theta$

$\cos\theta=t$라 하면

$\theta=0$일 때 $t=1$, $\theta=a$일 때 $t=\frac{2\sqrt{2}}{3}$이고

$\frac{dt}{d\theta}=-\sin\theta$이므로

$\int_0^a f(\theta)d\theta=-\int_1^{\frac{2\sqrt{2}}{3}}(t^2+t\sqrt{1+t^2})dt$

$\int_1^{\frac{2\sqrt{2}}{3}}t^2dt=\left[\frac{1}{3}t^3\right]_1^{\frac{2\sqrt{2}}{3}}$

$=\frac{1}{3}\times\left\{\left(\frac{2\sqrt{2}}{3}\right)^3-1^3\right\}$

$=\frac{16\sqrt{2}}{81}-\frac{1}{3}$

$\int_1^{\frac{2\sqrt{2}}{3}}t\sqrt{1+t^2}dt$에서 $1+t^2=s$라 하면

$t=1$일 때 $s=2$, $t=\frac{2\sqrt{2}}{3}$일 때 $s=\frac{17}{9}$이고

$\frac{ds}{dt}=2t$이므로

$\int_1^{\frac{2\sqrt{2}}{3}}t\sqrt{1+t^2}dt=\frac{1}{2}\int_2^{\frac{17}{9}}\sqrt{s}ds$

$=\frac{1}{2}\left[\frac{2}{3}t^{\frac{3}{2}}\right]_2^{\frac{17}{9}}$

$=\frac{1}{3}\times\left\{\left(\frac{17}{9}\right)^{\frac{3}{2}}-2^{\frac{3}{2}}\right\}$

$=\frac{17\sqrt{17}}{81}-\frac{2\sqrt{2}}{3}$

$\int_0^a f(\theta)d\theta=-\left(\frac{16\sqrt{2}}{81}-\frac{1}{3}+\frac{17\sqrt{17}}{81}-\frac{2\sqrt{2}}{3}\right)$

$=\frac{1}{3}+\frac{38\sqrt{2}}{81}-\frac{17\sqrt{17}}{81}$

따라서 $p=\frac{1}{3}$, $q=\frac{38}{81}$, $r=-\frac{17}{81}$이므로

$27(p+q+r)=27\left(\frac{1}{3}+\frac{38}{81}-\frac{17}{81}\right)=16$

답 16

30

함수 $g(x)$가 실수 전체의 집합에서 연속이므로 $x\leq 1$인 모든 실수 x에 대하여 $f(x)>0$이다. …… ㉠

함수 $g(x)$가 $x=1$에서 연속이므로

$\lim_{x\to 1-}g(x)=\lim_{x\to 1-}\frac{x}{f(x)}=\frac{1}{f(1)}$

$\lim_{x\to 1+}g(x)=\lim_{x\to 1+}\frac{f(x)}{x}=f(1)$

$g(1)=\frac{1}{f(1)}$에서

$\frac{1}{f(1)}=f(1)$

$\{f(1)\}^2=1$

㉠에서 $f(1)=1$이므로

$f(x)=x^2-ax+a$ (a는 상수)

라 놓을 수 있다.

$\frac{a}{2}\geq 1$이면

㉠에서 $f(1)=1>0$이므로

$a\geq 2$ …… ㉡

$\frac{a}{2}<1$이면

㉠에서

$f\left(\frac{a}{2}\right)=-\frac{a^2}{4}+a>0$

$\frac{a}{4}(a-4)<0$, $0<a<4$이므로

$0<a<2$ …… ㉢

㉡, ㉢에서 $a>0$

$x\leq 1$일 때

$g(x)=\frac{x}{x^2-ax+a}$에서

$g'(x)=\frac{-x^2+a}{(x^2-ax+a)^2}$

$g'(x)=0$에서

$x=-\sqrt{a}$ 또는 $x=\sqrt{a}$

함수 $g(x)$는 $x=-\sqrt{a}$에서 극솟값 $g(-\sqrt{a})$를 갖는다.

$\lim_{x\to -\infty}g(x)=\lim_{x\to -\infty}\frac{x}{f(x)}=\lim_{x\to -\infty}\frac{x}{x^2-ax+a}=0$

이므로 곡선 $y=g(x)$는 x축을 점근선으로 갖는다.

$x>1$일 때

$g(x)=x-a+\frac{a}{x}$에서 $g'(x)=1-\frac{a}{x^2}$

$g'(x)=0$에서 $x=-\sqrt{a}$ 또는 $x=\sqrt{a}$

(i) $0<a\leq 1$일 때

함수 $g(x)$는 구간 $(1, \infty)$에서 증가하므로

$g(-\sqrt{a})<k<0$

인 모든 실수 k에 대하여 방정식 $g(x)=k$의 서로 다른 실근의 개수는 2이고 두 실근은 모두 음수이다. 즉, 두 실근의 곱이 양수이므로 조건을 만족시키지 않는다.

(ii) $a>1$일 때

함수 $g(x)$는 $x=\sqrt{a}$에서 극솟값 $g(\sqrt{a})$를 가지므로

$g(\sqrt{a})\geq 0$이면 $g(-\sqrt{a})<k<0$인 모든 실수 k에 대하여 방정식 $g(x)=k$의 서로 다른 실근의 개수는 2이다.

$g(\sqrt{a})\geq 0$에서

$g(\sqrt{a})=\frac{a-a\sqrt{a}+a}{\sqrt{a}}=2\sqrt{a}-a\geq 0$

이므로 $a\leq 4$

즉, $1<a\leq 4$

$k=g(\sqrt{a})=g(-\sqrt{a})$이면 방정식 $g(x)=k$의 서로 다른 실근의 개수는 2이고 두 실근의 곱은 음수이므로 조건을 만족시킨다.

$g(-\sqrt{a})=\frac{-\sqrt{a}}{a+a\sqrt{a}+a}=-\frac{1}{2\sqrt{a}+a}$

이므로

$2\sqrt{a}-a=-\frac{1}{2\sqrt{a}+a}$

$4a-a^2=-1$, $a^2-4a-1=0$

즉, $a=2+\sqrt{5}$

$f(2)=4-a$

$=4-(2+\sqrt{5})$

$=2-\sqrt{5}$

따라서 $m=2$, $n=5$이므로

$m+n=7$

답 7

기하

23

선분 AB를 2 : 1로 내분하는 점의 좌표는

$\left(\frac{6+2}{2+1}, \frac{-2+a}{2+1}, \frac{2b-4}{2+1}\right)$

$\left(\frac{8}{3}, \frac{a-2}{3}, \frac{2b-4}{3}\right)$

이 점이 x축 위에 있으므로

$\frac{a-2}{3}=0$, $\frac{2b-4}{3}=0$

따라서 $a=2$, $b=2$이므로

$a+b=4$

답 ④

24

포물선 $y^2=16x$와 접하고 기울기가 2인 직선의 방정식은

$y=2x+\frac{4}{2}=2x+2$

직선 $y=2x+2$가 x축과 만나는 점이 B이므로

$B(-1,\ 0)$

포물선 $y^2=16x$가 직선 $y=2x+2$와 만나는 점의 y좌표는

$y^2=8(y-2)$

$y^2-8y+16=0$

$(y-4)^2=0$

$y=4$

따라서 A$(1,\ 4)$이므로

$\overline{AB}=\sqrt{4+16}=2\sqrt{5}$ 답 ⑤

25

두 벡터 $t\vec{a}+\vec{b}$와 $\vec{a}+t\vec{b}$가 서로 수직이려면

$(t\vec{a}+\vec{b})\cdot(\vec{a}+t\vec{b})=0$

이어야 한다.

$t\vec{a}+\vec{b}=(-t+2,\ 3t)$, $\vec{a}+t\vec{b}=(2t-1,\ 3)$

이므로

$(-t+2)\times(2t-1)+3t\times3=0$

$2t^2-14t+2=0$

이 이차방정식의 두 근은 서로 다른 두 실수이므로 근과 계수의 관계에 의하여 구하는 모든 실수 t의 값의 합은 7이다. 답 ③

26

점 P에서 평면 α에 내린 수선의 발을 H라 하면 직선 l과 평면 α가 이루는 예각의 크기가 $\frac{\pi}{4}$이므로

$\angle PAH=\frac{\pi}{4}$

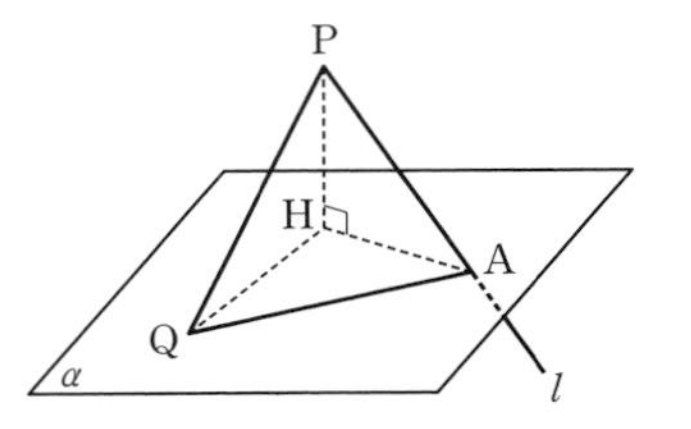

$\overline{PH}=a$라 하면 $\overline{HA}=a$

삼각형 APQ의 평면 α 위로의 정사영의 넓이가 6이므로 삼각형 AHQ의 넓이는 6이고, 점 Q와 직선 HA 사이의 거리는 $\frac{12}{a}$이다.

점 Q에서 직선 HA에 내린 수선의 발이 H일 때 선분 PQ의 길이가 최소이므로

$\overline{PQ}^2=a^2+\frac{12^2}{a^2}$

$\geq 2\sqrt{a^2\times\frac{12^2}{a^2}}$

$=2\times12$

$=24$ (단, 등호는 $a=2\sqrt{3}$일 때 성립한다.)

따라서 선분 PQ의 길이의 최솟값은 $2\sqrt{6}$이다. 답 ④

27

타원 $\frac{x^2}{16}+\frac{y^2}{k}=1$의 장축의 길이는

$2\times4=8$

선분 OF의 중점을 M이라 하면 점 M은 원의 중심이다.

원이 직선 AF′과 접하는 점을 H라 하면

$\overline{AF'}\perp\overline{MH}$

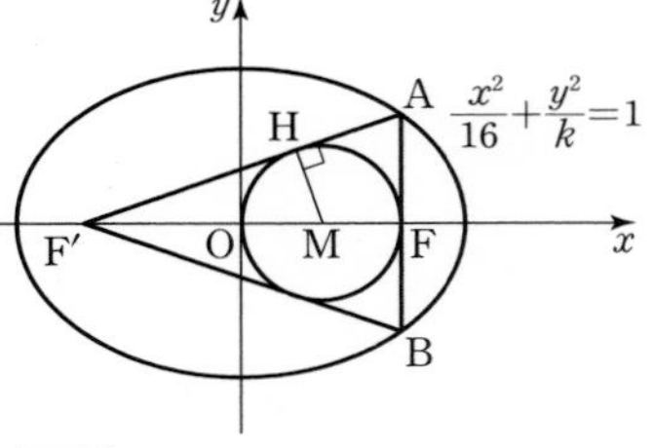

$\overline{MF'}=3\overline{MF}$이고 $\overline{MF}=\overline{MH}$이므로

$\overline{MF'}=3\overline{MH}$

두 삼각형 AF′F, MF′H가 서로 닮은 도형이므로

$\overline{AF'}:\overline{AF}=\overline{MF'}:\overline{MH}$

$\overline{AF'}:\overline{AF}=3:1$

즉, $\overline{AF'}=3\overline{AF}$

타원의 정의에 의하여

$\overline{AF'}+\overline{AF}=4\overline{AF}=8$

즉, $\overline{AF}=2$

$\overline{AF'}=6$이므로 직각삼각형 AF′F에서

$\overline{F'F}=\sqrt{6^2-2^2}=4\sqrt{2}$

$\overline{OF}=2\sqrt{2}$이므로

$16-k=8$

따라서 $k=8$ 답 ③

28

구 $x^2+y^2+(z-4)^2=16$의 중심을 C라 하고, 점 C에서 선분 OP에 내린 수선의 발을 H라 하면

$\overline{OC}=\overline{CP}=4$, $\overline{OH}=2\sqrt{3}$이므로

$\angle COH=\frac{\pi}{6}$

$\angle POQ=\frac{\pi}{3}$이므로 점 P는 평면 COQ 위에 있다.

선분 OQ의 중점을 M이라 하면 $\overline{OM}=2\sqrt{3}$이므로

$\overline{PM}=6$

$\angle RMP=\frac{\pi}{2}$이므로

$\overline{PR}=6\sqrt{2}$

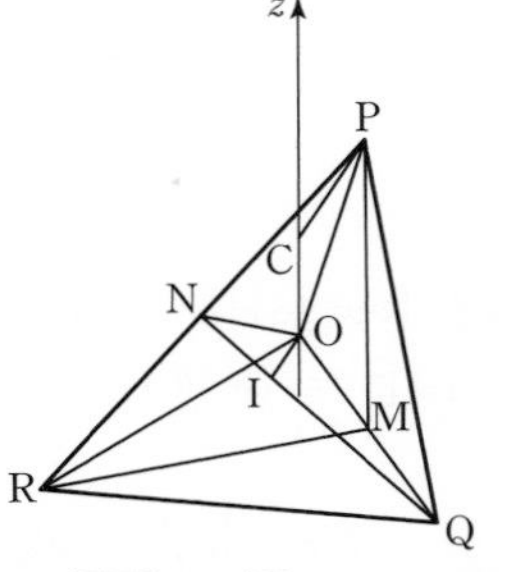

선분 PR의 중점을 N이라 하면 $\overline{PN}=3\sqrt{2}$이므로 직각삼각형 PNQ에서

$\overline{NQ}=\sqrt{48-18}=\sqrt{30}$

$\overline{ON}=\overline{NQ}=\sqrt{30}$

점 O에서 직선 NQ에 내린 수선의 발을 I라 하면

$\overline{ON}\perp\overline{PR}$, $\overline{IN}\perp\overline{PR}$, $\overline{OI}\perp\overline{IN}$

이므로 삼수선의 정리에 의하여

$\overline{OI}\perp$(평면 PQR)

직각삼각형 ONM에서 $\overline{OM}\perp\overline{MN}$이므로

$\overline{NM}=\sqrt{30-12}=3\sqrt{2}$

삼각형 ONQ의 넓이에서

$\overline{OQ}\times\overline{NM}=\overline{NQ}\times\overline{OI}$

이므로

$4\sqrt{3}\times3\sqrt{2}=\sqrt{30}\times\overline{OI}$

$\overline{OI}=\frac{4\sqrt{3}\times3\sqrt{2}}{\sqrt{30}}=\frac{12\sqrt{5}}{5}$

따라서 점 O와 평면 PQR 사이의 거리는 $\frac{12\sqrt{5}}{5}$이다. 답 ④

29

쌍곡선 $x^2-\frac{y^2}{k}=1$의 주축의 길이는

$2\times1=2$

이고, A$(1, 0)$이다.

두 초점의 좌표를 F$(c, 0)$, F$'(-c, 0)$ $(c>0)$이라 하면

$\overline{\text{F'F}}=2c$, $\overline{\text{PF}}=\overline{\text{AF}}=c-1$

$\overline{\text{PQ}}=a$라 하면

쌍곡선의 정의에 의하여

$\overline{\text{QF'}}-(\overline{\text{QP}}+\overline{\text{PF}})=2$

이므로

$\overline{\text{QF'}}=a+c+1$

$\angle\text{F'PF}=\frac{\pi}{2}$이므로 두 직각삼각형 F'PQ, F'PF에서

$(a+c+1)^2-a^2=(2c)^2-(c-1)^2$

$(2a+c+1)(c+1)=(3c-1)(c+1)$

$2a+c+1=3c-1$, 즉

$a=c-1$

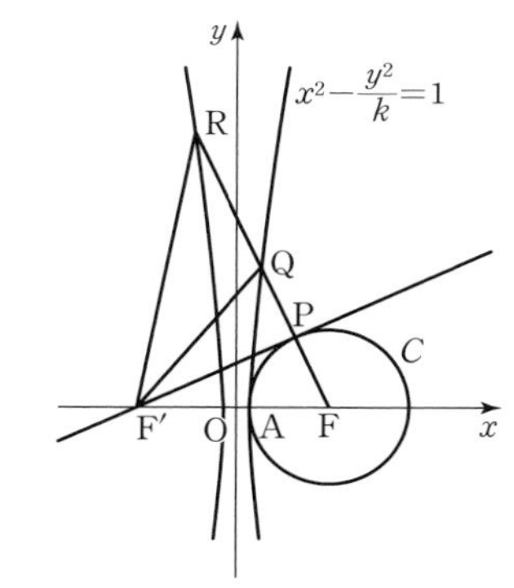

$\overline{\text{QR}}=12$이므로 $\overline{\text{PR}}=c+11$

쌍곡선의 정의에 의하여

$(\overline{\text{RQ}}+\overline{\text{QF}})-\overline{\text{RF'}}=2$

이므로

$\overline{\text{RF'}}=2c+8$

$\overline{\text{PF'}}=\sqrt{4c^2-(c-1)^2}=\sqrt{3c^2+2c-1}$

이므로 직각삼각형 PRF'에서

$(c+11)^2+3c^2+2c-1=(2c+8)^2$

$8c=56$, 즉 $c=7$

$1+k=7^2$이므로 $k=48$

따라서

$k+\overline{\text{PQ}}=48+6=54$

답 54

30

$(|\overrightarrow{\text{XA}}+2\overrightarrow{\text{XB}}|-6)(|2\overrightarrow{\text{XA}}+\overrightarrow{\text{XB}}|-6)=0$에서

$|\overrightarrow{\text{XA}}+2\overrightarrow{\text{XB}}|=6$ 또는 $|2\overrightarrow{\text{XA}}+\overrightarrow{\text{XB}}|=6$

선분 AB를 $1:2$로 내분하는 점을 C, 선분 AB를 $2:1$로 내분하는 점을 D라 하면

$|\overrightarrow{\text{XA}}+2\overrightarrow{\text{XB}}|=6$에서

$\left|\frac{1}{3}\overrightarrow{\text{XA}}+\frac{2}{3}\overrightarrow{\text{XB}}\right|=2$이므로

$|\overrightarrow{\text{XD}}|=2$

$|2\overrightarrow{\text{XA}}+\overrightarrow{\text{XB}}|=6$에서

$\left|\frac{2}{3}\overrightarrow{\text{XA}}+\frac{1}{3}\overrightarrow{\text{XB}}\right|=2$이므로

$|\overrightarrow{\text{XC}}|=2$

$|\overrightarrow{\text{XC}}|=2$에서 점 X는 점 C를 중심으로 하고 반지름의 길이가 2인 원 C 위에 있다.

$|\overrightarrow{\text{XD}}|=2$에서 점 X는 점 D를 중심으로 하고 반지름의 길이가 2인 원 D 위에 있다.

두 원 C, D의 교점 중 하나를 E라 하고, 점 E에서 선분 CD에 내린 수선의 발을 H라 하면 삼각형 ECD는 한 변의 길이가 2인 정삼각형이므로

$\overline{\text{CH}}=1$, $\overline{\text{EH}}=\sqrt{3}$

직각삼각형 EAH에서

$\overline{\text{AE}}=\sqrt{3^2+(\sqrt{3})^2}=2\sqrt{3}$

$|\overrightarrow{\text{AX}}|\ge2\sqrt{3}$이므로 점 X가 나타내는 도형은 [그림 1]의 실선과 같다.

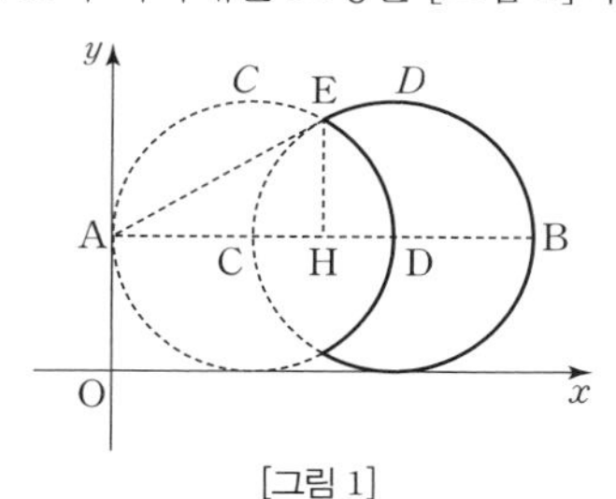

[그림 1]

$\overrightarrow{\text{OA}}+2\overrightarrow{\text{OB}}=\overrightarrow{\text{OP}}+2\overrightarrow{\text{OQ}}$에서

$\frac{1}{3}\overrightarrow{\text{OA}}+\frac{2}{3}\overrightarrow{\text{OB}}=\frac{1}{3}\overrightarrow{\text{OP}}+\frac{2}{3}\overrightarrow{\text{OQ}}$

선분 PQ를 $2:1$로 내분하는 점을 R이라 하면

선분 AB를 $2:1$로 내분하는 점이 D이므로

$\overrightarrow{\text{OD}}=\overrightarrow{\text{OR}}$

[그림 2]와 같이 선분 PQ를 $2:1$로 내분하는 점이 D가 되도록 두 점 P, Q를 잡는다.

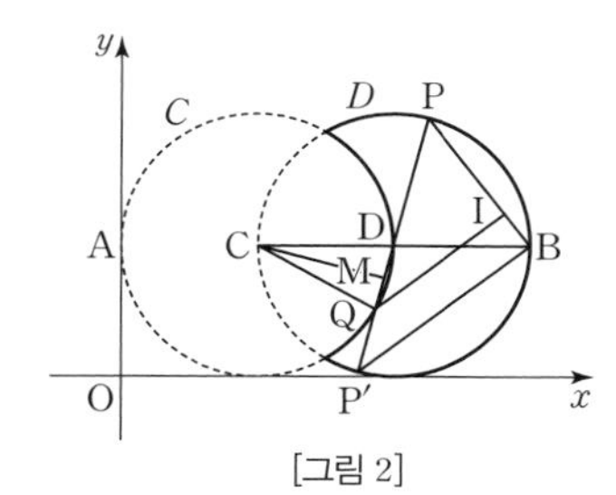

[그림 2]

선분 DQ의 중점을 M이라 하면 $\overline{\text{DM}}=\frac{1}{2}$이므로

$\cos(\angle\text{CDM})=\frac{\overline{\text{DM}}}{\overline{\text{CD}}}=\frac{1}{4}$

$\cos(\angle\text{PDB})=\frac{1}{4}$이므로 삼각형 PDB에서 코사인법칙에 의하여

$\overline{\text{PB}}^2=4+4-2\times2\times2\times\frac{1}{4}=6$

즉, $\overline{\text{PB}}=\sqrt{6}$

선분 PD를 $2:1$로 외분하는 점을 P'이라 하고, 점 Q에서 직선 PB에 내린 수선의 발을 I라 하면 두 삼각형 PP'B, PQI는 닮음비가 $4:3$인 닮은 도형이므로

$\overline{\text{PI}}=\frac{3\sqrt{6}}{4}$, 즉 $\overline{\text{BI}}=\frac{\sqrt{6}}{4}$

따라서

$6\overrightarrow{\text{BP}}\cdot\overrightarrow{\text{BQ}}=6\overline{\text{BP}}\times\overline{\text{BI}}$

$=6\times\sqrt{6}\times\frac{\sqrt{6}}{4}$

$=9$

답 9

MEMO